TRANSCRIRE LES MYTHOLOGIES

Bibliothèque Albin Michel
Idées

TRAVAUX
DU GROUPE DE RECHERCHE (CNRS-EPHE)
« HISTOIRE ET ANTHROPOLOGIE.
APPROCHES COMPARATIVES »

Tracés de fondation, éd. M. DETIENNE. Bibliothèque de l'École des Hautes Études / Sciences religieuses, t. XCIII, Paris-Louvain, Peeters, 1990.

La Déesse Parole. Quatre figures de la langue des Dieux (Inde, Célèbes-Sud, Géorgie, Cuna du Panama), éd. M. DETIENNE et G. HAMONIC, Flammarion, 1994.

TRANSCRIRE LES MYTHOLOGIES

Tradition, écriture, historicité

SOUS LA DIRECTION
DE MARCEL DETIENNE

Albin Michel

Ouvrage publié avec le concours
du Centre national de la recherche scientifique.

22, rue Huyghens - 75014 Paris
ISBN : 2-226-07510-0

Sommaire

IV. ENTRE LE MYTHE ET L'HISTOIRE

Ouverture

« Taormina 1992 » : par la grâce de Giuseppe Sinopoli et de la musique, « Transcrire la mythologie » était inscrit au programme [1]. La première Naxos surgissait dans l'objectif du théâtre presque grec, avec, sur le rivage, l'autel inaugural d'un Apollon Archégète encore sans rival [2]. « Transcrire », disions-nous, alors qu'il s'agissait de découvrir les manières de mettre par écrit les mythologies avec une attention plus grande pour les métamorphoses que la musique leur fait connaître dès qu'elle s'en empare ou quand seulement elle vient à les rencontrer.

Écriture et mythologie : la question s'était levée naguère quand il semblait pertinent de lancer comme une légère provocation : « la mythologie, ça s'écrit [3] ». Entendons : ce que les Grecs, nos répondants de toujours en cette affaire, appelaient « mythologie », une manière de désigner les récits des autres, y compris de ceux de l'intérieur dont ils voulaient marquer l'étrangeté. La même question repartait, avec plus de force, si l'on se demandait : qu'advient-il quand la mythologie, la tradition mythologique, est saisie par l'écriture, quand elle est brutalement, fermement, légèrement couchée sur un support d'écriture, quand elle est livrée entièrement ou partiellement à des scribes, à des écrivains ou, pis, quand elle est enfermée tout écrite dans un mausolée ? Que se passe-t-il quand certains, indigènes ou presque, se mettent à travailler les récits du passé, les grands mythes, les discours de la tradition avec le calame, le stylet, les scalpels dont dispose la gent de l'écriture ?

À pareille question, afin de lui insuffler l'esprit qui l'arracherait à la formulation pédestre et, j'allais dire, historique et historienne, il fallait la grâce d'une occasion, la faveur d'une rencontre. Ceux qui pratiquent l'Histoire et ses savoirs savent combien en cette discipline l'activité, la fièvre comparative est discrète, pour ne pas dire absente. Ils ne sont pas non plus sans connaître en quels états la comparaison a très tôt jeté les observateurs de l'homme et les premiers anthropologues. Ce sont eux qui, tôt levés, ont incité les historiens des sociétés anciennes, mais auparavant les lecteurs de Plutarque et de Pausanias, à réfléchir d'urgence sur les problèmes inédits surgis avec l'apparition au XVIe siècle de l'homme américain et puis, de toutes ces sociétés invisibles qui allaient élargir, démesurément alors, l'horizon des expériences et des variations de la culture. La faveur d'une rencontre, c'était celle d'anthropologues contemporains se demandant ce qu'est une tradition, comment elle se forme et se transmet, ce que signifie l'écriture, quels sont ses effets dans les sociétés multiples si différentes d'un océan à l'autre, et non moins dans les plis d'une si longue histoire.

L'occasion et la grâce nous furent données par la découverte à peu près dans le même temps de deux paysages, l'un ancré dans une histoire insulaire, l'autre émergeant sous nos yeux d'une terre océane. Un japonisant [4] nous raconte, textes à l'appui, comment à quelques années de distance le pouvoir central, celui de la première maison impériale, ordonne — décision du pouvoir — de mettre par écrit « les faits du passé », les traditions cosmogoniques, les récits sur les dieux, l'histoire des premiers souverains du Japon. Ce même japonisant nous révèle que cette *écriture* de la tradition se fait de deux façons distinctes, dont l'une est autochtone, l'autre chinoise. Car la Chine existe, et formidablement, au VIIIe siècle de notre ère quand s'écrit le *Kojiki*, ce « récit des temps primordiaux » ; et avec les Chinois et leurs pratiques de l'historiographie, l'autre écriture de la tradition charrie des formes d'historicisation ; le *Nihonshoki* (les *Annales du Japon*) s'inquiète de citer *toutes les variantes* des récits mythiques ; il mène l'histoire du pays du Soleil levant jusqu'au passé le plus récent. Depuis longtemps, l'helléniste est aux prises avec la question des poètes grecs dictant ou ne dictant pas, hors l'écrit ou voilant l'écriture. Mais, d'un coup, s'il ne le soupçonnait pas déjà, l'écriture qui s'empare, qui ordonne un matériau lui apparaît à l'œuvre dans une configuration inédite sur son propre terrain mais avec des éléments comparables et articulés à d'autres.

Autre paysage. Un lecteur de littérature ethnologique apprend très vite que les grands récits, exotiques ou non, obéissent souvent à des pratiques d'énonciation impérieuses : il faut les dire, les réciter, les psalmodier en des lieux choisis et dans des contextes pertinents. Davantage, leur forme narrative s'accommode mal d'une notation par écrit. On dit même que les gens du récit ne les reconnaissent plus, et qu'une fois leurs paroles figées, ils les récusent. Les administrateurs de naguère qui prenaient la plume pour les noter, et avec grande conscience, en étaient justement scandalisés.

Or voici que, dans les terres de Nouvelle-Calédonie, vers les années trente, des ethnologues introduisent avec la modernité de leur coutume l'usage d'écrire, et même d'écrire sur soi ou à propos de soi. Vieille pratique des cultures occidentales mais que réactualisent en pays canaque des ethnologues habités par des pasteurs protestants. Attirés ou convertis par ces visiteurs à la peau blême, des Mélanésiens vont prendre l'habitude de noter les récits, les histoires qui sont les leurs. Ils vont se mettre à composer des « cahiers de mythologie », faisant ainsi passer leurs « mythes » d'une énonciation locale à une lisibilité générale. En effet, ces intellectuels mélanésiens, incités par leur culture protestante à dépasser un horizon local, commencent à se connaître entre eux ; ils mettent en commun des paroles si déictiques encore. Peu à peu, en quelques décennies, ils vont constituer une première mythologie générale mais en la centrant sur ceux qui s'appellent les « Canaques ». Engagés dans le mouvement indépendantiste, ces intellectuels « mythographes » entreprennent dans les années soixante-dix de forger l'identité du peuple canaque, unifié dans le mouvement de décolonisation. Sous l'influence charismatique de Jean-Marie Tjibaou, ces contemporains de Mélanésie dégagent les grands thèmes de leur tradition, et créent un personnage mythique inédit : Kanaké, l'autochtone, l'homme originel, le représentant primordial de tous les Canaques[5]. Sous nos yeux, s'invente une histoire, moitié mythe, moitié mémoire, analogue à celle que la France encore si réduite du XIVe siècle se donne entre des moines calligraphes et la cour d'un personnage royal[6].

Deux paysages rencontrés comme en un seul jour, et qui laissaient deviner des configurations avec des manières proches et différentes de fixer la mythologie, d'historiser des traditions, de se donner des passés à la mesure de présents contrastés. Deux paysages qui soudainement « dépaysaient » la configuration « grecque » de départ avec une première historiographie qui semble éternellement couler de la rationalité naturelle de ces indigènes-là.

Avec le Japon, on éprouve le sentiment d'une percée : en dix ou quinze ans, ruptures, changements, commencements fondateurs. Un pouvoir central s'affirme par une série de choix : une capitale fixe, des lois écrites (pour qui ?) ; recensement, cadastres, mesures du temps ; on crée deux commissions pour mettre par écrit la tradition du Japon. Le Japon se pose en s'opposant : le *Kojiki* assure la volonté d'autochtonie ; le *Nihonshoki* emprunte à l'historiographie chinoise ses techniques, qui se traduisent de deux manières : d'une part, une historicisation de la tradition japonaise ; de l'autre, le souci de citer toutes les variantes, en particulier des récits sur les origines. Tout cela, disait François Macé, se fait dans l'urgence. L'autochtonie et la puissance de la maison impériale sont les bénéficiaires directs de ce volontarisme. En revanche, la mythologie, mise par écrit dans le *Kojiki*, va dormir dans les coffres de la maison impériale. Elle sera ressortie au XVIIIe siècle à nouveau pour faire pièce à la domination chinoise. Mais où est l'historiographie japonaise qui aurait assumé l'interprétation de cette tradition mise par écrit et, pourquoi pas, trouvé la voie d'une réflexion sur l'histoire ?

L'écriture est bien là. Mais, première distance, l'écrit relève d'un pouvoir central, autoritaire et souverain. L'historiographe est trop chinois pour avoir un avenir japonais immédiat. En fait, on peut soupçonner que la manière japonaise d'actualiser le temps des origines dans la lignée impériale ne favorisait pas démesurément un climat intellectuel ouvert à l'autonomie d'un savoir historien. La proximité de la Chine et la puissance de sa culture semblent avoir joué un rôle déterminant dans ce premier grand bond du Japon et le repli sur soi qui l'a suivi. Quel rôle le confucianisme a-t-il joué plus tard, ou trop tard dans l'histoire du Japon ? Quelle place l'*historicité* (et, de plus, laquelle ?) a-t-elle tenue dans la très récente modernité du Japon ? Autre singularité que découvre le voyage au Japon : une grande tradition cosmogonique et mythologique, une fois mise par écrit, s'arrête, et semble se défaire. Le *Kojiki*, nous dit François Macé, fut compilé par un fonctionnaire de rang moyen, qui mit en forme écrite ce que « récitait » ou « lisait » un personnage « qui n'avait même pas de rang de cour ». Une tradition de récits semble s'interrompre, brusquement.

En continuant cet exercice d'histoire expérimentale, passons du côté d'Israël, petit royaume modestement lettré à côté de la richissime culture suméro-accadienne et de ses très grandes bibliothèques comme celle d'Assourbanipal, au VIIe siècle avant notre ère. Les Grecs contemporains devaient être aux yeux de ces Babyloniens de vrais sauvages illettrés, tout comme les nomades, à peine urbanisés, du royaume de Juda. Avec Israël, avec le judaïsme de la double Torah, nous entrons dans le champ de la Révélation. Un mot sur ce judaïsme de la double Torah, le plus important qui s'est formé au cours des six premiers siècles de l'ère chrétienne[7]. La Révélation s'est exprimée sous trois formes : un livre, la Torah écrite que Dieu a fait connaître à Moïse sur le Sinaï ; ensuite la Torah orale, transmise oralement, puis mise par écrit progressivement dans la Mishnah, à partir des années 200 de notre ère ; enfin troisième support de la Révélation, le sage, appelé *rabbin* et qui incarne, ici et maintenant, le paradigme de Moïse. Judaïsme dit rabbinique ou talmudique, car le Talmud de Babylone est son autorité ultime. Son originalité, c'est de mettre en première place la Torah *mémorisée*. L'oralité et la mémoire assurent leurs positions sans souffrir de la concurrence de l'écrit. Et l'histoire, l'historicité, l'historiographie, quelles formes prennent-elles dans l'ancien Israël et dans la culture juive ? La question a été posée par un historien, Yosef Yerushalmi, dans un petit livre intitulé *Zakhor. Histoire juive et mémoire juive*[8]. Yerushalmi nous dit sa surprise de constater l'absence de l'*historien* comme type d'homme dans la tradition biblique et rabbinique, dans l'ancien Israël comme dans toute l'histoire du judaïsme. Absence paradoxale : ce sont les Juifs qui ont inventé, avant le christianisme, « le sens dans l'histoire », la tradition biblique est remplie de récits « historiographiques », ainsi qu'on les appelle, elle abonde en chroniques royales, en données concrètes, en personnages « historiques ». Le Dieu d'Israël, comme le dit Yerushalmi, est le Seigneur de l'*Histoire*. On le soupçonnerait même d'être le meilleur historien possible : c'est l'impression que donnent les constants appels à se souvenir, à ne jamais oublier l'Alliance, à garder en mémoire ce qui est survenu à Israël et à nul autre peuple : la Révélation faite à Moïse, la volonté et les interventions du seul vrai Dieu, le sens que la Révélation a définitivement imposé à l'histoire de son peuple. Le judaïsme ancien et moderne offre donc un riche avenir à la mémoire, mais aucune perspective à l'historien, au sens grec et, pourquoi pas, occidental.

Laissons un instant Israël et son royaume. Qu'en est-il de la Grèce ? Vers le XIIe siècle avant notre ère, le système idéographique des palais mycéniens a été ruiné avec sa classe de scribes. Ces gens réapprennent à écrire, vers le VIIIe siècle, en recevant, en empruntant un système alphabétique transposé avec quelques améliorations du domaine ouest-sémitique ; c'est l'abécédaire phénicien. Et les Grecs le savent : l'écriture est une invention récente, humaine, des voisins ou alors, des Grecs d'hier, plus malins que les autres. Donc pas de tradition graphique oblitérée par la divination, par les manifestations des dieux. L'écriture est à prendre. Pas de professionnels, pas de scribes à la manière orientale, pas d'appareil de pouvoir pour l'exploiter[9]. Au contraire : de petites cités dispersées, disséminées et qui ne confisquent pas l'écrit, mais qui vont, çà et là, simultanément, faire de l'écriture un usage totalement inédit : l'abécédaire facile à utiliser, à apprendre, permet de mettre par écrit les règles, les normes qu'une communauté se donne en même temps qu'un espace entièrement réservé à la discussion des affaires communes. Cet usage *politique* de l'écriture n'exclut point d'autres manières laissées à la liberté de chacun. Les astronomes et les géomètres peuvent s'en saisir aussi bien que les sages, les philosophes, ceux qui veulent mettre la tradition par écrit, s'ils en ont le loisir, ou décident, par exemple, de raconter par écrit ce qui leur semble vraisemblable parmi tant d'histoires évidemment invraisemblables. Chaque membre d'une communauté politique doit participer aux affaires communes ; pour le reste chacun peut être philosophe, géomètre ou poète, ou encore historien, historien s'il entend faire des recherches sur le passé proche ou sur les exploits des hommes d'autrefois [10].

Contrairement au Livre révélé, la cité laisse le champ libre à ceux qui veulent « faire de l'histoire ». On devrait même dire qu'elle encourage très vivement les candidats historiens, et pourquoi ? C'est ici que la confrontation entre les cités grecques et la culture judaïque et biblique peut faire voir ce qui rend possible un savoir actif sur le passé immédiat, séparé, perçu comme distinct du récit de l'origine [11]. Penser le commencement, lui donner l'épaisseur d'un événement initial, provoqué par une volonté humaine, par un agent non surnaturel, cela reste étranger, semble-t-il, au monde de l'ancien Israël. Que peut vouloir dire « inaugurer radicalement », fonder avec des gestes d'homme dans une société du Livre révélé, qui mise tout sur un dieu exclusif et qui insère la totalité de l'histoire d'Israël dans un modèle de l'Alliance entre Dieu et son peuple élu, liés l'un à l'autre par des serments et par la mémoire obsessive de cette Alliance ? Plus précisément : que peut vouloir dire *fonder* dans la culture de la Genèse et sous le signe d'une puissance divine affirmant son pouvoir créateur et cultivant la transcendance ?

En général, il semble que le primordial et le cosmogonique soient de sérieux obstacles à un discours, à une pensée de la fondation, à un questionnement sur le commencement. Un excès de cosmogonie ne permet pas de penser l'action instituante, son autonomie potentielle, sa séparation de l'originel et de son nécessaire huis clos. Tout le Proche-Orient, jusqu'à la fin du IIe millénaire, écrit un discours des origines, racontant la généalogie des dieux, nommant les puissances qui engendrent, déployant les hiérarchies qui organisent le monde. Les dieux créateurs de Sumer et de Babylone façonnent les rois à leur image ; ce sont les dieux qui dominent et fondent les premières villes, les premiers temps ; et quand un roi mésopotamien crée une ville ou un sanctuaire, il se contente de reproduire le geste initial du dieu dessinant le temple ou la ville dans le ciel. Le fondement demeure inaccessible à l'acteur humain. Quand le dieu d'Israël, au sortir de l'Exil sans doute, affirme sa Transcendance, c'est aussi sa qualité de créateur qui va gagner en extension. Dieu unique et séparé, Yahwé tend à devenir responsable de la marche du monde, ici et maintenant. Il ne sera créateur *ex nihilo* que plus tard, dans la pensée chrétienne, avec Philon d'Alexandrie, mais déjà, dans la Bible, il indique qu'il a prise sur la totalité des hommes. Et, en particulier, le Créateur doit être l'unique fondateur. L'inventeur humain, et mortel, celui qui va fonder les villes, celui qui prétend découvrir la métallurgie et les instruments de musique, cet inventeur, depuis la Genèse, appartient à la lignée de Caïn, à la descendance du meurtrier [12]. Vouloir commencer, c'est prétendre rivaliser avec Dieu, avoir l'idée folle et impie de substituer un début humain au commencement absolu de la création.

Tandis qu'en Grèce, les dieux ne créent pas le monde. D'une part ils sont très tôt soigneusement séparés des hommes, mis à distance d'un ensemble d'activités dont l'espèce humaine a l'initiative, et l'une des plus neuves, c'est pour les mortels de commencer, d'inaugurer, d'être à la fois fondateurs et créateurs. Créer et fonder sont rendus par un même mot, *ktizein*, le terme technique pour dire le commencement d'une cité, sa fondation, l'implantation de ce que nous appelons, d'un terme romain déplacé, une « colonie ». En réalité, il s'agit d'une cité nouvelle, et ce sont des dizaines, voire des centaines de cités que les Grecs vont fonder et créer en Italie du Sud, sur les bords de la mer Noire et sur la côte ionienne.

Histoire expérimentale, disions-nous en allant du Japon à la Nouvelle-Calédonie, et de l'ancien Israël à la Grèce archaïque, sans nous interdire de confronter la Rome des pontifes anciens avec les principautés bugis-makassar du monde indonésien. Dès lors que l'enquête comparative ne veut ni proposer une typologie ni dresser l'inventaire de morphologies, elle doit se livrer à un travail de construction et d'expérimentation. Tradition, écriture, historicité : trois termes qui semblent organiser le questionnement initial sur les effets possibles quant au régime d'historicité d'une mise en écrit de la tradition ou d'une part de la tradition. Chacun de ces termes, par sa nature problématique, invite à décomposer, à monnayer les « entrées » qu'il semble ouvrir immédiatement. Des configurations singulières, les Grecs en sous-sol, le Japon à l'horizon avec sa double articulation, Israël et le sens d'une « Histoire » sans historiographe, etc., sont là, mobilisées, mobilisables dans les bibliothèques de l'Anthropologie et de l'Histoire. Ces richesses séparées ne doivent-elles pas communiquer en une seule et très grande bibliothèque dès que nous nous donnons comme objet de connaissance la variabilité des cultures, sur une strate, dans une coupe transversale, ou sous un angle ? Ces configurations singulières, confrontées progressivement dans leurs différences sur fond d'homologies et, en même temps, dans leurs mécanismes internes, l'analyste qui les compare ne cesse de les construire et de les soumettre à l'expérimentation. Il fait l'hypothèse qu'il y a des relations entre certains termes, que des micro-configurations conduisent vers des variables, que la forme et le nombre de ces variables peuvent être définis de manière expérimentale à travers des ensembles culturels disponibles dans le temps et dans l'espace. En l'occurrence, dans cette enquête, les parcours que nous avons privilégiés de plus en plus explicitement, ce sont des figures de rupture, de transformation radicale, de commencement tranché. Il nous semble que, de cette manière, nous pouvons voir plus distinctement les effets provoqués par l'introduction d'une technique, par la modification d'une donnée essentielle, ou par tel facteur lisible dans la coupe d'un changement soudain. Nous pouvons également espérer observer comment des sociétés, plus ou moins proches, se conduisent dans ou réagissent à des situations de rupture ou d'inauguration forte. De manière à distinguer entre des cassures accidentelles, des ruptures subies, des changements inconscients, d'une part, et, de l'autre, des innovations voulues, des ruptures volontaires accomplies dans le cours d'une tradition, que celle-ci soit critiquée, mise à distance ou redéfinie, repensée dans la décision d'infléchir le cours des choses.

Tradition : quelles que soient les ambiguïtés du mot — Gérard Lenclud en fait l'inventaire —, il n'est pas de manière plus commode pour dire la transmission orale d'une culture ou de savoirs intimement mêlés à des pratiques, d'une génération à l'autre. En parlant de « sociétés traditionnelles », les ethnologues entendaient moins les opposer à d'autres « sans traditions » qu'insister sur le rôle de la bouche et de l'oreille dans la production et la transmission de tous les éléments d'une culture, qu'elle fût modeste ou éclatante. Dans la mémoire partagée d'un groupe relevant de ces « sociétés traditionnelles », il peut certes y avoir de grandes variations quant aux objets choisis, quant à l'absence ou la présence de « gardiens de la mémoire », quant aux modes de fixation retenus (signes graphiques, « textes rituels », massif de récits). Pour un certain nombre de ces sociétés dont le Japon, les principautés bugis-makassar, la Nouvelle-Calédonie, l'entrée dans l'écrit, quand bien même l'écriture vient relayer d'autres formes de fixation, peut transformer plus ou moins profondément une part importante de la tradition orale (épopées, récits des origines, histoires fondatrices, etc.).

D'évidence, il n'y a pas de passage obligé par toutes les cultures. Certaines aussi riches que la Chine semblent ne pas avoir constitué de grands dépôts de récits aux commencements de leur histoire. Pas davantage, la Rome ancienne ni la première culture arabe. Les premières écritures chinoises qui forment une part essentielle de la tradition ancienne servent à noter des indications relatives aux sacrifices et à les interpréter en fonction d'un système divinatoire. Il en va de même dans les civilisations du Proche-Orient ancien qui se donnent par l'activité des scribes un ensemble de savoirs traditionnels. Les scribes de Sumer fonctionnent comme des « gardiens de la mémoire », tandis que des cultures rudimentaires comme l'ancien Israël du début du Ier millénaire avant notre ère ne disposent ni d'écoles de scribes ni de pouvoir administratif centralisé avant le VIIe siècle, date de la fin pour ainsi dire du petit royaume de Juda.

De l'écriture, il convient de savoir comment l'on y entre : qui et pourquoi ? quel est donc son statut ? Les virtualités de l'écrit ne sont pas les mêmes dans une civilisation dont toutes les valeurs conspirent à déprécier la chose écrite, comme s'y emploie l'Inde védique, ou dans une culture colonisée par la civilisation du Nouveau Testament, voici un siècle et demi, et découvrant l'écriture à travers la traduction missionnaire du Livre révélé — ou, troisième exemple immédiat, dans un monde obstiné à explorer les signes tracés dans le ciel et sur la terre au point de déléguer à un corps de techniciens le soin et les loisirs d'en établir les lois en mettant à leur disposition la « Maison des tablettes » et les plus hautes fonctions dans le royaume ainsi qu'il advient en Mésopotamie. Il faut le rappeler : avoir recours à l'écriture n'implique pas nécessairement ni de lui reconnaître un domaine autonome, ni de vouloir ou de pouvoir déployer la « technologie » qui, dans certains cas, autorise un nouveau régime intellectuel. Inversement, il ne faut pas oublier que si l'écriture — par exemple, celle des premières cités grecques — organise le domaine public et structure le champ déterminant du politique, ses effets sur la tradition devenant « mythographie » ne seront pas les mêmes que dans un cas de fixation graphique ou glyphique, opéré par un milieu fermé, sinon secret, qui en fait délibérément un usage discret, à la façon des Cuna interprétés par Carlo Severi.

Les ethnologues ont raison de se demander s'ils ne devraient pas observer plus attentivement comment les sociétés traditionnelles « reçoivent » leurs traditions, si certaines même ne cultivent pas un regard critique sur le plus mémorable. Cette attention plus vive au travail d'une tradition sur soi permettrait d'affiner la mesure de l'impact produit par une mise en écrit, délibérée ou radicale. À l'extrême fin du VIe siècle avant notre ère, un Milésien appelé Hécatée décide de « mettre par écrit » les récits des Grecs, les histoires de la tribu : il les trouve « multiples », il en rit et se propose de les écrire

« comme elles lui semblent être vraies »[13]. À côté de ce « fabriquant de récits » (*logopoios*) comme le désigne Hérodote un peu plus tard, d'autres ailleurs, au Japon, en Nouvelle-Calédonie (et en bien d'autres lieux à reconnaître), se mettent à écrire : des cahiers de mythologie « canaque », les « récits des temps anciens » enregistrés à la cour du premier empereur japonais, de vastes épopées comme *La Galigo* au XVIe siècle en terre bugis-makassar.

Quels que soient ses effets, dans l'immédiat ou sur le temps long, la mise en écriture de la « tradition » transforme virtuellement une culture fondée sur l'oralité, la mémoire et le mémorable. L'épopée écrite des Indonésiens ne va pas entamer l'autorité de la Parole ni celle de la « langue des dieux », mais elle va cheminer parallèlement à la double historiographie qui s'invente en même temps dans un espace politique nouveau avec « archivistes » et gens de l'écriture. Dans le Japon du VIIIe siècle, l'écriture a l'autorité du pouvoir central : face au modèle chinois, elle crée une tradition nouvelle d'autochtonie, parallèlement à la rédaction d'*Annales du Japon* (*Nihonshoki*). Devenus « Kojiki », les « récits des temps anciens », figés dans leur japonais archaïque, deviennent le livre le plus vénérable de la tradition du Japon, de l'époque Meiji à aujourd'hui : partie intangible d'une histoire nationale. Tandis que, dans sa cité ionienne menacée par les Perses, Hécatée le logographe, simple citoyen, collationne les traditions narratives des Grecs et en fait la critique à l'intention de quelques autres prosateurs, de loisir comme lui. Quand les rédacteurs chinois du *Nihonshoki* écrivent l'histoire du monde depuis les origines selon les traditions locales, ils notent soigneusement des variantes, choisissent la version qui leur semble la meilleure mais ne considèrent nullement que la rédaction des *Annales* implique une critique, voire une distance d'avec la tradition la plus spontanée et immédiate. Pour les fonctionnaires de culture chinoise qui rédigent le *Nihonshoki*, l'écriture des *Annales* n'a jamais commencé, elle est la Tradition.

L'Écriture, qu'elle arrive ou qu'on y entre, c'est un point privilégié pour interroger l'historicité, ses modalités entre tradition et savoir historiographique. Posons que l'historiographie commence quand il y a possibilité d'écriture, au-delà des procédures de fixation de l'oralité, et, d'autre part, séparation stricte ou forte entre le passé et le présent. Toute mémoire, chaque culture orale fait place à des représentations d'un avant, à des états successifs, à des repères temporels. Mais l'on ne connaît pas beaucoup de sociétés de la bouche et de l'oreille qui se tournent insensiblement vers la connaissance du passé en soi, comme vers un objet distinct, coupé du présent. De grandes traditions « mythologiques » peuvent cultiver les périodisations, s'orienter vers une historicisation marquée ; elles ne mutent pas spontanément en savoir historiographique. Il n'est pas évident de se mettre à « constituer » le passé.

Une analyse comparée des régimes d'historicité, tout en se montrant attentive aux manières implicites de dire et de penser le temps, de mettre du passé en jeu et en scène, trouve dans les contextes de rupture et de changements radicaux un terrain éminemment favorable pour analyser les pratiques et les manières de penser le commencement, la fondation, la création en rapport avec les façons de séparer le temps des dieux et le temps des hommes, le passé et le présent, le passé et le futur. Par sa double écriture de la tradition dans un temps d'inauguration centralisée, le Japon soucieux de fonder la légitimité de la famille impériale expérimente deux cheminements, concomitants et parallèles. D'une part, la voie des *Annales*, tournée vers le présent du Japon, avec des événements datés (même si les dates choisies le sont pour la richesse du sens), distribués dans un temps rectiligne depuis les origines du monde. Ces « origines » — avec le récit des temps primordiaux des dieux et des premiers souverains qui forment d'autre part le tronçon le plus important de la seconde voie, celle du *Kojiki* —, le *Nihonshoki*, ou les *Annales du Japon*, en fait une lecture différente de celle que choisit la rédaction, tout aussi officielle et délibérée, des « récits des temps anciens ». Si le *Nihonshoki* rassemble toutes les traditions disponibles sur les origines, il ne fait aucune mention de la tradition livrée par le *Kojiki*. Les *Annales* se donnent comme un livre *ouvert*, une chronique à tenir, tandis que le *Kojiki*, qui se réfère au travail de mémorisation et de récitation des anciens récits, se présente comme une œuvre fermée. Le *Kojiki* n'est pas à continuer. Il n'aime pas les dates, il évite de faire allusion au bouddhisme et à tout ce qu'il entraîne d'histoire contemporaine et d'historicité, il « mythologise » l'histoire des premiers hommes et les commencements de l'Histoire proche. D'une tradition à l'autre, les manières de penser la fondation de la première capitale ou du sanctuaire impérial d'Ise varient, diffèrent, ainsi que les façons de dire, d'accuser, ou d'indiquer des partages entre les dieux et les hommes, temps des commencements et temps présent. Mettre les dieux hors du palais impérial et les établir à Ise dans un sanctuaire où l'empereur ne se rend jamais, c'est une décision qui renforce la volonté d'inaugurer une histoire singulière, mais qui, d'une part, adopte le modèle chinois des « faits significatifs », bons à retenir, tandis que, de l'autre, elle s'énonce dans un espace dominé par une lignée impériale continue et peu favorable à encourager les velléités japonaises en matière d'historicité, de perceptions nouvelles du temps, de réflexions sur la nature du passé, proche, lointain, très lointain sur « le début du commencement ».

Y avait-il dans la Rome archaïque, celle des rois, un récitant, même n'ayant pas rang de cour, qui aurait livré d'un coup à un ou plusieurs scribes l'équivalent du *Kojiki* ? Où sont les grands mythes de Rome ? Perdus ? transposés dans la plus ancienne tradition de l'annalistique ? ou bien, disséminés et concurrencés par d'autres traditions mieux structurées, n'auraient-ils connu de véritable cristallisation que dans l'invention des grands récits politiques d'une petite république devenue un empire sans limites ? Selon la lecture de John Scheid, c'est l'écriture au service de la maîtrise du temps qui conduit Rome à se donner une Histoire et une grande tradition hors de l'oralité. Une nouvelle historicité prend forme à travers les pratiques des pontifes : au début de chaque mois, sur le Capitole, ils annoncent les « nones » (le neuvième jour avant les ides) publiquement et à voix haute. Chaque annonce officielle enclenche l'intervention du *rex sacrorum*, deuxième personnage religieux dans la hiérarchie romaine : à lui de faire connaître aux « nones » tous les faits religieux du mois.

À cette maîtrise du temps qui vient et qui commence, les pontifes ajoutent une compétence sur le temps écoulé. Ce sont eux qui gardent la mémoire de certains faits ou événements survenus : expéditions guerrières, succès, échecs, sacrifices exemplaires, prodiges de toutes espèces, signes envoyés par les dieux. Quand arrive la fin de l'année, le *pontifex maximus* semble avoir pris l'habitude d'afficher sur une tablette fixée sur les murs de sa demeure les événements saillants de l'année. Une sorte de rapport sur l'état des choses entre les dieux et les hommes. Ayant publié ce bulletin de santé de la ville, le pontife peut décider les vœux et les cérémonies expiatoires les plus adéquates pour bien « inaugurer » l'année. Le « commencement » de l'année vient compléter une maîtrise du temps, échue à un type de prêtre doué — comme G. Dumézil le disait[14] — « de liberté, d'initiative, de mouvement ». Il semble que cette activité mi-rituelle, mi-historiographique des Pontifes, à la jointure tantôt entre deux mois lunaires, tantôt entre deux années « civiles », ait ouvert la voie à l'écriture des premiers annalistes, puis des historiens à la manière de Tite-Live. À Rome, le temps de l'action humaine est strictement soumis à l'organisation du temps religieux, à l'opposé de la conception des cités grecques. Mais c'est à Rome, dans la mouvance de l'initiative d'un personnage à la fois religieux et public, que commence, sans référence à la tradition ni « aux récits des temps anciens », une opération historiographique de bel avenir : raconter les grands événements d'une nation, pour le meilleur et pour le pire. Des événements qui prennent sens dans l'organisation de l'année et de sa place dans la durée de Rome et de ses « douze cents années » : une société faisant corps avec son lieu natal, mais qui s'enivrait « des perspectives d'avenir que lui offrait la gradation progressive d'ensembles de 12 jours, 12 mois, 12 ans, 12 décennies, 12 siècles [15] ».

Ceux qui vont écrire l'histoire de la ville ont hérité toute la liberté des pontifes : ils ne seront ni prêtres ni magistrats. L'historiographie à Rome n'est pas une affaire d'État, comme elle l'a été et l'est restée en Chine. Alors qu'à Rome, pourtant riche en traditions divinatoires et augurales, aucun système de pensée fondé sur la divination ne vient étayer la maîtrise du temps ni l'avancée historiographique, dans le monde chinois, c'est, comme nous l'avons déjà rappelé, la pratique des devins qui façonne la langue écrite, le premier système d'écriture, et, dans le même mouvement, l'enregistrement de tout ce qui est rituel. Les premiers annalistes, appelés « devins », descendent en ligne directe du « scribe des divinations ». Historiens de la main gauche, historiens de la main droite, inséparables de chaque maison seigneuriale, de toute principauté et, plus tard, du pouvoir impérial, les rédacteurs d'annales se livrent à la notation minutieuse au jour le jour des faits et gestes du seigneur ou du prince, de ses déclarations ainsi que de tous les « événements » survenus en ordre dispersé. Dans ce régime d'historicité qui ouvre une production immense sur trois millénaires environ, le projet de l'historien fonctionnaire reste constant : il s'agit d'établir « ce que chaque événement peut révéler du sens de l'évolution générale du monde et ce que l'évolution générale du monde donne de sens à chaque événement [16] ». Le temps n'est pas menacé par l'imprévisible : marqué par les vertus, il se déploie dans l'ordre du cosmos qui montre l'appartenance de la nature humaine à la nature universelle. Pourquoi faire une place particulière à l'action humaine dans un système où jamais l'événement n'est pensé comme unique, imprévisible, et toujours nouveau ? Comme l'écrit à un de ses amis Sima Qian, un des grands historiens de la Chine ancienne, les recherches de l'histoire visent essentiellement à « élucider la jonction du Ciel et de l'humanité à travers tout ce qui a *changé* de l'Antiquité à l'époque contemporaine [17] ».

Paradoxalement, l'ancien Israël qui fait si peu de cas de l'historien comme type d'homme met en scène une historicité qui semble démentir l'exigeante mémoire de l'Alliance entre Dieu et son peuple. Si le cours des événements a un sens et correspond à un dessein divin peu favorable à l'activité créatrice des hommes, il se déroule néanmoins selon les voies de l'exode et de la marche en avant. Le passé qui fonde Israël en sujet national lui donne la force de progresser, de passer à travers les échecs et les épreuves. Ce passé-là, sous la forme d'une mémoire des « traces divines », ouvre une brèche dans le temps, un temps sans répétition, sans fermeture cyclique et ouvre ainsi à l'action des hommes engagés dans l'Alliance un avenir plus généreux que le puissant Bureau de l'Historiographie monté par les Chinois au cœur de leur capitale. Si riche et complexe que fût l'écriture de l'histoire dans le monde chinois, c'est seulement en 1899 qu'apparaît une réflexion sur la dynamique propre à l'histoire et sur la nécessaire construction du passé[18]. Tandis qu'Israël, malgré un sens de l'histoire sans précédent, découvre l'existence de l'historien et de son savoir sous le choc de la modernité en plein XXe siècle.

À quelques centaines de kilomètres de Jérusalem, entre le VIIIe et le Ve siècle, des Grecs polythéistes mettent à l'épreuve les vertus de l'écriture alphabétique. Par goût de l'aléatoire, ils se plaisent à créer, à fonder des dizaines, des centaines de communautés selon un même type (*typos*), une même forme « politique ». Les dieux grecs sont illettrés, aucun corps sacerdotal n'est de passage, des citoyens de loisir peuvent donc expérimenter l'efficacité d'une écriture monumentale sur stèles afin de rendre publiques les décisions de la cité en ses assemblées. L'écriture ne sert pas à communiquer avec les dieux comme en Chine. Quand une petite cité de Crète engage un scribe pour « écrire en lettres rouges et être la mémoire » de la cité « dans les affaires publiques, tant celles des dieux que celles des hommes », l'intention n'est nullement d'écrire des annales, ni de constituer des archives, ni de noter mot à mot les formules d'un rituel en grand danger d'être oublié ou déformé. Le scribe Spensithios — dont le contrat est daté de l'extrême fin du VIe siècle — apporte à la cité crétoise sa compétence provisoirement démiurgique pour renforcer l'espace public, pour confirmer la publicité de l'espace politique[19]. En particulier, ce sont les lois écrites qui vont constituer l'autorité de la cité : avec leur double registre, règlement sacrificiel ou lois dites « sacrées », décisions des assemblées posées avec la force de ce qui est et sera dans le temps.

Un peu partout, sur les bords de la Méditerranée, des petits groupes d'hommes, enclins à faire d'une cité leur « nous », réaffirment la radicalité de leur commencement. Une radicalité qui se marque de deux manières : par la vertu reconnue au fondateur de cité d'agir en autocrate, *autocratôr*, vertu sanctionnée, légitimée par l'oracle de Delphes, cette instance extraterritoriale tenue par un dieu, il est vrai, mais un dieu rassemblant sur lui, et dans son histoire sur la terre des hommes, tous les signes du fondateur humain. Par ailleurs, le commencement radical se dit dans le verbe d'action fonder-créer, *ktizein*, à travers les sens progressifs de défricher, domestiquer, aménager une terre sauvage et inculte, plus précisément, aménager une terre déserte et vide, *erèmos*. Il y a, dans l'idée de fonder une cité, l'exigence d'un commencement, *eks arkhès*, depuis le début. En expérimentant les différentes figures du politique et de la cité, on peut dire que les Grecs s'exercent à penser l'espace « comme vide ». Et cela fait beaucoup de place pour se mettre à concevoir le présent comme un espace ouvert, le passé comme distinct de l'originel et des temps appartenant aux dieux, et aussi pour aménager le passé proche en domaine réservé aux entreprises humaines. Toute une part de l'écriture historiographique en Grèce va dire et raconter la fondation de cités sans référence à un temps religieux ni cosmologique, mais dans le temps profane de la proximité.

Marcel DETIENNE

I

DE LA TRADITION

1.

Qu'est-ce que la tradition ?

Il y a des mots-outils et il y a des mots-problèmes. Un mot-outil est un mot qu'on utilise sans trop penser à son sens. Il est une procédure grossière d'identification. L'important, c'est à quoi ce mot permet de vite référer. Un chat est un chat ; la Provence a des traditions ; chacun comprend. L'usage du mot n'implique pas une connaissance approfondie du référent de ce mot, référent qui est le plus souvent un objet naturel ou (indûment) naturalisé. Un mot-problème est un mot-outil sur lequel on s'est arrêté. On s'y est arrêté parce qu'on s'est avisé que ses emplois ne correspondaient pas à une notion précise ou parce qu'on s'est aperçu qu'il servait à désigner des choses fort différentes entre elles, même pas toujours pourvues d'un air de famille. Un mythe n'est pas un mythe comme un chat est un chat... à condition évidemment que l'on y ait réfléchi. S'interroger, par exemple, sur la différence entre un mythe et un conte ou encore sur l'existence de mythes dans les cultures africaines aboutit immanquablement à transformer le mot-outil de mythe en mot-problème. La chose visée par le mot-outil en perd sur-le-champ la qualité d'objet naturel (ou naturalisé) ; le sentiment d'évidence se dissout.

C'est qu'un mot-problème signale un concept plus qu'il n'identifie un objet ou même qu'il n'exprime un sens ; et un concept se caractérise par le fait qu'il est nécessairement équivoque et qu'il échappe, par conséquent, à la définition. On peut définir un mot, c'est-à-dire décréter une signification, mais pas un concept puisqu'il réunit en lui une pluralité de significations. Du même coup, le mot-problème oblige à penser. Tout mot-outil est susceptible de devenir mot-problème ; et tous les mots, dont on sait pourtant qu'ils ont statut de mot-problème, continuent d'être utilisés comme des mots-outils.

Il est, en effet, bien difficile de parler du monde et de communiquer avec autrui par l'intermédiaire de mots-problèmes !

Je souhaite présenter ici quelques manières de s'arrêter sur le mot *tradition* et de le faire passer, par là même, du registre fort commode des mots-outils dans celui, moins aisément maniable, des mots-problèmes. Précisons tout de suite que le mot-outil de tradition est d'un emploi si pratique qu'en dépit de tout ce qui a pu être dit et sera dit sur ses ambiguïtés il a encore un bel avenir devant lui. La Provence n'est pas près de perdre ses traditions ! Ces manières de s'arrêter sur le mot *tradition* ou sur l'adjectif *traditionnel*, ces signalisations conceptuelles, je les emprunterai aussi bien à des philosophes, comme Eric Weil, Hannah Arendt ou Paul Ricœur, qu'à des anthropologues, notamment à Pascal Boyer et à Jean Pouillon, ou à des historiens tels Reinhart Koselleck, Éric Hobsbawm et Terence Ranger. Puis j'essaierai de formuler un autre arrêt possible sur le mot de tradition, inspiré celui-ci par la relation problématique que l'on est tenté d'établir entre les catégories de tradition et d'histoire. Notre propre « tradition » culturelle ne nous suggère-t-elle pas, depuis le XVIIIe siècle, l'idée qu'il existerait deux façons très contrastées d'être affecté par le passé, celle consistant à le promouvoir en tradition et celle aboutissant à le constituer en histoire ? Soumettre cette idée à examen est une autre manière de faire halte sur le mot de tradition et de réfléchir sur ses emplois.

La majuscule, le singulier et le pluriel

Je voudrais auparavant m'expliquer sur le parti pris adopté ici. Il existe, à l'évidence, bien des voies pour assurer la conversion du mot de tradition en concept ; toutes ont une vertu heuristique. Le titre qui fut assigné à mon exposé, « Qu'est-ce que la Tradition ? », présente, par exemple, deux particularités dont chacune m'invitait à orienter ma réflexion dans une direction relativement précise.

La première de ces particularités est la majuscule dont a été doté en français, mais pas en italien, le mot de Tradition dans le programme de ce colloque. Cette majuscule, assez solennelle, conduit par réflexe de culture à se tourner vers la science des religions, du moins de celles qu'on dit instituées. Ouvrons donc, presque par hasard, l'un des innombrables textes consacrés par des théologiens chrétiens à la notion de tradition (Chauvet, 1989 [1]). Le mot y est placé parfois entre guillemets, parfois non ; il est tantôt écrit avec une majuscule, tantôt avec une minuscule. On ne s'étonne pas que le lecteur soit vite persuadé du caractère relativement indéterminé de la notion. C'est d'ailleurs, dit Louis-Marie Chauvet, sa « part d'indécision » qui lui donne sa « valeur d'investigation ». Le lecteur relève en même temps que, conformément à la tradition si je puis dire, le terme de tradition ne reçoit une majuscule dans ce texte que lorsqu'il s'agit d'opposer la Tradition aux Écritures. Chauvet cite alors une phrase d'Yves Congar, rédacteur de l'article « Tradition » dans le *Dictionnaire des religions*. Il y est affirmé que « la Tradition n'est pas une source autonome et concurrente mais un mode de communication différent de l'Écriture à telle enseigne que, non contente de transmettre quelque chose *qui n'est pas écrit* et sans doute *ne peut l'être*, elle transmet le contenu de cela même qui est *écrit* d'une façon différente, originale » (Congar, 1984, souligné par moi). Puis, immédiatement, Chauvet rappelle que Vatican II, dans sa Constitution « *Dei verbum* », a explicitement rejeté « l'idée que la Tradition pourrait puiser sa source ailleurs que dans les Écritures ». Voilà qui aurait parfaitement introduit à l'un des thèmes principaux de ce colloque, celui de la mise en écriture, de ses fonctions, de ses effets. Il convient, en effet, d'admettre que toutes les grandes religions ont sans doute eu à « inventer » puis à négocier théoriquement ce type de question : quelle relation entre la Tradition, dans ses aspects fondateurs et normatifs, et ce qui est fixé par l'écriture, transcrit dans un Livre ? La tradition est-elle contenue dans la *sola scriptura* ou bien également dans les interprétations orales, mais mises ultérieurement par écrit, qui en ont été faites par la communauté religieuse au fil du temps et qui ont fini par faire autorité ? Ce n'est pas, faute de compétence, dans cette direction que j'ai orienté ma réflexion sur le concept de tradition. J'ai, par force, laissé tomber la majuscule; d'autres, mieux qualifiés que moi, la reprendront ici au vol !

L'autre particularité de ce titre, « Qu'est-ce que la Tradition ? », réside dans l'article précédant le mot qui m'occupe. Chacun sent bien la différence entre cette question dont j'étais invité à traiter et cette autre aussi formulable : qu'est-ce qu'*une* tradition ? Un musée des traditions, notamment populaires, ne prétend pas exposer dans ses vitrines la tradition, surtout avec une majuscule. Quel rapport donc entre une et la tradition ? Comment se fait-il que la tradition ne soit pas une addition de traditions mises bout à bout, avec les difficultés que l'on imagine d'ailleurs, mais qu'au contraire, dans nos usages linguistiques, une tradition prise isolément, la plus humble, la moins majestueuse, paraisse receler toute l'énigme de la tradition ? C'est donc que le mot *tradition* réfère simultanément à un fait et à un attribut, à un donné et à une valeur, à ce qui est de l'ordre du vécu et à ce qui est de l'ordre du pensé. Une tradition est une tradition, c'est entendu, mais à la condition d'avoir été érigée en support de *la* tradition, d'avoir reçu en somme un coefficient de traditionnalité. Par qui ? En vertu de quels critères ? Selon quelles modalités ? À quelles fins ? En d'autres termes, comment se « traditionne » un phénomène de culture ? Quel est ce processus pouvant être dit « traditionnant » au travers duquel il s'opère une sélection à l'intérieur d'un corps inépuisable de faits, candidats virtuels à l'entrée dans la tradition ? Nous voici embarqués dans toute une série de problèmes à examiner qui ont pour résultat immédiat, une fois posés, de dissiper la familiarité que nous croyions entretenir, à cause du mot-outil, avec la tradition. C'est à l'exercice consistant à essayer de bien formuler ces problèmes, grâce à l'aide de nombreux auteurs, que j'ai choisi de consacrer mon exposé. L'article défini et le singulier m'ont plus inspiré que la majuscule.

Maintenant cet exercice nous ferait-il sortir du sujet de ce colloque dont les mots clefs sont assurément — je ne l'ai pas oublié — ceux de mythologie, d'écriture et d'histoire ? L'examen de la notion de tradition nous égarerait-il dans le cours d'une discussion centrée sur le thème de la mise en écriture (de la tradition) et des effets d'historicité qu'elle entraîne ? Voilà qui, en toute logique, paraît difficile à admettre. Les arrêts philosophiques, anthropologiques ou historiens produits sur le concept de tradition ou sur les emplois du mot, ce qui revient au même, ont — me semble-t-il — un mérite essentiel : celui d'inciter à ne pas se satisfaire d'une vision par trop simplifiée des conséquences de l'écriture ou de la « lisibilité générale » (Marcel Detienne), à éviter de pourvoir les contenus culturels, qui vont être couchés sur le papier, d'une sorte de nature destinée, une fois ces contenus fixés par l'écriture, à se muer en conventions, en produits d'un genre. En d'autres termes, le problème de l'entrée dans l'écrit ne doit pas masquer le problème de cela même qui pénètre, ou non, dans l'écrit. L'écrit transforme ou laisse de côté ; mais quelle est donc cette chose, appelée tradition, que l'écrit va changer ou rejeter hors de sa sphère ?

Pourquoi la tradition n'est plus ce qu'elle était

Dans le cadre de l'entreprise menée, au sein de diverses disciplines, pour défamiliariser d'avec la tradition traditionnelle, on s'est d'abord penché sur la relation établie entre la tradition et le temps.

C'est ce rapport qu'exprime le mot-outil de tradition qui appelle, d'instinct de langue, l'adjectif *ancestral* (ou même *immémorial*). Une tradition serait donc quelque chose du passé persistant dans le présent, inscrit dans le temps puisqu'en provenance d'autrefois et aussi circulant dans le temps puisque encore en vie aujourd'hui. En tant qu'il participe d'une culture, l'homme est toujours en situation d'héritier. Une tradition serait une portion d'héritage maintenue en l'état, son enveloppe temporelle ou sa patine la qualité conférant à ce dépôt son coefficient de traditionnalité. L'idée véhiculée par le mot-outil de tradition implique, par conséquent, celles d'ancienneté et de continuité : une tradition semble d'autant plus agissante et impérieuse qu'elle remonte haut et qu'elle aurait été suivie de manière ininterrompue.

Or on s'est avisé que ce point de vue élémentaire sur la tradition ne résiste pas à l'examen des faits, c'est-à-dire à la manière dont on utilise le mot. Trois objections, au moins, furent émises. La première, de bon sens, a été formulée par des ethnologues (Pouillon, 1975) qui travaillent souvent dans des sociétés dont le passé est inaccessible; elle jette un peu d'ombre sur l'usage du critère d'ancienneté : il n'y a aucun moyen, dans de nombreux cas, de vérifier qu'une tradition est identique à sa formule d'origine, à supposer encore que cette formule d'origine ait jamais existé. Voilà pourtant qui n'empêche aucunement les ethnologues d'isoler des phénomènes traditionnels d'autres qui ne le seraient pas. Ou bien ces ethnologues disposent d'un sixième sens, détecteur de traditionnalité, ou bien ils utilisent, à leur insu peut-être, un tout autre critère que celui de l'ancienneté. Lequel? Plus encore, là où le passé est accessible, en Europe par exemple, on découvre des traditions bien ancrées, comme on dit, remontant toutefois à hier. Des historiens ont pu aisément en apporter la démonstration (Hobsbawm et Ranger, 1983). Quelques dizaines d'années suffiraient donc pour « faire tradition » et imposer la répétition. On sait, par ailleurs, les innombrables erreurs historiques commises de bonne foi, ou non, pour prouver l'ancienneté d'une tradition. Or la tradition reste généralement insensible à la révélation de l'erreur ou au dévoilement de la supercherie. L'ancienneté ne crée donc pas la traditionnalité; on est même tenté d'écrire que c'est le contraire, à savoir que la traditionnalité fabrique l'ancienneté à la façon de certains antiquaires.

La seconde objection est plus décisive. Elle met en doute la fiabilité du critère de continuité dans le temps. Tous les contenus culturels, pourtant qualifiés de traditionnels par ceux qui les étudient, ont subi des changements. Dans les sociétés sans écriture, d'une récitation à l'autre, le « texte » du mythe, du conte, de l'épopée varie. Le mythe, souvent regardé comme un dispositif à supprimer le temps et donc supposé figé dans un être immuable, peut se révéler à l'occasion une « machine à traiter l'histoire » (Bidou, 1986). C'est ainsi que le monde européen est entré dans les mythes amérindiens et... le moteur hors-bord, plus récemment, dans ceux du nord-ouest de l'Amazonie. Le récit mythique court donc après le temps à la manière du moteur hors-bord qui raccourcit les rivières. Selon Patrice Bidou, adoptant ici un point de vue que nous allons examiner bientôt, « l'innovation est pensée dans les termes mêmes de la tradition ». Le mythe intégrant le moteur hors-bord est donc traditionnel lors même que la mention de l'appareil, par force, ne remonte pas à la nuit des temps. Nul n'ignore, d'autre part, que le rite répète sans doute mais que son accomplissement s'accommode de bien des libertés. On n'est pas ici dans le domaine de la réitération exacte; tout rite est, dans une certaine mesure, une création originale. Cela est vrai même dans le cas où la Tradition est couchée dans l'Écriture : on sait, par exemple, que le rite de l'Eucharistie, modelé sur la structure du repas de la Cène, est conforme à une tradition textuelle, mais non à une autre. Il arrive souvent d'ailleurs que l'écrit, loin de s'emparer de traditions séculaires, enregistre des inventions récentes. Les historiens des sociétés rurales ont établi que les coutumes n'ont pas fixé d'anciennes traditions mais mis en forme des institutions d'apparition tardive, parées par la grâce (traditionnante) de l'écrit d'un vêtement archaïque. Bref, les traditions, autant que les traductions, sont de belles infidèles; cela ne nuit en rien à leur réputation.

La troisième objection à la définition de la tradition par l'âge et la conservation est d'ordre purement logique. L'opposition canonique, découlant de cette définition, entre tradition et changement n'est pas sans présenter quelque analogie avec la fameuse image du verre à moitié vide ou à moitié plein. L'entreprise visant à calculer un taux de conservation, ou de changement, est absurde comme est dénué de portée l'essai de fixation d'un seuil qui, respecté, attesterait une permanence et qui, dépassé, dénoterait la présence de changement. Les sciences de la culture ne disposent pas d'instrument gradué pour mesurer objectivement le changement.

La tradition au fond de la crypte

À ces objections face à une pure et simple mise à l'imparfait de la tradition paraît répondre une conception de la tradition comme message enfoui. Elle est fort peu structuraliste puisque, selon cette conception, l'essentiel du traditionnel ne se trouverait pas dans la lettre mais dans l'esprit. Qu'importe le flacon! Notons au passage que le théologien n'y adhère pas qui sait que l'« esprit » de la louange divine, par exemple, s'évanouirait si la « lettre » de cette louange, des gestes, des postures, des styles de chant, venait à être oubliée (Chauvet, *op. cit.*).

Une tradition serait donc, en dépit de toutes les variations possibles de sa forme (mots ou actes), la manifestation d'idées, de valeurs, de représentations, de croyances, bref, d'une vision du monde constituant *la* tradition (avec une majuscule, est-on tenté d'écrire). *Une* tradition consisterait en l'expression de *la* tradition. Elle expliciterait l'implicite ; elle dirait, pour qui sait la déchiffrer, ce qui va sans dire pour une communauté humaine : trace tangible de l'esprit durable d'une culture, de sa manière « profonde » de penser et de ressentir, de son génie singulier. Une tradition serait en somme la partie émergée de l'iceberg Tradition.

Pascal Boyer a vigoureusement critiqué cette conception du traditionnel dans sa version forte, promouvant la tradition en savoir théorique sur le monde distinct du savoir ordinaire, comme dans sa version affaiblie selon laquelle la tradition serait un ensemble, point nécessairement cohérent, de représentations fondamentales propres à un univers culturel (Boyer, 1990). Il m'est impossible ici de passer en revue tous les arguments mobilisés à l'encontre de cette conception de la tradition comme trésor caché dans la crypte. J'en mentionnerai seulement deux. C'est d'abord le caractère tautologique du raisonnement employé. Prenons à la suite de Boyer l'exemple de la littérature orale. Les ethnologues tendent à considérer comme traditionnels les énoncés dans lesquels ils détectent, sous la surface du discours, la vision du monde ou les représentations cardinales de la culture dont cette littérature émane. Autrement dit est décrété traditionnel un énoncé renvoyant à des thèmes, ou à des motifs de base, légués par les générations antérieures. À l'inverse, toute séquence dont on ne parvient pas à établir le lien qu'elle entretient avec le message enfoui est expulsé hors de la sphère du traditionnel. Outre que l'on retrouve le problème de l'impossible mesure du changement ou de la continuité (selon quels critères décider qu'un énoncé localisé participe d'un jeu de langage d'arrière-plan ?), le raisonnement consiste à dire que la tradition est la tradition comme un chat est un chat. La traditionnalité est, en effet, définie comme la fidélité au message des ancêtres, lui-même défini comme la tradition ; toute tradition particulière véhiculant ce message est donc traditionnelle. Le mot est défini, certainement pas la chose !

Un second argument de Boyer à l'encontre de cette conception de la tradition comme message enfoui est le suivant qui prend la forme d'une série de questions. Pourquoi la tradition ne s'incarne-t-elle que dans certaines paroles, certains gestes, certains savoirs ? Comment se fait-il qu'il ne vienne à l'idée de personne, observateur ou observé, de tenir pour traditionnel *tout* ce qui est hérité dans une culture ou transmis de bouche à oreille ? D'où vient que certains contenus culturels détiennent seuls le privilège de réfléchir la tradition ? Pourquoi chez nous le rituel de justice mais pas le code de procédure ? Le serment prêté par le témoin mais pas l'interrogatoire du prévenu ? La galette des Rois mais pas le pain qui accompagne « traditionnellement » le repas ? La tradition est le code profond, soit ; mais qu'est-ce qui explique que nul ne songerait à considérer la langue qui est la condition du symbolisme et le code par excellence, cette institution « qui nous a chacun dès toujours précédé » (Paul Ricœur), comme un fait de tradition ? Certes, l'historien Eric Hobsbawm a raison de faire remarquer qu'une tradition se distingue, dans nos usages linguistiques, de la routine par le fait qu'elle est censée avoir une dimension signifiante absente de certains gestes, ou de certaines paroles, maintes fois répétés. Toute coutume ne « fait » pas tradition, d'où, d'ailleurs, le lien que l'on est tenté de tracer entre la tradition et le sacré (et l'emploi du T majuscule). Mais pourquoi ? Qu'est-ce qui fonde la distinction conceptuelle, spontanément opérée, entre tradition et coutume ?

C'est donc qu'il s'opère un tri dans l'héritage, ou une évaluation de la fidélité au message, en fonction duquel celui qui étudie les traditions, comme celui qui les fait revivre, sait ou « sent » ce qui est traditionnel et ce qui ne l'est pas. Ce tri ne serait-il pas le produit d'un jugement, ou d'une expérience intérieure, et le prononcé du jugement, ou le vécu de cette expérience, le facteur décisif dans l'attribution du coefficient de traditionnalité ?

La tradition au présent

Répondre affirmativement à ces deux questions conduit, pour étudier le fait de tradition, à conjuguer résolument cette dernière au présent et non plus au passé ou à l'imparfait, sauf à imaginer la traditionnalité comme un attribut d'emblée reconnaissable (et doté d'une mystérieuse autorité naturelle) porté en eux par certains phénomènes culturels, et non par d'autres, à la façon de l'hermine sur la personne du juge, et qui leur conférerait, à eux seuls, la capacité à faire traverser le temps à *la* tradition.

Il existe sans doute bien des manières de chercher la genèse de la tradition dans le présent. J'en évoquerai deux ici, assez bien résumées par deux formules de facture désormais classique. Ces deux expressions, invention de la tradition et fabrication de la tradition, bien que sémantiquement équivalentes, signalent des méthodes d'approche distinctes du fait de tradition. L'une et l'autre ménagent une place fort différente, dans l'analyse, au facteur temporel.

Il y a donc ceux — ils sont légion — qui parlent d'*invention* de la tradition. Le mot a pour fonction de substituer au caractère passif de la tradition conservée la dimension active de la tradition recréée. L'investigation se détourne de l'énigmatique efficience d'un passé « subi » pour se concentrer sur la réception « opérée » de ce même passé; elle porte sur la logique du dialogue entre présent et passé, sur le processus de la question et de la réponse. Certes, préviennent les philosophes, Hannah Arendt (1972) ou Paul Ricœur (1985), le passé interpelle l'homme avant que ce dernier ne l'interroge; il offre, en effet, des prétentions de vérité, des « pré-jugés ». Nous sommes portés par la tradition, cette « moelle de nos os » (Éric Weil), avant même d'être en mesure de songer à la retenir ou à la rejeter. La réception de la tradition, par laquelle est mise en branle une histoire diachronique, paie nécessairement sa dette à la tradition qui rend possible cette réception. Une tradition s'invente ou se recrée... traditionnellement. Toutefois le passé n'interroge que pour autant qu'il est questionné; la tradition est donc une réponse, trouvée dans le passé, à une question formulée dans le présent. Elle procède d'un échange entre « passé interprété » et « présent interprétant » (Paul Ricœur). Pour le dire en d'autres termes, c'est l'interprétation (ou l'herméneutique) qui est « traditionnante ». Le ressaisissement du passé, par une lecture nécessairement discriminatoire (*lectio*, *selectio*), et non le passé lui-même, institue la tradition.

Que ce soit le présent qui interpelle le passé, les historiens de l'Europe du XIXe siècle l'ont vérifié sans peine, mettant en évidence une profusion de traditions inventées à partir de la révolution industrielle pour lesquelles le passé semble surtout servir de caution, auxquelles il garantit une respectabilité. En somme, le passé présente des matériaux ou des formes nobles, à utiliser comme il plaît au présent. C'est l'architecture gothique dans laquelle, par deux fois, on reconstruit le Parlement à Londres; c'est le village quiétiste que les Wurtembourgeois, émigrés en Afrique du Sud, reconstituent en terre zoulou.

Voilà qui autorise un anthropologue, Jean Pouillon, à proposer d'inverser résolument la direction du trajet prêté à la tradition par notre sens commun culturel et nos usages linguistiques : non plus du passé vers le présent mais d'aujourd'hui vers hier. Une tradition serait une rhétorique de ce qui est supposé avoir été, un point de vue rétrospectif, une « filiation inversée », autant dire une reconnaissance en paternité. « Nous choisissons ce par quoi nous nous déclarons déterminés, nous nous présentons comme les continuateurs de ceux dont nous avons fait nos prédécesseurs » (Pouillon, *op. cit.*). La tradition exhibe un morceau de passé taillé aux mesures du présent dans un atelier tout à fait contemporain. La question de l'histoire apparaît en filigrane...

Il y a aussi, ai-je dit, ceux qui choisissent de se pencher sur la *fabrication* de la tradition. « On ne reçoit la Tradition qu'en la proclamant », admet le théologien (Chauvet, *op. cit.*) ; il en déduit logiquement que la tradition est une notion relevant, « d'emblée » précise-t-il, de la pragmatique. Étudier la tradition au travers de sa fabrication, c'est tirer toutes les conséquences de ce constat pragmaticien. L'objet de la recherche ne réside plus dans l'origine et le contenu de sens de ce qui est proclamé et supposé par là être révélé dans sa vérité intrinsèque ; il est constitué par le mécanisme même de la proclamation, promu en facteur déterminant de la vérité attachée à ce qui est proclamé. Il ne s'agit pas, dans cette perspective, de viser une définition de la traditionnalité sous laquelle tomberaient tous les phénomènes dits traditionnels ; nulle hypothèse n'est requise quant à la nature « profonde » de ces phénomènes. La traditionnalité cesse, en effet, d'être vue comme une caractéristique structurelle de certaines catégories d'énoncés (le mythe) ou de pratiques (le rite) ; elle est regardée sous les traits d'une propriété empirique de paroles prononcées ou d'actions accomplies dans un *contexte* particulier. La traditionnalité est envisagée comme le produit d'une construction *hic et nunc*, « traditionnant » des discours et des événements quelle que puisse être la relation entretenue par ces discours et par ces événements avec le passé.

Les travaux de Pascal Boyer (1986, 1990) illustrent exemplairement ce point de vue sur la tradition. Ils cherchent davantage, de ce fait, à fonder des programmes de recherche qu'à contribuer à la formulation d'une théorie de la tradition. La notion même de tradition tend à disparaître au profit de celle de situation traditionnelle (c'est-à-dire « traditionnante »). Ainsi, selon Boyer, un énoncé traditionnel ne le serait-il aucunement en raison d'une qualité portée par lui (une essence), lui conférant le privilège d'être transmis et donc conservé, mais en fonction du seul contexte dans lequel il est proféré. Ce contexte doterait cet énoncé d'une marque singulière par rapport à d'autres énoncés, d'une saillance psychologique, de véracité ; il le chargerait donc d'autorité (*authoritativeness*). Ce contexte n'est rien d'autre qu'un contexte d'énonciation et la traditionnalité de l'énoncé que l'empreinte du procès d'énonciation incluant un ou des locuteurs, des allocutaires, des positions déterminées, un temps, un lieu, un discours qui précède et qui sert de référence (Todorov, 1978).

Le point de vue pragmatique sur la tradition consiste donc à décrire les modalités précises selon lesquelles un contexte (« traditionnel ») fait naître des attitudes psychologiques à l'égard de ce qui est produit dans ce contexte : une tradition. Il s'autorise l'économie de toute considération sur la conservation des contenus culturels : la répétition du mythe ou du rite ne serait pas la conséquence d'une transmission mais la recréation d'un environnement activant des procédures de mémorisation, d'inculcation et de distinction. C'est dans cette direction que se sont orientées les recherches de Michael Houseman et de Carlo Severi sur l'action rituelle, véritable prototype de l'action traditionnelle. Selon eux, son efficacité tiendrait pour l'essentiel à la mise en place d'une structure relationnelle entre les participants du rite, entraînant un jeu complexe d'interactions cumulatives au travers desquelles se construisent des significations « traditionnelles » (Houseman et Severi, à paraître).

Invention de la tradition, fabrication de la tradition : ce sont là deux manières assez différentes de conjuguer la tradition au présent. Je ferai deux observations ici. La première est pour dire que ces programmes d'étude ne sont pas mutuellement exclusifs malgré les apparences, et ne disqualifient pas d'autres programmes. Insister, par exemple, sur le contexte ou sur la situation traditionnelle n'interdit pas de s'interroger sur la dette contractée par le contexte « traditionnant » à l'égard de... la tradition « traditionnée ». Un champ d'interactions traditionnelles ne s'instaure pas par décret dans l'espace social. La fabrication de la tradition obéit à certaines règles portant en elles un système de références. Que la tradition n'existe que proclamée est une chose, que le mécanisme de la proclamation suffise à l'instituer en est une autre. La proclamation de la tradition est nécessaire ; je ne crois pas qu'elle soit suffisante. La notion de tradition relève d'emblée de la pragmatique mais, pour autant, « on n'a pas de tradition sur commande » (Paul Veyne).

Ma seconde observation est la suivante : à placer l'accent exclusivement sur le contexte, c'est-à-dire à considérer le « traditionné » comme l'effet mécaniquement produit d'un « traditionnement » (au sens où l'on parle de conditionnement, psychologique par exemple), le problème posé dans ce colloque des rapports entre tradition et écriture reçoit une solution qui n'est guère nuancée. Que peut donc retenir du contexte traditionnel la mise en écriture de ses produits ? Quelles traces garde la tradition, une fois écrite, du procès d'énonciation par lequel elle fut dite (faite) ? Il faut, en somme, un témoin direct, mieux vaut dire un ethnologue ! Ne se condamne-t-on pas alors à étirer infiniment la distance entre sociétés à tradition orale, où le contexte gouvernant les procédures du bouche à oreille et de l'exemple régnerait sans rival, et celles où l'écriture serait la « proclamation » par exellence de la tradition ? Ne risque-t-on pas, par là même, de rétablir l'antique formule du grand partage ? Gardons un instant ce risque en mémoire.

Sociétés « traditionnelles » et sociétés de l'écriture

Justement, de nombreux arrêts ont été produits sur une autre expression-outil qui est celle de *société traditionnelle*. Ils ont eu pour conséquence de rendre hautement problématique, dans sa version réaliste, l'opposition consacrée entre sociétés traditionnelles et modernes.

Faisons, en passant, une remarque portant, une fois de plus, sur les mots que nous employons. Celui de tradition a en français deux sens principaux. Il sert à désigner, comme je l'ai fait jusqu'ici, les contenus culturels qui traversent le temps mais aussi la façon dont ils voyagent ; à la fois donc la chose supposée (par l'usage du mot-outil) être transmise et conservée et le moyen de sa transmission et de sa conservation. Dans ce deuxième sens, la tradition renvoie à une transmission à l'aide de la parole, ou de l'exemple, c'est-à-dire par voie orale, « sans preuve authentique ou écrite » (*Encyclopædia Universalis*). La loi de la tradition est, dans nos usages linguistiques, une loi non écrite. Autant dire qu'il est superfétatoire de parler de tradition orale à propos de sociétés sans écriture ! De ce point de vue, la distinction entre sociétés traditionnelles et modernes a toutes les apparences d'une distinction de fait puisqu'elle se fonde sur la présence, dans les secondes, d'un « choix » qui n'existe pas dans les premières. La seule manière de la relativiser, outre que de constater que l'écriture n'a pas fait disparaître la tradition (orale), est d'adopter l'hypothèse de Jacques Derrida selon laquelle « l'écriture a toujours déjà commencé dans le langage » (Derrida, 1967). En discuter ici nous emmènerait trop loin ; il suffit de préciser que l'opposition canonique entre sociétés traditionnelles et modernes déborde largement (mais sans doute moins qu'on ne le croit) celle entre sociétés sans et avec écriture. On revient par là, assez paradoxalement, au problème du rapport qu'entretiendrait la traditionnalité avec le passé.

Sociétés traditionnelles et modernes s'opposeraient-elles radicalement dans le registre des attitudes envers le passé ? Il est difficile de l'affirmer sans s'enfermer dans des contradictions. En voici au moins deux; liées à l'emploi du mot-outil de tradition. Il est parfois dit qu'une société traditionnelle est celle qui a le souci, sinon le culte, de la préservation du passé. Pourtant, ce sont les sociétés modernes qui, en disposant du moyen décisif de l'écriture et de tous les procédés d'archivage, ont inventé et cultivé le savoir historien et donc formé le projet de reconstituer fidèlement leur passé. Elles croulent sous le poids de l'imprimé et du témoignage, multiplient les musées et les lieux de mémoire, font commerce du vieux et de l'original, développent l'obsession du classement et du patrimoine, s'appliquent à recenser les traditions et à les exposer, à en faire la théorie (le folklore) et comme le panégyrique. Souvenons-nous des fort actuelles *Considérations inactuelles* de Nietzsche, des imprécations du philosophe contre le « bric-à-brac ancestral ». Aucun ethnologue n'a jamais décrit, dans une société traditionnelle, le « spectacle répugnant d'une aveugle fureur de collection » ni fait le portrait d'un homme « arc-bouté contre la charge toujours plus écrasante du passé » (Nietzsche, 1990). Les sociétés traditionnelles, du moins celles qui n'ont pas fait l'expérience douloureuse d'une « modernité » imposée, ignorent assez superbement les contraintes de l'Inventaire. Elles n'ont pas la mémoire compassée en rendant les honneurs à la tradition : elles s'en acquittent souvent avec désinvolture.

On fait aussi parfois l'hypothèse que les sociétés traditionnelles seraient gouvernées par le principe de traditionalisme. Elles obéiraient à une sorte de charte culturelle, inscrite dans leur être collectif, les détournant de l'incitation à changer. Elles auraient fait, en somme, le choix de la tradition. Maintenant faire le choix de la tradition suppose deux choses. Premièrement d'avoir, sous une forme ou sous une autre, le concept de tradition, c'est-à-dire de reconnaître sa propre tradition comme une tradition; non point de vivre en elle en la recevant (en la recréant) au jour le jour mais de la distinguer comme telle, de discerner donc ce qu'elle a d'arbitraire et de conventionnel. Éric Weil y a justement insisté en soulignant qu'avoir le concept de tradition, c'est être en mesure de passer de « l'obéissance inconsciente » à la justification, ou à la critique, consciente (Weil, 1991). Or voilà précisément ce que l'on dénie généralement aux sociétés traditionnelles, comme en témoignent les objections formulées à Claude Lévi-Strauss et à sa distinction entre sociétés « chaudes » et « froides ». Les sociétés traditionnelles seraient donc traditionalistes sans disposer du concept de tradition! Les sociétés modernes s'attribuent généreusement à elles-mêmes l'exclusivité de la formation du concept et refusent d'attribuer aux sociétés traditionnelles la capacité à accéder à la conscience de la tradition. Elles seraient donc, en toute logique, inaptes à faire le choix de la tradition. En second lieu, faire le choix de la tradition suppose qu'il y ait un choix, donc la possibilité d'en faire un autre. Pas de choix sans la représentation d'une alternative, conscience d'un dilemme, ici entre adhérer ou ne pas adhérer à la tradition. Or c'est bien au sein des seules sociétés modernes, ou modernisées, qu'a émergé la figure historique du traditionaliste, ce personnage à la mine sévère qui dit qu'il faut suivre la tradition parce que c'est la tradition. Les ethnologues n'ont guère rencontré, dans les sociétés les plus « traditionnelles », de tenants de l'« école rétrograde », ainsi que Comte nommait les traditionalistes, Bonald, Lamennais ou Maistre. Pourquoi donc, au sein de sociétés vivant dans la tradition, des hommes se donneraient-ils la peine de la prêcher puisque non contestée (et pour cause, puisque non reconnue pour telle) ? Bref, le traditionalisme n'est nullement une attitude traditionnelle. Une société traditionnelle, telle qu'elle est communément caractérisée, ne saurait être traditionaliste.

Est-ce à dire qu'il faille renoncer à déceler un quelconque principe d'ordre dans la diversité des attitudes culturelles à l'égard du passé ? Dans l'absolu, certainement ; de manière relative, sans doute pas. Aucun grand partage comparable à une faille géologique, mais de multiples lignes de cassure faisant des dessins compliqués à la surface de l'écorce culturelle. Et voici que nous revenons maintenant à la problématique des rapports entre tradition et écriture, délivrés de la lourde hypothèque des schémas conceptuels rigides. Nous disposons, en effet, grâce aux travaux pionniers de Jack Goody sur les conséquences de l'avènement de l'écriture, d'une piste attentive à l'une de ces lignes de cassure ondulantes. Elle invite à mettre en rapport la présence ou l'absence de l'écriture, d'une part, et les différences (relatives) dans la manière dont le passé habite le présent, d'autre part.

La thèse de Goody est bien connue ; je me contenterai donc de la résumer brièvement. Goody distingue, plus dans un but heuristique (faire penser) que dans une intention réaliste (décrire le monde historique tel qu'il serait), entre deux formes de remémoration. L'une, dite par lui exacte ou mécanique, est le produit d'un apprentissage répétitif ; elle suppose donc l'existence d'une version de référence, d'une copie-modèle. Ce type de remémoration est évidemment lié à la présence de l'écriture qui fixe, avec une précision absolue, les contenus sur lesquels va s'exercer l'art de la mémoire ; le texte est le stimulus constant. L'autre forme de remémoration, appelée par Goody « générative » ou encore « constructive », se développe en l'absence de version autorisée. Pas d'original couché sur le papier mais seulement une « structure », des points de repère, permettant que se déploie sur le mode créatif l'élaboration individuelle. Ici l'on « entend la parole », là on « voit l'écriture ».

D'où la possibilité de délimiter, au moins idéalement, deux manières d'installer le passé dans le présent. « La différence essentielle entre une culture orale et une culture écrite tient aux modes de transmission : la première laisse une marge étonnamment grande à la créativité, mais une créativité de type cyclique, tandis que la seconde exige la reproduction exacte comme condition d'un changement positif » (Goody, 1977). Une société traditionnelle, entendons par là seulement une société ne disposant pas de l'écriture, est une société qui n'aurait ni la capacité à consigner exactement la tradition ni (donc ?) le souci de la préserver littéralement. Dépourvue de version de référence, elle s'adonnerait à l'innovation relative ; elle sacrifierait au changement en pointillé, elle cultiverait la reproduction approximative. Le barde n'y récite pas par cœur ; il brode sur un motif. La tradition est le thème autour duquel s'élaborent « traditionnellement » les variations. La société moderne, quant à elle, a pu grâce à l'écriture fixer sa tradition. Elle a donc les moyens et (par conséquent ?) le goût de statuer sur l'authentique, de décréter preuves en main qu'une version est la bonne, qu'une autre n'est pas conforme. Ce serait, du même coup, une société capable d'innovation radicale. En effet, souligne Pouillon, « pour vouloir changer autant que pour s'y refuser, il faut avoir conservé le passé, et c'est l'écriture qui le permet le mieux » (Pouillon, 1993). Ayant en dépôt l'original, la culture écrite dispose de la capacité à décider de s'en écarter, de rompre délibérément d'avec les formules du passé. Son héritage est inscrit sur le papier : elle peut donc le refuser en connaissance de cause, se séparer de la tradition comme on divorce, non pas comme, dans un couple, on s'éloigne l'un de l'autre, lentement, au jour le jour. Pour résumer d'une proposition le contraste suggéré par Goody et commenté par Pouillon entre sociétés traditionnelles et modernes : plus une société est capable de reproduire le passé, plus elle est apte à vouloir perpétrer le changement. Une tradition livrée à la connaissance détaillée, que seul procure l'écrit, est, dit en substance Pouillon, une tradition dont le corps social est bien près de se détacher.

Tradition, écriture, histoire

C'est donc une affaire entendue : l'écriture permet que s'instaure une distance d'avec la tradition, une distance qui est d'abord celle de la connaissance. Maintenant cette attitude à l'égard des formules du passé est-elle un privilège — ou, aux yeux du traditionaliste moderne, un défaut — réservé aux seules sociétés disposant de l'écrit ? Je voudrais, pour terminer, m'arrêter sur ce point, plus brièvement que je ne l'ai fait ailleurs (Lenclud, à paraître), et réfléchir un instant sur les implications de ce modèle différentiel de rapport à la tradition, lié à la présence ou à l'absence de l'écriture. Il est utile, me semble-t-il, d'introduire dans la discussion, afin d'en rendre les enjeux plus clairs, le concept (moderne) d'histoire. En effet, la société traditionnelle, celle qui recrée au fil des années sa tradition, a certes une conscience historique mais n'a pu faire sa place au savoir historien. La société moderne, celle qui a eu loisir de fixer sa tradition et qui est donc apte à faire le choix de s'en séparer (malgré la prédication traditionaliste), a pour sa part ménagé un rôle éminent à ce savoir historien. Comment se noue ce rapport entre tradition, écriture et histoire ? Jusqu'à quel point est-il légitime de l'absolutiser ?

Il convient d'observer, d'abord, que le concept moderne d'histoire s'élabora, au XVIIIe siècle, dans un univers de civilisation qui avait forgé de longue date, en Grèce, celui de tradition (Weil, *op. cit.*). Si l'on suit le raisonnement évoqué plus haut, l'homme ici avait cessé de vivre *dans* la tradition. L'Occident avait depuis longtemps rencontré d'autres traditions qui avaient pu lui servir de miroir pour regarder les siennes propres. Pour bien des raisons qui ne tiennent pas seulement aux rencontres, puisque par définition la rencontre est réciproque, sa tradition lui était devenue discernable. Elle n'était plus seulement de l'ordre du fait mais de celui de la valeur, valeur positive des siècles durant (on parlait de l'exemplarité de la tradition), puis négative à partir du moment où les Modernes prennent l'avantage sur les Anciens (s'impose alors l'image de la tradition comme fardeau). En simplifiant beaucoup, la société moderne serait cette société qui a fait l'expérience de la relativité des valeurs, pour qui dès lors la tradition ne va plus sans dire mais se transforme en « question ouverte ». Citons deux formules d'Éric Weil : « Notre tradition est la tradition qui met sans cesse en question sa propre validité » et « Notre tradition est la tradition qui ne se satisfait pas de la tradition » (Weil, *op. cit.*). Elles définissent assez bien l'état d'esprit des Lumières, cet état d'esprit qui autorise la formation du concept moderne d'histoire : quand l'émancipation vis-à-vis de la tradition s'inaugure elle-même en tradition...

La formation du concept moderne d'histoire, dans la seconde moitié du XVIIIe siècle, réalise selon Reinhart Koselleck (1990) la fusion de deux idées nouvelles. L'idée, d'abord, que l'homme peut connaître de l'histoire en soi, comme processus, et non plus des seules histoires particulières. Les traditions se muent donc en objets de savoir, en phénomènes historiques. Elles y perdent assurément en dignité. L'histoire-passé cesse d'être promue en magistère de vie, ainsi que l'étaient les traditions, pour constituer un domaine de faits à la manière (malgré les objections de Voltaire) de ceux que rassemble l'histoire naturelle. L'idée, aussi, que l'homme est à même de faire son histoire, à tout le moins d'agir sur son cours. Le projet historien de connaissance du passé est inséparable du constat opéré par les Modernes que la responsabilité de leur devenir incombe en grande partie aux hommes. Ce devenir est, en théorie et non plus intuitivement, ouvert; le futur n'est plus tracé mais à réaliser. C'est pourquoi l'on parla très vite de crise de la tradition : « Quand le passé n'éclaire plus l'avenir, l'esprit marche dans les ténèbres » (Tocqueville). Selon Hannah Arendt, le remplacement des traditions par l'histoire, à l'intersection entre passé et avenir, installa en Europe l'action (politique) à l'orée du futur (Arendt, *op. cit.*). La pensée de l'action implique, en effet, l'hypothèse selon laquelle l'histoire-vécu est, en partie tout au moins, le produit de la manufacture humaine. L'histoire est connaissable, l'histoire est faisable.

L'invention de l'histoire qui implique l'usage de l'écriture mais vient en quelque sorte parachever les effets culturels de cette dernière serait donc intimement liée à la transformation des attitudes envers le passé, transformation entraînant elle-même l'adoption de ce que l'on est tenté d'appeler, à la suite de Hans G. Gadamer, une nouvelle « conscience du présent » (ou d'un nouveau régime d'historicité). « La conscience du présent, écrit Gadamer, est une mise à l'épreuve des préjugés (...). C'est d'une telle mise à l'épreuve que relève elle aussi la rencontre avec le passé, et la compréhension de la tradition dont nous sommes issus » (cité par Jauss, 1978). L'idée exprimée ici est exemplairement « moderne » : les enjeux du présent, et donc de l'action à mener, ne deviendraient perceptibles qu'au travers d'une évaluation critique de la tradition. Cette évaluation établirait une forme de communication avec le passé tout à la fois libératrice et créatrice de normes en vue de la réalisation du futur.

L'écriture autorise une mise à distance de la tradition, avons-nous dit en suivant l'argumentation de Goody. En parlant maintenant d'écriture de l'histoire et non plus seulement d'écriture tout court, on vérifie que la ligne de cassure, assez sinueuse et point béante, entre cultures écrites et orales tend à s'élargir au point de prendre les aspects d'une déchirure profonde dans l'écorce culturelle. Comment, en effet, ne pas être tenté de rétablir un principe de grand partage, de ce grand partage que les anthropologues se sont efforcés de suturer, ici entre deux manières fondamentalement opposées d'être affecté par le passé ? Poursuivons le raisonnement.

Il y aurait, d'abord, cette manière (« traditionnelle ») d'être affecté par le passé qui consiste à le résoudre en tradition, c'est-à-dire à créer, ou plus exactement à improviser, à l'intérieur des limites offertes par cette tradition. Certes, dans ces sociétés de l'oralité, l'homme dit et fait la tradition en la proclamant comme le rappellent les ethnologues, tenants du point de vue pragmaticien. Il fabrique donc son héritage mais sans avoir conscience que c'est la tradition, sans être par conséquent incité à songer qu'il pourrait rompre avec elle, sans avoir en somme l'idée d'un choix possible. Ainsi affecté par le passé, cet homme hérite en quelque sorte sans y penser, comme on respire. Et puis il y aurait cette manière (« moderne ») d'être affecté par le passé qui conduit à le constituer en histoire. Ici le passé serait mis à distance par la connaissance. L'homme regarde, ou peut regarder, sa tradition de l'extérieur. La relation au passé est problématisée ; on hériterait donc seulement sous bénéfice d'inventaire.

Supposons admise cette distinction entre des sociétés qui hériteraient sans y penser (en fabriquant traditionnellement des traditions) et des sociétés qui hériteraient, ou seraient en mesure d'hériter, sous bénéfice d'inventaire (en écrivant l'histoire). Qu'affirme-t-elle qui confère à ces dernières un privilège assez exorbitant ? Problématiser son passé en constituant sa tradition en histoire, c'est éloigner cette tradition par le moyen du jugement critique, découvrir qu'elle n'est pas de nature mais de convention. C'est, par conséquent, « travailler à soi-même », comme l'a écrit en 1937 Thomas Mann dans son *Avertissement à l'Europe*, citoyen d'une culture qui fit, depuis le Romantisme, une place assez singulière au concept de tradition. Une société qui met sa tradition à distance est capable de s'arracher à son contexte, à ses déterminations, à ses ancrages. Elle est apte, par là, à questionner son vécu, à en récuser l'évidence et la nécessité, à apercevoir qu'il pourrait être autre.

Il existerait en somme deux variétés d'*Homo culturalis*. Pour l'un, vivant dans les sociétés de la tradition, vaudrait la définition anthropologique classique de la culture, celle qui insiste sur l'héritage, fût-il inventé ou fabriqué, et sur sa force agissante. Pour l'autre, membre d'une société disposant du concept de tradition, de l'usage de l'écriture et du savoir historien, la culture consisterait dans le jugement critique interposable entre l'héritage et sa réception. Elle serait cette possibilité, durement acquise et jamais définitivement (comme l'*Avertissement à l'Europe* de Mann le rappelle), de renoncer au « jeu consolant des reconnaissances » (Michel Foucault). « *The things which can be made otherwise by choice, effort and the application of knowledge constitute the sphere of culture*», écrit l'antiquisant James Redfield (cité par Ricœur, *op. cit.*), le fils de l'anthropologue culturaliste Robert Redfield.

Est-ce à dire alors qu'il y aurait des sociétés démunies de la capacité à «travailler à soi»? Des sociétés affichant une réceptivité pure à la tradition ou l'inventant sans le savoir? Des sociétés inaptes à la réflexivité culturelle qui peut se définir par ce que Redfield nomme «*the play with values and norms*» (et dont l'art est le moyen par excellence)? Des sociétés incapables de se détacher un tant soit peu d'elles-mêmes? Pour reprendre une formule de René Char, citée par Hannah Arendt, tout héritage dans le domaine de la culture est accompagné d'un testament, ou d'un mode d'emploi, désignant la nature de cet héritage et précisant la manière d'en faire usage; ce testament «choisit et nomme (...) indique où les trésors se trouvent et quelle est leur valeur» (Arendt, *op. cit.*). Ici, dans les sociétés modernes, ce sont les héritiers qui rédigent le testament, comme le déplorent les traditionalistes (qui le rédigent tout autant), sous la forme privilégiée du discours historique. Maintenant est-il admissible de supposer que l'on puisse rencontrer des sociétés recevant à l'intérieur de l'héritage et le legs proprement dit et le mode d'emploi, comme l'imaginait l'anthropologie d'hier en parlant des sociétés traditionnelles, ou même seulement des sociétés qui rédigeraient bien le testament mais sans en avoir conscience, c'est-à-dire dépourvues des moyens de faire l'inventaire du «legs» et donc de recevoir «délibérativement» l'héritage?

Sans doute convient-il, au nom d'un principe de symétrie autant épistémique qu'éthique, de chercher plus systématiquement que ne l'ont fait à ce jour les anthropologues où se loge ce testament qu'aucune communauté humaine, sans écriture ni historiens, n'a manqué sinon de rédiger du moins de penser, où s'élabore ce mode d'emploi du passé sous forme argumentée. En observant de ce point de vue comment les sociétés dites traditionnelles reçoivent (en les proclamant) leurs traditions, on aurait toutes les chances de vérifier qu'elles sont susceptibles de faire comme les nôtres, mais par d'autres moyens, un accueil critique et non pas mécaniquement produit à la donation (à l'invention). Mais vers quelles traditions se tourner pour y déceler les signes d'un débat? La réponse, suggérée par Edmund R. Leach (1972), est paradoxale[2] : ce sont les traditions les plus traditionnelles, les mieux «traditionnées» en apparence, à savoir le mythe ou le rite, qui porteraient l'empreinte de la réflexivité culturelle et les traces vivantes du jeu avec les valeurs et les normes. Bref, à travers le mythe ou le rite comme ici même au travers de l'histoire, la tradition se déferait autant qu'elle se ferait ; en un mot, elle serait promue en question ouverte, en objet de jugement, en support pour des choix.

Si l'on admet cette hypothèse, force est alors de se résigner à ce constat : avant même d'être couchée sur le papier, une tradition n'est pas la tradition.

Gérard LENCLUD

2.

Paroles durables, écritures perdues
Réflexions sur la pictographie cuna *

> Giotto connaissait-il la perspective ? Je ne veux pas le savoir. Lorsque je regarde sa peinture, ce sont ses moyens d'expression, pas les miens qui m'intéressent.
>
> Paul Gauguin, *Avant et après.*

I. Des Indiens qui écrivent

Nous avons pris l'habitude d'appeler les sociétés que nous ne voulons plus considérer primitives des « sociétés sans écriture ». De ces sociétés, à l'exception des hautes civilisations du Mexique, les sociétés des Indiens d'Amérique font partie. Toutefois, cette dénomination aurait certainement surpris les premiers découvreurs du Nouveau Monde. Pour beaucoup d'entre eux, il était tout naturel de penser que les Indiens possédaient, depuis toujours et comme eux, une technique de préservation du savoir, des signes à lire, des parchemins, des livres entiers.

* Les Cuna habitent aujourd'hui, en leur grande majorité, l'archipel des Mulatas (Comarca de San Blas, Panamá), constitué de quelque deux cents îlots généralement situés très près de la côte atlantique de Panamá. Selon un recensement récent, les cinquante villages de l'archipel comptent de 27 000 à 30 000 habitants parlant une langue traditionnellement associée à la famille chibcha, mais dont l'origine est inconnue. Une petite minorité, qui refuse encore tout contact direct avec les Blancs, vit dans la grande forêt du Darién, près de la frontière colombienne. L'établissement dans la région des îles de ce groupe d'agriculteurs tropicaux, pour lesquels la chasse en forêt et la pêche jouent un rôle économique mineur, semble être relativement récent. Le système de parenté, bilinéaire et uxorilocal, est régi par une rigoureuse endogamie de groupe.

Pietro Martire d'Anghiera, humaniste milanais devenu chapelain de la reine Isabelle et membre du Conseil des Indes, fut le premier à publier, en 1530, une histoire de la découverte du Nouveau Monde[1]. Son *De Orbe Novo* fut plusieurs fois réimprimé, très tôt traduit en plusieurs langues, et jouit d'un succès extraordinaire auprès du public cultivé européen[2]. Pietro, qui avait une connaissance de première main de la chronique de la Découverte grâce à son amitié avec Colomb et bien d'autres navigateurs, y raconte l'histoire suivante. Un jour, à Santa Maria du Darién, la ville fondée par les Espagnols sur le continent, et qui était devenue le premier évêché d'Amérique, un certain Corrales, magistrat du Darién (« *legum peritus quidam* », dit Martire), reçut un Indien, qui, chassé d'un village de l'intérieur, demandait refuge dans la ville. Après une première période, où les Espagnols avaient pu croire que le contrôle des populations locales aurait été aussi aisé que naguère à Hispaniola, ces demandes d'asile étaient devenues fréquentes à Santa Maria. Les populations de l'intérieur du Darién (des Cuevas, des Sinus, peut-être aussi des Cuna[3]) s'étaient vite aperçues des réelles intentions des nouveaux venus : entre la côte et la forêt du Darién, la guerre faisait rage partout. À Santa Maria, les Blancs, qui payaient ainsi le prix de leurs violences, résistaient désespérément au siège des Indiens, « en serrant — comme l'écrit Pietro — leurs âmes entre leurs dents, pour qu'elles ne s'échappent pas du corps[4] ». Parmi les Indiens, ceux qui, par intérêt ou naïveté, s'étaient alliés aux Blancs cherchaient désormais refuge à l'intérieur d'une ville qui, écrit encore Pietro, n'était plus défendue que par la boue immense des marécages qui l'entouraient[5].

Quand l'Indien, conduit devant le magistrat, vit Corrales en train de lire ses gros livres de droit, il sursauta et, plein d'étonnement, demanda à l'interprète de traduire une série de questions. Avez-vous *aussi*, les Blancs, des livres ? s'exclama-t-il . Connaissez-vous *aussi* l'art d'utiliser des signes qui font que les absents vous comprennent ? Ensuite, il demanda qu'on lui montre ces livres, croyant retrouver les signes qui lui étaient familiers. Une fois devant la page d'un des livres de Corrales, toutefois, son enthousiasme s'éteignit. Ces *patrias litteras* qu'il croyait, presque par miracle, retrouver chez le magistrat de Santa Maria lui étaient tout à fait incompréhensibles. « *Dissimilis reperit eas esse* », écrit sobrement Pietro Martire[6]. L'espoir absurde d'une compréhension immédiate, par-delà les différences de langue, de culture et d'histoire pour les uns et pour les autres (et avant tout, pour le lecteur du *De Orbe Novo*), tombait définitivement.

L'Indien de Pietro est sans doute trop savant, trop proche des conceptions occidentales de l'écriture pour qu'on puisse prendre à la lettre son récit. Il est curieux de constater, en effet, que cet Indien venu du Darién, dans le récit de Pietro, prête à l'écriture précisément les qualités que Galilée lui attribuera plus tard dans son *Dialogo sopra i due massimi sistemi* : celui de « faire parler à ceux qui sont loin », non seulement au sens de ceux qui sont momentanément absents, mais aussi à ceux « qui doivent encore naître[7] ». Il est entendu que l'humaniste milanais s'adresse consciemment à un public : à travers cette anecdote il ne veut pas seulement renseigner l'Europe cultivée sur les mœurs des Indiens. Il veut aussi mettre en scène la grande aventure de la Découverte, la rendre intéressante du point de vue littéraire, moralement acceptable, politiquement justifiée. Cette histoire, toutefois, n'est ni isolée ni rare. Sa particularité consiste seulement dans une inversion d'un des *topoi* courants dans les chroniques de la Découverte. Elle fait dire à un Indien inconnu ce que beaucoup de voyageurs européens avaient cru, et même, parfois, décrivaient en détail. Depuis Enciso, qui en 1519 déclarait que les Indiens n'avaient pas seulement de l'or et des perles, mais aussi des livres et qu'« ils lisaient et écrivaient comme nous[8] », jusqu' à Lehmann qui, en 1920, rêvait encore de parchemins peints par les Indiens de la côte pacifique du Nicaragua[9], la liste est longue des auteurs qui ont cru à l'existence de véritables écritures, peintes sur des manteaux cérémoniels, des peaux d'animaux ou gravées sur des rochers[10]. Cette écriture, toutefois, pour les premiers chroniqueurs comme pour les savants du XVIIe et XIXe siècle qui les suivirent[11], restait mystérieuse. À défaut de documents susceptibles d'en prouver l'existence, elle apparaissait comme la trace d'un passé perdu à jamais.

Lorsque le jésuite espagnol Leonardo Gassó (premier missionnaire à s'installer chez les Cuna de l'archipel de San Blas pour entreprendre leur difficile christianisation) signale l'usage vivant et très répandu des pictographies, il appréhende l'écriture des Indiens dans la même perspective. D'une part, cela ne fait aucun doute à ses yeux qu'il s'agit là d'un vestige du passé, d'un usage définitivement révolu : « *Autrefois* ces Indiens connaissaient l'écriture », écrit-il en 1910 d'un usage qu'il a pourtant sous les yeux, et qui, faut-il l'ajouter, continue aujourd'hui. D'autre part, pour lui comme pour Enciso ou Oviedo, les pictographies sont des « hiéroglyphes » tout à fait comparables, par leur fonction, à nos systèmes de notation du langage. Cependant, l'utilisation rituelle, les techniques d'exécution, l'apparence même de ces graphismes restent complètement inconnues au missionnaire[12]. Il est clair que ces illusions, ces jeux de miroir entre Blancs et Indiens, ne pouvaient se perpétuer que faute de documents réels.

Les premiers véritables relevés de textes « écrits par des Indiens » d'Amérique[13] sont menés à bien, vers la moitié du siècle dernier, au nord-est des États-Unis, très loin du Darién et de ses forêts tropicales. Parmi les chercheurs qui collectent ces témoignages, A. R. Schoolcraft et G. Mallery sont sans doute les plus actifs[14]. C'est à Mallery, en particulier, que nous devons un riche corpus de pictographies amérindiennes, bien qu'il soit constitué de témoignages épars, presque jamais accompagnés des textes correspondants. Ni Mallery ni Schoolcraft ne sont des théoriciens. Gouverneur d'Indiens l'un, colonel de l'armée américaine l'autre, ce sont des hommes de terrain : ils collectent des documents, laissant la spéculation à d'autres. C'est dans ce même esprit (et sans doute après les avoir lus et consultés) que E. Nordenskiöld, qui visite les Cuna du Darién en 1927, entreprend de recueillir les premiers documents pictographiques de cette population. Lui aussi est, comme Mallery et Schoolcraft, homme de terrain. Mais il ne se limite pas, comme ses prédécesseurs au Nord, à recueillir des images, auxquelles n'étaient rattachés que de vagues commentaires ou quelques mots isolés. Il travaille avec de jeunes Indiens[15] et commence à recueillir, de la bouche des chefs et des chamans, des textes (incantations, chants thérapeutiques, récits...) qui sont censés être transcrits par les pictogrammes.

Travail difficile, parfois rendu tâtonnant par le maniement insuffisant de la langue indienne par Nordenskiöld. Les premiers résultats sont publiés en 1928[16], et repris dix ans plus tard[17] en édition posthume. La mort prématurée de Nordenskiöld, en 1932, avait en effet interrompu ce travail : beaucoup d'images restent sans commentaires, beaucoup de textes restent incomplets dans les notes de terrain qu'il a laissées au Musée ethnographique de Göteborg. Et pourtant, les documents publiés par lui sont à bien des égards exceptionnels. Pour la première fois, on ne voyait plus, comme dans l'ouvrage de Mallery, quelques signes incertains, le plus souvent en nombre très limité, s'aligner sur une page, suivis de quelques commentaires épars et lacunaires.

Les Indiens que Nordenskiöld avait visités semblaient, miraculeusement, donner raison à Pietro Martire[18]. Ils remplissaient minutieusement, page sur page, les petits cahiers que l'ethnologue suédois leur avait apportés. Des histoires relatant l'origine de certains êtres mythiques, associés au Soleil ou à la Lune[19], des invocations à des cristaux magiques[20], aux esprits des serpents ou des oiseaux[21], des chants chamaniques, funéraires et d'autres liés à des rituels d'initiation, dont la récitation pouvait durer des heures, étaient enregistrés dans de longues séquences de signes. Nordenskiöld notait aussi deux détails importants, concernant le support de ces écritures et leur organisation interne : les pictogrammes étaient traditionnellement réalisés sur des planches en balsa (dont il collecta quelques exemples, maintenant au Musée ethnographique de Göteborg[22]) et un ordre des signes (du bas à droite en haut, en boustrophédon) y était toujours respecté.

La réaction des historiens de l'écriture à ces nouveaux témoignages (qui furent connus entre 1930 et 1938) a été, on l'imagine, fort prudente. La question de l'écriture, dont les hommes de la Renaissance faisaient si peu de cas, était cruciale pour ces savants qui, dans un esprit évolutionniste et positiviste, s'attachaient à établir un tableau synoptique et chronologique des inventions de l'humanité. Ce qui semblait naturel aux humanistes et navigateurs du XVIe siècle était devenu incroyable. Si la présence de l'écriture était le signe d'une évolution que les Indiens d'Amérique n'ont jamais pu atteindre, comment interpréter ces signes cuna, où fallait-il les placer dans l'échelle de l'évolution technique de l'homme ? La question n'était pas facile à résoudre, d'autant plus qu'une certaine rhétorique de l'Occident était loin d'être étrangère à cette problématique. Aux yeux de David Diringer, par exemple, qui publie un grand ouvrage sur ces questions dans l'Italie fasciste des années trente[23], l'évolution de l'écriture, ou plutôt « la voie de l'alphabet », coïncide avec la marche civilisatrice de Rome et de la religion du Christ[24]. Dans son *Alphabet dans l'histoire de la civilisation* (tout en reconnaissant leur étonnante analogie avec les pictogrammes ojibwa), il juge donc les témoignages publiés par Nordenskiöld comme l'effet d'une invention récente[25]. En véritable *armchair anthropologist*, il les considère comme le résultat tardif d'une acculturation qu'il suppose accomplie (et qui n'est, en 1937, lorsqu'il publie son livre, qu'à peine ébauchée).

De trace mystérieuse d'une écriture parfaite mais inconnaissable (une *paléographie*[26] comme la considérait encore Gassó) la pictographie des Cuna devient le fait d'une *imitation* des Blancs : preuve ultérieure de la force des uns et de la faiblesse des autres. Ceux qui ne s'élèvent pas jusqu'à l'écriture, semble conclure Diringer, n'ont que le choix de singer maladroitement la nôtre.

M. Cohen, autre grand historien de l'écriture, a, quelque vingt ans plus tard, une attitude plus nuancée, plus souple. Après avoir, dans un premier temps, suivi Diringer, il revient sur son jugement[27]. Plus proche du texte de Nordenskiöld dans son compte rendu de la situation cuna, plus attentif aussi aux usages sociaux des écritures que bien de ses collègues, Cohen remarque que les pictogrammes cuna sont utilisés en beaucoup de circonstances, que cela suppose une technique moins rudimentaire et moins d'improvisation qu'on n'a pu le penser. Il conclut que l'usage de ces signes doit être examiné avec plus de détails, tout en ajoutant que les probabilités d'une origine amérindienne de ces pictographies sont beaucoup plus fortes que ne le pensait Diringer. Longtemps, toutefois, les recherches que Cohen souhaitait ne furent pas menées. Les élèves de Nordenskiöld se consacrèrent à la publication de grands textes chamaniques, parfois accompagnés par leur transcription pictographique[28] mais sans que la pictographie elle-même soit étudiée comme telle. Le constat, fait en 1951 par N. Holmer[29], de l'absence de toute phonétisation conseilla apparemment de clore ce dossier.

La pictographie des Cuna tombait ainsi au rang des curiosités savantes. Lorsque I. J. Gelb lui consacre un bref examen de sa *Théorie de l'écriture*[30], sa place dans l'évolution des techniques de l'humanité (que Diringer avait encore quelque peine à établir) est décidée. Il s'agit d'un avant-coureur lointain de l'écriture phonétique, témoignage incertain d'un effort *vers* l'écriture. Effort naturellement échoué. Pour Gelb, qui pratique une lecture assez sommaire de ces matériaux (et, tout en citant Nordenskiöld, ne consacre pas une seule ligne à l'usage des pictogrammes cuna), ce sont les caractéristiques formelles des signes qui l'attestent. Elles se résument en trois points. Les deux premiers, la « relation relâchée » entre signes, écrit et langage[31] et le *manque d'ordre* entre les signes, ont pour conséquence inévitable la caractéristique principale de ces systèmes : la stérilité. Pour Gelb, toute logographie est stérile : comment ces techniques encore trop proches du dessin (*artistic picture*) pourraient-elles transcrire les milliers de mots (*thousand and thousands*[32]) d'un langage ? En somme, ces systèmes avortent toujours parce qu'ils ne peuvent évoluer. Et ils ne peuvent évoluer *parce qu'ils ne peuvent s'étendre.* Si quelques situations semblent attester un usage plus étendu, moins épisodique, d'une logographie, comme le cas de l'écriture de l'île de Pâques, Gelb le condamne aussitôt comme une «*pictorial concoction for magical purposes*». Quelque chose, donc, de foncièrement étranger au domaine de l'écriture[33]. La pictographie ne peut être considérée comme une technique efficace parce que aucune information, à ces yeux, ne peut véritablement être véhiculée par un tel support. La distinction qu'il propose entre signes descriptifs et signes mnémoniques va dans le même sens, puisqu'il s'agit pour lui de montrer, dans un cas comme dans l'autre, la fragilité de l'image graphique : toute dépendance de la mémoire est pour Gelb une faiblesse fatale au système de signes.

La métaphore qu'il emploie pour qualifier tout graphisme qui précède la phonétisation est éloquente. Ces images, c'est de la *vapeur.* Matière indispensable, certes, à la marche de la locomotive, mais toujours informe, confuse, volatile[34]. Le fait que des grandes traditions aient pu exister sans avoir recours à l'écriture (la civilisation andine ou la tradition védique restées résolument orales pendant des siècles[35]) ne trouble pas le grammatologue. Avant l'écriture, le désordre domine le savoir. Avant la phonétisation, *verba volant.*

Depuis, le verdict de Gelb sur la nature impraticable de la pictographie n'a guère été mis en doute. John Defrancis[36], dans son ambitieux *Visible Speech*, remplace la métaphore thermodynamique de Gelb par celle, routière, de l'impasse. Dans son livre, les pictogrammes sont définitivement rangés parmi les *dead-end symbols*[37]. Jack Goody, de son côté, développe dans une série d'ouvrages une idée de l'oralité qui correspond parfaitement à l'image que Gelb esquisse de l'écriture. À l'illusion du grammatologue, qui veut asseoir sa science de l'écrit sur l'étude des propriétés internes des systèmes des signes, presque indépendamment des lois du langage, correspond une idée de la tradition orale qui se trouve toujours définie négativement[38] par rapport à l'écriture. Cette perspective exclut de son domaine tout support ou complément visuel de la parole. Celle-ci, écrit Vansina, doit être considérée comme l'ensemble des témoignages reportés de bouche à oreille *à l'exclusion de tout objet matériel qui pourrait faire fonction de source pour la connaissance du passé*[39].

La position de Goody et Watt illustre peut-être mieux que toute autre l'articulation de ces deux positions : l'une jalouse de l'autonomie du signe par rapport aux formes de l'énonciation, l'autre de celle de la parole vis-à-vis des supports matériels (objets, images, etc.). Les sociétés sans écriture, écrivent ces deux auteurs dans un ouvrage qui a eu une grande influence[40], ne peuvent connaître ni hiérarchie ni distinction nette dans les savoirs traditionnels. L'information circule librement dans ces sociétés, sans entraves ni règles, puisque la parole est par définition instable et difficile à contrôler. Dans une telle situation, tout savoir répond directement aux exigences homéostatiques de l'organisme social[41]. Par conséquent, à l'exemple de ces sociétés africaines où la profondeur généalogique est si faible que tout événement du passé est attribué à la troisième génération précédant Ego[42], nulle mémoire ne peut s'y préserver. Tout souvenir qui ne répond pas directement aux exigences de la vie sociale se trouve donc exclu du savoir traditionnel. Les sociétés orales sont donc, par définition, des sociétés sans mémoire.

On retrouve là une vieille idée : les sociétés qui n'ont pas inventé l'écriture ne peuvent ni représenter le passé ni avoir le sens de l'historicité. J. Vansina, qui critique et nuance la position de Watt et Goody, a dressé la liste des auteurs qui reprennent, les uns après les autres, ces idées[43]. Ils sont trop nombreux pour les citer ici. Chacun sait que dans le domaine des études américanistes (depuis Lowie[44] au moins) ces idées sont profondement enracinées. Suspendues à la simple énonciation de la parole, privées d'une notable profondeur généalogique, parfois même inlassablement occupées à effacer rituellement toute trace de leur passé[45], beaucoup de sociétés amérindiennes passent pour des sociétés sans mémoire. Ceci vaut avant tout, naturellement, pour les sociétés amazoniennes, mais pas seulement. Conçu comme la clef de voûte de l'univers religieux des Indiens d'Amérique, le mythe a été considéré comme l'instrument principal de la transmission des connaissances traditionnelles. Sa logique se déploie, tout au long des *Mythologiques*, sans que les flétrissures du temps[46] en troublent l'armature. Le mythe ainsi conçu a joué longtemps un rôle de paradigme : comment chercher autre chose dans des cultures où le savoir est si fortement partagé par tous que nulle hiérarchie, nulle spécialisation, nulle différenciation ne peut s'y déceler ? Dans ces sociétés, donc, la mythologie foisonne. Elle est partout, comme cette « herbe folle » inventée par les premiers Observateurs de l'Homme dont parle M. Detienne dans l'*Invention de la Mythologie*[47]. Toute tentative d'organisation, que ce soit sous la forme d'un corpus organisé par thèmes, d'un catalogue ou même d'une chronologie sommaire, est l'affaire de l'ethnologue et de ses techniques d'archivage. Avant l'écriture, rien d'autre que le désordre est concevable. Là où cette technique de notation du langage, avec sa force organisatrice, avec les fonctions sociales qu'elle apporte, n'a pas été inventée, la tradition est touffue, foisonnante et incontrôlable comme une forêt.

Porteur d'un savoir originaire, le mythe ne tolère d'autre ordre que celui, implicite et à découvrir, que lui imposent les lois de l'esprit humain. À la surface, en tant qu'objet réel, qu'histoire contée parmi d'autres histoires, il se donne dans le foisonnement et dans le désordre. Tout le monde en connaît une partie. Seul l'ethnologue, ce maître de l'écriture venu d'ailleurs, domine l'ensemble. C'est encore, bien qu'exprimée en termes différents, l'idée de Gelb : avant l'écriture, le désordre domine.

L'examen du cas des Cuna nous amènera à mettre en question cette perspective, et à nuancer cette conception des savoirs traditionnels amérindiens. Loin de nous mettre sur les traces d'une écriture disparue (ou échouée), toutefois, les pictographies cuna nous forceront plutôt à revoir cette image trop simple de l'exercice de la parole. Pour comprendre les images que nous aurons à interroger, il nous faudra un modèle de la tradition *autre que celui fondé sur la pure oralité*. C'est l'idée de tradition, et non celle d'écriture, que l'étude de la pictographie nous incitera à reformuler.

Mais tout d'abord rappelons l'interprétation récente[48] de J. Goody sur la pictographie cuna. Elle résume celle de Gelb et en tire toutes les conséquences, avec la clarté qui est habituelle à l'anthropologue anglais. On sait que pour Goody le passage d'une tradition orale à une tradition de l'écriture est marqué par l'apparition d'un certain nombre d'opérations techniques (parfois il est même tenté de dire : d'opérations mentales) qui appartiennent au domaine de l'écrit. Ces opérations consistent essentiellement dans certaines formes de classification linéaire (les listes) et dans les « catalogues » qui en résultent, et qui sont irréalisables dans des sociétés purement orales.

La pictographie cuna, avec son aspect « pictural » et le lien « relâché » (« *tenous* »[49]) qu'elle établit avec la langue, est un cas exemplaire de cette incapacité à la classification, à la différenciation des savoirs et en somme à l'organisation des souvenirs qui est propre à toute tradition où l'écriture n'a pu s'établir. Nous verrons, précisément, qu'il n'en est rien : la tradition cuna offre un tableau bien plus complexe, et pratique, sous la forme de catalogues et de chronologies, précisément ces formes de classification qui doivent rester, pour Goody, le propre de l'écrit. Il est en effet indéniable que l'anthropologue anglais transfère ici, dans un tout autre contexte, un modèle qui lui est cher et qu'il a longuement étudié : le Bagré des LoDagaa.

II. Savoirs pictographiques

Chez les LoDagaa du nord du Ghana, le Bagré, corpus de récits relié à un grand rituel d'initiation, constitue la propriété de tout un chacun. Le Bagré est un, mais il est toujours différent, affirment les LoDagaa : aucun spécialiste ne peut s'en attribuer le contrôle. L'exercice de ce savoir (que Goody dissocie radicalement de la partie qui renvoie au rituel) est donc libre. Par conséquent, la mémoire n'en est fixée qu'à quelques intrigues. Vagues *plots* continuellement soumis à la refonte, à la réorganisation en séquences nouvelles, aux développements arbitraires typiques, selon Goody, de la mémoire de l'oral[50]. Situation paradigmatique, où la parole circule librement, où nul partage ne trouble le savoir commun. La connaissance de la tradition semble ici coïncider avec un bien qui est la propriété de tout le monde : celui de la langue. Ajoutons aussi que cette vision de la tradition permet une distinction nette entre le mythe (genre auquel on assignera tout récit se référant au surnaturel ou au temps des origines) et la pratique rituelle de l'initiation.

Les savoirs traditionnels cuna s'organisent selon des critères fort différents. On parle chez les Cuna quatre variétés linguistiques mutuellement incompréhensibles — dont trois sont rigoureusement réservées à l'exercice de la parole rituelle. D'autre part, comme dans beaucoup de cultures d'Amérique (Zuni, Navajos, Pima[51]), la distinction entre ce qui est « mythologique » et ce qui est ritualisé (apparemment si facile au Ghana) est impensable chez les Cuna. À des degrés différents, toute parole se référant au savoir traditionnel est ritualisée. Plus encore, pour les Cuna tout rituel est verbalisé. Tout rituel est « chant ». Pour comprendre ce point, il est indispensable de se référer aux catégories indigènes de classification des savoirs. Les Cuna ne distinguent pas des genres littéraires (mythe, épopée, légende, incantation magique...) suivant leur contenu. Le premier critère de distinction du savoir concerne le *type d'expérience* dont il est le résultat. Quand il est inné, résultant d'une vision immédiate du surnaturel, il est le fait exclusif du *nele*, le voyant — qui voit dans ses rêves, dans ses visions, l'avenir, ou la cause ultime d'un malheur ou d'une maladie[52]. Ce savoir peut et doit être rituellement protégé. Il n'exige aucun apprentissage.

Tout autre chose est le savoir appris. Autant la vision du *nele* est unique et peut s'appliquer à toute circonstance, autant la parole qu'on apprend d'un maître est spécialisée, spécifique, locale. Immaîtrisable dans sa totalité, le savoir qui en dépend est scindé en plusieurs traditions difficilement acquises, jalousement protégées des non-initiés et faisant l'objet de contrôles réciproques de la part des spécialistes. La première distinction qui s'opère dans le savoir appris concerne ceux qui sont appelés à en être les énonciateurs et les gardiens, et entraîne en même temps la différenciation linguistique. Chefs, chamans et spécialistes des rituels d'initiations féminines ont chacun leurs savoirs et leurs langues. Chacun aussi leurs propres circonstances d'énonciation rituelle du savoir traditionnel.

Le contraste entre la parole du chef, celle du chaman et celle du spécialiste du chant initiatique consacré à l'apparition des premières menstruations chez les jeunes filles (*kantur*) suffira à donner une idée des modalités de cette ritualisation de la parole traditionnelle. Le *kantur*, dont le chant rappelle les origines de la différenciation sexuelle, et de celle entre les animaux et les humains, énonce en public un texte que la tradition veut fixe et immuable. J. Sherzer, avec d'autres, a pu apporter la preuve de l'extraordinaire précision avec laquelle ces textes sont préservés. Remarquons que c'est là la seule occasion où l'usage même de la pictographie est inclus dans la séquence des actions rituelles à accomplir en public[53].

Le chaman, lui, récite son chant thérapeutique (un genre dont nous connaissons désormais un certain nombre d'exemples) dans un lieu prévu à cet effet, et en adoptant une position fixe et minutieusement prescrite par la tradition[54]. Ici aussi, la variation est en principe interdite et la notation pictographique d'usage courant.

Le cas du chef est un peu différent. Celui-ci est tenu à remémorer régulièrement (un soir sur deux), devant l'assemblée des hommes du village, le Chant des Pères, cycle de chants qui mêle les récits des origines, les histoires des héros culturels et des villages, à la chronique de la vie quotidienne, à l'admonestation morale et au discours politique. La parole du chef est, comme les autres, énoncée publiquement (devant l'assemblée des hommes) dans une langue que les gens du commun (et d'abord les femmes qui n'ont pas, dans ce contexte, droit à la parole) ne peuvent comprendre. Deux particularités marquent toutefois l'énonciation du Chant des Pères : la parole du chef est toujours traduite et commentée par son adjudant (l'*arkar*, dont le rôle est précisément celui de porte-parole du chef). Elle a aussi, seule parmi les paroles de la tradition, le privilège d'être plus flexible, tenue plus à une fidélité de fond qu'à la lettre de telle ou telle histoire traditionnelle. L'usage de la pictographie suit ces degrés d'élaboration de la parole du chef. Utilisée, comme on va le voir, pour fixer des noyaux de connaissances traditionnelles (des listes de noms de lieux ou de personnages à ne pas oublier), elle n'est pas utile dans le cas de la simple admonestation ou du discours politique qu'un chef choisit de formuler en paroles, sans se référer au modèle, beaucoup plus strict, du chant.

En somme, la parole traditionnelle est ritualisée par les modalités mêmes de l'énonciation[55] et par l'utilisation (fixe dans le chant des rituels thérapeutiques, funéraires, initiatiques, relativement fixe dans le cas des récits cosmologiques et mythiques des chefs, franchement improvisée dans le cas des admonestations ou des chroniques) du style paralléliste qui réduit toute histoire à une alternance d'un nombre limité de formules fixes, répétées et variées selon des modalités dont on verra plus tard le détail. Le résultat de ces partages de langues et de savoirs est une classification et une distribution des *répertoires de la parole traditionnelle*[56]. Nous avons résumé le partage des savoirs cuna dans la Figure 0.

Les savoirs qui peuvent se transcrire en pictogrammes, donc, sont destinés à une énonciation, publique ou privée, mais strictement ritualisée. Chacun des genres du savoir traditionnel « contient » de la mytho-

- SAVOIR
  - INNÉ —— VOYANTS (visions, récits de rêves...)
  - APPRIS
    - CHEFS
      - Récits cosmologiques
      - Histoires des villages, Chants des Pères (Pap Ikarkana)
      - Récits historiques
      - Admonestation
      - Discours politique (harangue)
    - SPÉCIALISTES DU CHANT DE L'INITIATION FÉMININE
    - CHAMANS
      - Chants des âmes perdues
      - Mu Ikala
      - Nia Ikala
      - Sia Ikala
      - Apsoket Ikala...

Figure 0. Typologie de la parole rituelle cuna.

logie. Mais cette mythologie ne se donne pas comme un corpus d'histoires dont la circulation serait libre, ou au moins, comme chez les LoDagaa, dissociée de l'action rituelle. C'est une mythologie destinée à être *mise en forme*, modelée dans le moule du parallélisme et formulée en langue spéciale. Loin d'être une manière de disperser le savoir dans le labyrinthe des compétences de tel ou tel spécialiste, l'énonciation paralléliste *simplifie fortement* la structure du récit tout en étant assez souple pour s'adapter à tout événement, à toute histoire de la tradition. D. Tedlock, dans ses admirables études sur la littérature amérindienne[57], a parfaitement compris ce phénomène, qu'il a étudié chez lez Zuni et les Maya-Quiché : « *Ordinary talk,* écrit Tedlock, *not only has words in it, in the sense of strings of consonants and vowels, but it has patterns of stress, of emphasis, of pitch, of tone, of pauses or stops that can move somewhat independently of the sheer words and make the same words mean quite different things... To fix a text without making visible marks is to bring stress and pitch and pause into a fixed relationship to the words. The Zuni call this technique "raising it right up", we would call it "chant"*[58]. »

La structure paralléliste de l'énonciation rituelle cuna imprime à l'histoire son rythme, tout en liant la parole à une mélopée fixe, qui reflète une relation stable entre *stress, pitch and pause*. En ce sens, tout savoir traditionnel se transforme en *ikala*. « Chant », donc, dans le sens de Tedlock : parole réglée, que l'on fait surgir selon son ordre propre (*raised right up*).

C'est seulement à ce moment, comme on va le voir, que le pictogramme apparaît. Un examen des matériaux pictographiques dont nous disposons conduit à deux conclusions : 1) Bien qu'à des degrés différents, et quel que soit le degré de variation toléré par la tradition, tout ikala est énoncé en style paralléliste. 2) Tout ce qui est susceptible d'être énoncé en style paralléliste peut être pictographié[59].

III. Quelques exemples : textes ou paroles ?

Voyons maintenant quelques exemples de cette transcription en image de la parole ritualisée. Parmi les documents de Nordenskiöld[60], le plus simple est une liste de noms de « voyants », les héros culturels envoyés par Dieu sur terre pour apprendre aux femmes les usages sociaux, la connaissance des plantes et la bonne organisation du monde dans lequel ils vivent.

Figure 1. Une liste de noms propres : « ceux d'en haut » et « ceux d'en bas ».

Le dessin est excessivement simple, le tracé incertain, les images difficilement discernables l'une de l'autre. Bien qu'il s'agisse de fixer le nom de personnages tout à fait identifiés dans le cycle des Chants des Pères, nulle histoire ne semble mentionnée ici. Un seul principe semble soutenir la mémoire de celui qui a tracé ces figures : l'alternance. La liste est en effet partagée entre des être dits « d'en haut » et des êtres « d'en bas ». Ce rudimentaire critère d'organisation spatiale, certainement très simple, et dont on pourra mettre en doute l'efficacité[61], est développé dans une autre planche pictographique (Figure 2), qui décrit l'évolution dans le ciel du canoë emprunté toutes les nuits par un des personnages centraux de la mythologie cuna : Lune, qui se trouve ici accompagné par une série de personnages mythiques, incarnations d'étoiles, d'animaux et de plantes. Encore une liste, donc : mais représentée comment ? Si nous suivons la numérotation que Nordenskiöld (ou son informateur) a reportée sur la planche, nous nous apercevons que deux principes d'organisation des pictogrammes jouent ici simultanément. Parallèlement à l'énumération par colonnes verticales ou par lignes horizontales de la liste de personnages associés à Lune (dont peut importe ici le détail), nous voyons s'établir un classement spatial, *par territoires* : mer, horizon, ciel, des pictogrammes. Grâce à l'horizon qui coupe l'espace représenté en deux territoires distincts, on peut à la lecture comprendre non seulement la succession (1, 2, 3...) des personnages qui accompagnent Lune dans son voyage, mais aussi distinguer entre ceux qui appartiennent à la mer, ceux qu'on dira « du ciel » et ceux qui seront situés sur la ligne de l'horizon. Loin de représenter directement, à la manière d'un dessin, le voyage du cortège de Lune dans le ciel nocturne, cette image nous présente un support pour la mémoire d'une liste, où les pictogrammes (les noms de la liste) s'organisent suivant un classement « par succession » et un classement « par territoires »[62].

Cette superposition de différents critères classificatoires joue un rôle fondamental dans la pictographie. Arrêtons-nous sur cet exemple relativement simple. Gelb, Goody, Defrancis et d'autres voient dans le recours à la mémoire un signe de faiblesse irrémédiable des systèmes graphiques. Ce qui est de l'ordre de la mémoire est, pour eux, individuel, arbitraire, changeant, peu sûr, jamais vérifiable, etc. En quel sens peut-on parler ici de mnémotechnique ou de relation à la mémoire ? Voyons-nous là une série de dessins, sans doute assez rudimentaires, que le chaman ou le chef cuna auraient tracés suivant exclusivement leur talent et leur imagination ? Ces images, qu'ils auraient rapidement esquissées pour leur usage personnel, ne seraient donc compréhensibles qu'à eux seuls ?

Figure 2. Le canoë de Lune.

Nous avons déjà vu que la parole qui se transcrit en pictogrammes est d'emblée organisée par la différence linguistique, la structure parallélistique du texte et par les modalités rituelles de l'énonciation. J. Sherzer, J. Howe et d'autres ont montré comment toute variation, toute création personnelle s'inscrit dans ce moule de la parole traditionnelle cuna[63]. Remarquons aussi que, du point de vue iconographique, une grande partie des textes pictographiques dont nous disposons, bien qu'ils aient été récoltés à des époques différentes et par des chercheurs indépendants, montrent une étonnante homogénéité sytlistique. Un certain nombre de règles concernant la représentation des objets y sont toujours respectées, un ordre des pictogrammes existe toujours, un nombre remarquable de signes revient régulièrement. Ces deux remarques suffiraient à nous convaincre de l'extrême faiblesse d'une interprétation qui prétendrait réduire le symbolisme pictographique au seul domaine de l'imagination individuelle.

Mais il faut ajouter encore que les pictogrammes sont toujours utilisés comme un instrument didactique. Pendant sa période d'apprentissage (qui, comme celle des Zuni, peut durer des années), l'élève d'un chaman, d'un chef[64] ou de tout autre spécialiste cuna, passe de longues journées dans la hutte de son maître. Il y est tenu au respect et à l'obéissance. Presque tous les jours, il lui apporte des cadeaux et va jusqu'à travailler pour lui pendant de longues années. En échange son maître, qu'il appelle invariablement *saila*, « chef », accueille l'élève chez lui et lui transmet son savoir. Cet enseignement se fonde sur deux formes distinctes d'apprentissage. L'une, purement verbale, fait appel à la mémoire *sonore* du disciple. Le maître récite un passage de l'ikala et le fait répéter au disciple jusqu'à ce que celui-ci l'ait appris par cœur. Le texte est ici traité, selon l'expression de Tedlock, comme une *relique*[65], seule la mémorisation des mots, pas la compréhension, est visée. Suivant l'usage, l'élève apprend ainsi bien souvent des mots dont le sens lui échappe.

L'autre technique d'apprentissage se fonde sur les pictogrammes. Très souvent, un pictogramme représente un nom propre (désignant un lieu ou un être mythique) : le maître montre à son disciple des dessins représentant tel ou tel personnage de l'ikala : un voyant dont on raconte les exploits, l'esprit de telle ou telle plante, les villages mythiques où les dieux ont enfermé tel ou tel esprit maléfique, etc. Ces images, qu'il doit d'abord graver dans sa mémoire et ensuite apprendre à copier, sont censées l'aider à se souvenir, avec une précision que l'on veut absolue, d'un texte parfois très long[66].

Cette double organisation de l'enseignement répond à la structure parallélistique de l'ikala cuna. Rappelons quelques exemples tirés du Chant du Démon[67]. Voici comment ce texte décrit les villages souterrains (situés au quatrième niveau chtonien dans la cosmologie cuna, qui en compte huit) que les esprits auxiliaires du chaman vont visiter à la recherche de l'âme perdue d'un homme malade :

Au loin, là où se lève le canoë du soleil, un autre village apparut
Le village des singes *apparut*
Le village montre ses singes
Au loin, là où se lève le canoë du soleil, encore plus loin, un autre village apparut, le village des fils (serpents) apparut
Le village qui s'enroule comme un fil apparaît
Le village qui s'enroule comme un fil se montre
Le village qui s'enroule comme un fil et le village des singes s'unissent, tels deux canoës dans la mer ils se heurtent l'un contre l'autre
De loin, de très loin les deux villages s'unissent, ils semblent se toucher
Au loin, là où se lève le canoë du Soleil, un autre village apparut
Le village de la jupe *apparut*
Le village montre sa jupe

Au loin, là où se lève le canoë du soleil, encore plus loin, un autre village apparut, le village des lianes apparut
Le village des lianes *apparut*
Le village montre ses lianes.

Comparons texte et planche pictographique (Figure 3). Comme F. Kramer, suivant Nordenskiöld, l'a remarqué[68], la pictographie cuna ne transcrit pas tous les mots qui sont récités. Toutefois, le choix des mots transcrits est loin de se réaliser au hasard. En fait, la transcription en pictogrammes ne traduit en images que la liste des variations (les noms des villages : singes, fils, lianes, etc.) du texte chanté. Tout au long du Chant du Démon, la formule verbale qui constitue l'échafaudage narratif du texte (Au loin, là où se lève le canoë du soleil, encore plus loin, un autre village apparut) n'est jamais traduite en pictogrammes. Son apprentissage est exclusivement confié à la seule mnémotechnique verbale : la mémoire des sons.

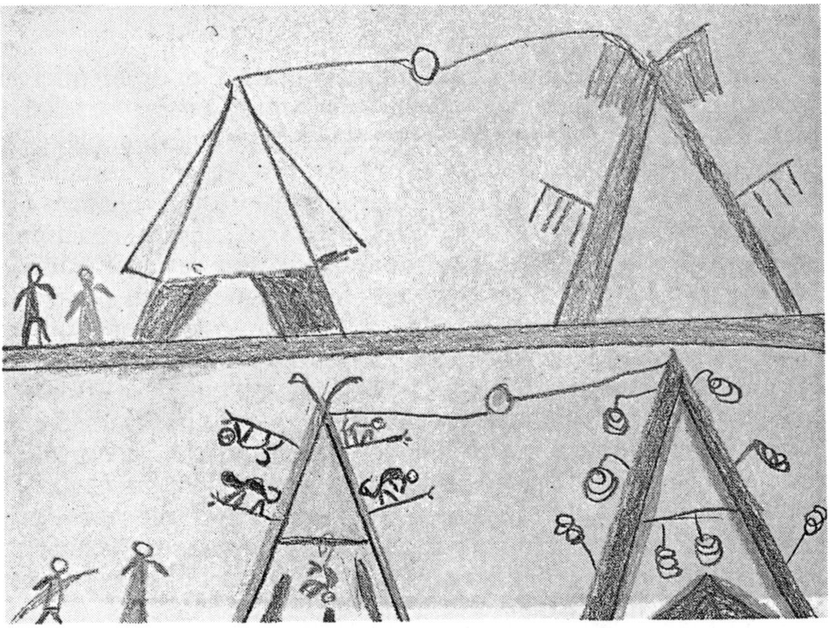

Figure 3. Quatre villages d'esprits tirés du Chant du Démon.

En revanche, la représentation graphique, en forme de triangle, du village d'esprits (qui revient dans bien des témoignages pictographiques, même anciens[69]) semble tout à fait indépendante du texte. Celui-ci donne des indications sur la localisation spatiale du village (« là où se lève le canoë du soleil » signifie naturellement « vers l'est ») mais ne décrit nullement la forme du village. Les deux formes d'apprentissage de la tradition cuna impliquent donc trois éléments distincts : une formule graphique et une formule verbale constantes et indépendantes l'une de l'autre, et une « variation traduite ».

Figure 4

Formule graphique constante	variation traduite	Formule textuelle constante
	singes fils (serpents) jupe lianes	Là où se lève le canoë du soleil, un autre village apparaît...

Cet exemple, où les images ne traduisent que le trait différentiel qui distingue un village chtonien des autres (son nom), est encore relativement simple. Le rapport entre l'image et le mot peut devenir plus complexe et requérir une technique plus raffinée. Voyons deux exemples. Le premier est encore tiré du Chant du Démon : lorsque le chaman doit transmettre à son élève la description de grands villages surnaturels, habités par toute une série d'esprits animaux dont le chant énumère les caractéristiques, il adopte une autre technique. Parmi ces grands villages, le plus important est celui dit des Transformations[70], décrit comme le véritable « lieu d'origine » des esprits animaux qui apportent la « folie » aux hommes. Pour ces esprits, qui résultent de la « transformation » de certains animaux de la forêt, toute naissance est métamorphose. Après avoir repris la formule constante d'apparition d'un village que nous connaissons déjà (« Là-bas, là où se lève le canoë du soleil... ») le texte annonce : « Ici, dans ce village, les esprits se transforment, les esprits naissent. » Grâce à la nominalisation du verbe, courante en cuna[71], et à la position que cet énoncé occupe dans le texte, le verbe « se transformer » devient ainsi le *nom propre* du village. À partir de là, le chant énumère une par une ces métamorphoses. Voyons-en un passage :

250. *Ici se transforment les* nias, *les seigneurs de ce lieu*
251. *Ici les* nias *se transforment en pécaris, les pécaris sont là, avec leurs vêtements noirs, ils crient* « ya-ya-ya-ya »

252. *Les pécaris se changent désormais en* nias , *ils se transforment en* nias, *les* nias *se transforment*
253. *Ils se transforment en seigneurs des animaux à la fourrure rayée; au-dessus des arbres, les* nias *à la fourrure rayée crient* « turku-turku »
254. *Les animaux à la fourrure rayée se changent désormais en* nias, *ils se transforment en* nias, *les* nias *se transforment*
255. *Ils se transforment en cervidés* koenaka, *les* nias *sont là, au pied des arbres, avec leurs vêtements noirs, avec leurs cornes entrelacées, ils crient* « me-me »
256. *Les cervidés* koenaka *se changent désormais en* nias, *ils se transforment en* nias, *les* nias *se transforment*
257. *Ils se transforment en cervidés* wasenaka, *les* nias *sont là, au pied des arbres, avec leurs vêtements noirs, avec leur cornes entrelacées, avec leur grandes cornes pointues, ils crient* « me-me »
258. *Les cervidés* wasenaka *se changent désormais en* nias, *ils se transforment en* nias, *les* nias *se transforment*
259. *En animaux de terre, en pécaris se transforment les* nias, *les* nias *sont là, au pied des arbres, avec leurs vêtements noirs; là-bas, au pied des arbres, les* nias *crient* « mos-mos »

Figure 5. Le village des Transformations (détail).

Nous ne pouvons pas commenter dans le détail ce texte très riche[72]. Remarquons seulement que le procédé suivi par la représentation pictographique du texte reste ici le même. Lorsqu'il s'agissait de présenter les étapes du voyage chamanique, la planche ne traduisait qu'une liste de noms de village. Ici, où il s'agit de décrire plutôt quelle est la nature et le nombre d'esprits pathogènes qui résident dans un village, les pictogrammes traduisent une liste de noms d'esprits. Du point de vue de la structure du texte, nous avons donc une liste « des transformations » qui s'insère dans une liste des « noms de villages » :

Noms de villages

Formule constante I :
Là où se lève le canoë du soleil, un village apparaît...

VARIATIONS I

Singes
Jupe
Serpents .... Transformations   Formule constante II :
Ici les nias se transforment
....

VARIATION II   pécaris, cervidés...

Noms d'esprits

Figure 6. Formules constantes et variations.

Remarquons ensuite que cette page pictographique, qui semble posséder une certaine complexité, développe les mêmes principes que nous avons vus dans les exemples précédents : les pictogrammes y sont classés selon les deux critères de la séquence et du territoire, et quand le scribe cuna doit, plus loin, distinguer entre les incarnations maléfiques de deux sortes de singes, il le fait, comme dans l'exemple rudimentaire que nous avons rapporté à propos de la liste de héros culturels (Figure 1), en opposant « ceux du haut » et « ceux du bas » :

274. *En animaux* uma-umaka *se transforment les* nias, *ils sont là-bas, au pied des arbres, avec leurs vêtements noirs, et ils crient* « uma-uma »
275. *Les animaux* uma-umaka *se changent en* nias, *ils se transforment en* nias, *les* nias *se transforment*
276. *En singes* yo-yoka *se changent les* nias, *ils sont là-haut, au-dessus des arbres, avec leurs vêtements noirs, ils crient comme des singes*
277. *Les singes* yo-yoka *se transforment en* nias, *ils se transforment en* nias, *les* nias *se transforment*

Parmi les documents publiés par Nordenskiöld, on trouve d'autres témoignages de ce genre. Considérons le début du Chant du Cristal de roche (Acuanele ikala[73]), ce sera notre dernier exemple. Les cristaux de roche sont considérés comme des êtres « voyants » (*nelekan*) dans la tradition cuna, et les chamans les incluent souvent au nombre de leurs esprits auxiliaires. Ici, (tout comme dans le fameux Mu Ikala[74]), le chanteur alterne les références cosmologiques concernant la place de ces êtres dans l'univers chtonien cuna, à l'offrande qui leur est faite de la fumée du brasier cérémoniel. Cette fumée des feuilles de tabac, de cacao et d'autres herbes, est censée les rendre ivres, et donc puissants[75].

1 2 3
À l'embouchure des fleuves le premier Dieu a posé votre demeure

4 5 6
Nele-nusa-kalele, Akwalele, Kunakalele[76], je vous parle

7 8
(En brûlant) l'herbe Innakiklipa je vous parle, en brûlant l'herbe Innatula, je vous parle

9 10
En brûlant du cacao je vous parle, En brûlant du tabac je vous parle

11 12 13 14
En brûlant du tabac je vous parle, Nele-nusa-kalele, Akwalele, Kunakalele

15 16
C'est pour vous que le premier Dieu a établi des abris,

17 18
C'est pour vous que le premier Dieu a établi des palissades

19 20 21
Nele-nusa-kalele, Akwalele, Kunakalele

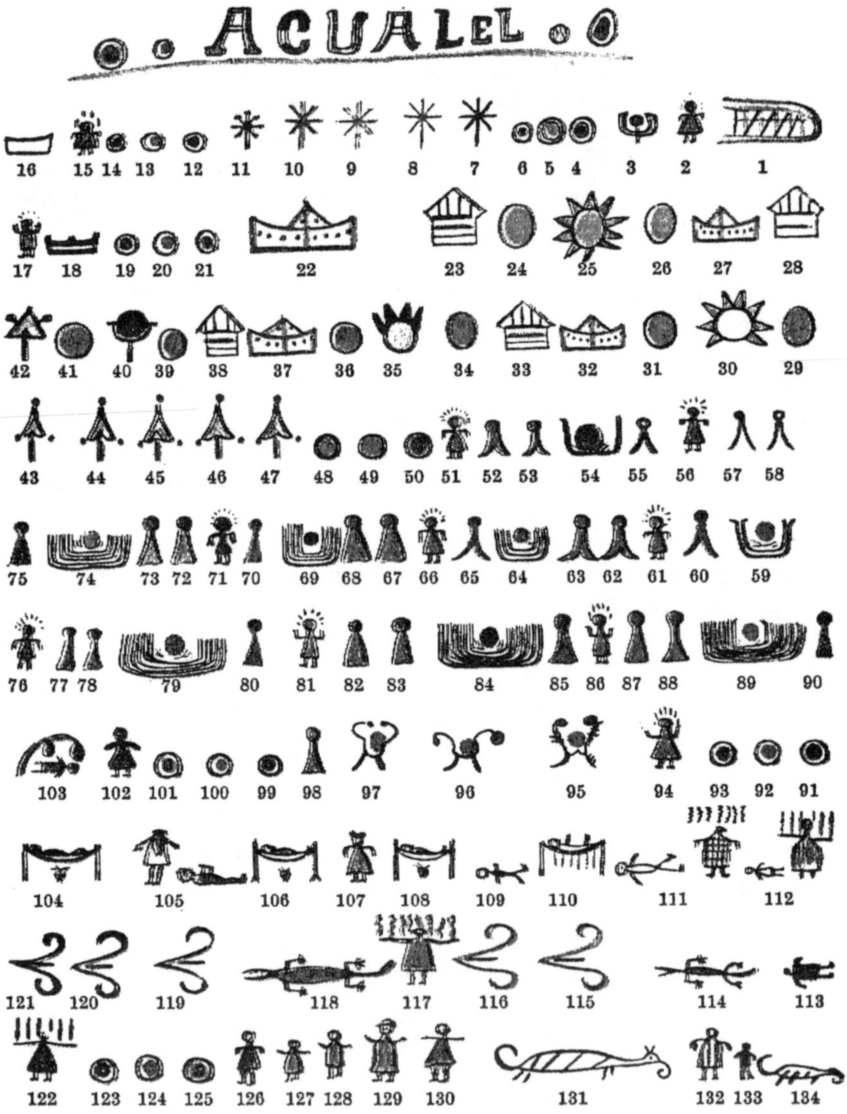

Picture-writing for the Song of *ákŭalēle*. Original in *GM.27.27.1444*.
Scale, 2/3.

Figure 7. Le Chant du Cristal de roche (de Nordenskiöld, 1938, planche VII).

Si nous comparons encore une fois texte et image, nous constatons que la transcription en pictogramme fonctionne toujours selon le principe de la représentation de variantes au sein de formules verbales confiées à la mémoire. Dans ce dernier cas, toutefois, au lieu d'avoir, comme dans le village des Transformations, l'*insertion* d'une liste (de noms d'esprits) dans une liste principale (de noms de lieux), nous avons *l'alternance* des mêmes formules alignées les unes après les autres. Dernier trait à signaler, les mêmes pictogrammes reviennent à l'intérieur d'un même texte, en constituant ainsi un *équivalent visuel* du parallélisme du texte, qui en fait un support précieux pour la mémoire des noms :

Figure 8. La structure parallélistique du Chant du Cristal.

A B C *D E F* G H I L M *D E F* A N A O *D E F...*

Revenons maintenant aux modalités d'apprentissage du savoir traditionnel. Nous avons vu que l'élève apprend d'abord des passages qu'il doit s'exercer à mémoriser. Le maître montre alors à l'élève des séries de pictogrammes qui représentent les variations (les listes des noms de lieux ou de personnages) contenues dans ces passages et apprend à l'élève à les déchiffrer. C'est à ce moment que le texte-relique (D. Tedlock) de l'ikala devient un objet manipulable. L'élève peut alors questionner le maître sur le contenu et le sens du texte : qui était le voyant qui se trouve associé au cristal ? Où se trouvent les premiers villages d'esprits ? Quel est le fleuve dont l'embouchure fut la première demeure des envoyés du ciel ?

Il ne faut pas oublier que tout ikala est formulé dans une langue spéciale, fort différente de la langue courante. L'apprentissage d'un chant coïncide donc avec l'apprentissage de cette variété linguistique. La pictographie ne peut être apprise que dans ce cadre. Cela signifie qu'elle ne peut en aucun cas transcrire des mots de la langue courante, et que, même à l'intérieur de cette langue, seul un lexique relativement restreint est noté par l'image. Nous avons vu que les pictogrammes ne renvoient qu'à *certains mots* : ceux qui sont appelés à jouer, à tel ou tel moment du déroulement de l'ikala, (pour le maître qui dessine comme pour l'élève qui apprend à interpréter les pictogrammes), le rôle de variante par rapport à une formule figée.

Le symbolisme graphique ne peut traduire qu'un lexique restreint et spécialisé. Ce trait fondamental suffirait à lui seul à montrer combien la comparaison avec une écriture phonétique est ici inadéquate. Toute notation de sons du langage doit en principe pouvoir noter n'importe quel mot de la langue en s'appuyant sur un nombre raisonnablement restreint de signes. Par un répertoire fini de « marques visibles », comme l'écrit Tedlock, elle permet de représenter un nombre très élevé de mots. Dans le cas de la pictographie, la situation est inversée ; la restriction qui rend possible la représentation cohérente de la langue ne porte pas sur le nombre de signes employés, mais sur le *nombre de mots* que l'on peut désigner par les images[77].

Cela ne signifie évidemment pas que le lexique des ikala cuna ne connaisse aucune évolution dans le temps[78]. Cette évolution, toutefois, est loin d'être confiée à l'arbitraire individuel. Certes, il pourra y avoir une différence entre telle ou telle transcription pictographique d'un même ikala, mais il s'agira généralement d'une différence concernant le *style* établi par l'enseignement d'un maître, non d'un pur écart individuel. Dans le cadre de la tradition, une iconographie d'« école chamanique », transmise de maître à élève, traduit le lexique à évolution lente du vocabulaire des ikala. Ni dessin individuel ni écriture phonétique, la pictographie trouve son fondement dans le rapport qu'elle entretient avec l'enseignement oral. C'est pourquoi, au lieu de la tenir pour une écriture échouée, ou disparue, il faut la considérer comme un art de la mémoire extraordinairement efficace[79]. Dans ce cadre, le rapport entre les pictogrammes et les mots n'est pas là où le cherchent les théoriciens de l'écriture (entre signes et valeurs phonétiques), mais plutôt entre ordre des pictogrammes et structure parallélistique du texte. Dans cette perspective, le lien qui s'établit entre signes et texte, que Goody tenait pour « relâché », se révèle régulier et clairement identifiable.

Une fois établie l'efficacité réelle de cette technique, il devient possible de comprendre son rôle et son influence sur l'ensemble de la tradition. Chaque histoire y est rituellement énoncée en langue spéciale et en style paralléliste et ensuite transcrite en pictogrammes. Comme dans les exemples que nous avons étudiés, elle recevra ainsi un titre, qui va la situer dans le catalogue général des histoires (les grands cycles des Pères, des Âmes perdues, des chants funéraires, initiatiques, etc.). Le canevas de son déroulement sera ensuite assorti d'une série de listes de noms propres, véritables points de fixation, où se condense le savoir mythologique et cosmologique des chefs et des chamans. Celui-ci sera partagé en deux grands domaines (Figure 9).

Chants des Âmes perdues		Chant des Pères
géographie	cosmologique	Généalogies des dieux
des parcours (ikala)		Chronologie des quatre époques
— Chamans —		— Chefs —

Figure 9. Savoirs de chamans et de chefs.

D'une part, on retrouvera les Chants des Âmes perdues, les textes thérapeutiques chantés par les chamans. Du point de vue de la tradition, tout texte de ce type est un *chemin* et fait le récit d'un voyage dans le monde de l'au-delà. Ces chants marqueront donc (et seront idéalement classés selon) les grands partages de l'espace mythique cuna; Ciel d'or, Terre et Monde chtonien divisé en huit couches. Toutefois, pour la tradition cuna comme pour celle des Maya-Quiché[80], la référence spatiale marque aussi, en principe, une référence au temps. Tout lieu marqué dans la cosmologie est aussi la *trace d'un événement* du temps des origines. Au catalogue des chants chamaniques correspond ainsi, dans le domaine du savoir du chef, une chronologie marquée en quatre époques, suivant les noms des dieux originaires, de leurs descendants et des grands héros culturels qu'ils ont envoyés sur terre[81].

La notation pictographique a un double effet : elle fixe certains mots dans la mémoire et elle rend par là même manipulable un corpus d'histoires. C'est cette manipulation de listes, cette technique de mise en mémoire (avec l'ordonnancement qui résulte des conditions de l'énonciation) que la hiérarchie des genres du savoir appris cuna suppose. La mise en mémoire de listes relativement fixes de noms (de lieux et de personnes), impliquant une certaine forme de catalogue dans l'espace du savoir traditionnel, et sa projection dans un temps chronologique et généalogique dans le cas du Chant des Pères sont réalisées sans avoir recours à la représentation phonétique du langage. La forme-chant suppose donc une définition des relations entre les différentes paroles de l'univers (animale, végétale, humaine...) et une perspective diachronique, qui sépare les paroles du passé de celles du présent, celles des dieux de celles des héros culturels et finalement celles des hommes. Lorsque ceux-ci *chantent*, en effet, ils ne font que rendre présente la parole du passé, ou celle des animaux, des morts ou d'autres êtres de l'univers[82].

La tradition iconographique des chefs et des chamans cuna préserve ces paroles en préservant avant tout la forme de leur énonciation et un ensemble de points de repère qui constituent les coordonnées spatio-temporelles de la cosmologie cuna. Paroles reliques qu'il s'agit, pour les Cuna comme pour les Zuni étudiés par Tedlock, de faire surgir selon leur ordre propre (*raise them right up*). C'est cet ordre-là que fixent les pictogrammes.

Un dernier point : la pictographie cuna serait-elle un cas isolé, une anomalie exceptionnelle en Amérique? L'enquête, pour bien des régions d'Amérique du Sud et centrale, reste à faire. Nous avons bien quelques indications, parfois anciennes, parfois postérieures à la Conquête[83], mais peu ou pas d'analyses détaillées. En revanche, là où *l'usage rituel* des pictogrammes (au-delà de leur confrontation avec l'écriture) a été étudié, il se révèle très proche de celui encore aujourd'hui pratiqué par les Cuna. Des Ojibwa, par exemple, Schoolcraft écrivait déjà, au milieu du siècle dernier, que ces Indiens « *have signs depicting the chief words of* stanzas *committed to memory*[84] », ce qui fait penser à une technique de l'alternance de formules fixes et de listes de variations (noms propres) semblable à celle que nous avons étudiée ici. À propos de ces mêmes Ojibwa, A. R. Taylor (qui s'appuie sur les travaux de Hoffmann[85]), ajoute que : « *The religious use of picture writing was to maintain the correct content and order of chants and spells, which were sometimes in an archaic or esoteric form of language. The texts were memorized. Carefully executed birch bark rolls were widely used for this purpose in Northeastern North America. The texts were incised and/or painted on the bark picture intended to recall that phrase to an instructed person as he proceeded through the ceremony*[86]. » Là aussi, les principaux traits de l'art cuna de la mémoire semblent présents. La question reste sans doute ouverte, et beaucoup reste à faire dans ce domaine. On peut penser, toutefois, que les Cuna ne sont isolés que dans la littérature (sud-) américaniste. Ils ne l'étaient, ils ne le sont probablement pas dans la réalité des cultures amérindiennes.

IV. Conclusions : l'image-mémoire et les formes de l'énonciation

Nous avons vu que bien des anthropologues, lorsqu'ils veulent penser la tradition orale, l'opposent à l'écriture. L'oralité ne peut donc être, pour utiliser une expression de Detienne, que sa *figure adverse*. L'écriture fixe le savoir et l'affranchit de la mémoire de l'individu; l'oralité, elle, ne peut que dépendre strictement d'un exercice arbitraire et peu fiable de la mémoire. Notre bref examen de la tradition cuna montre au contraire que la mémoire peut être socialisée efficacement à l'intérieur de procédés rigoureux de ritualisation, et que la parole peut être soutenue par autre chose que par le signe. En ce sens, elle est proche de la tradition védique, dont bon nombre de spécialistes ont établi le caractère oral[87].

On se souviendra que J. Goody a soutenu que les hymnes des brahmanes sont, en réalité, une fausse tradition orale. Il s'agit à ses yeux d'un exercice de l'oral qui se perpétue au sein d'une tradition écrite et en suit la logique propre. C'est seulement pour cette raison que certaines opérations, à ses yeux typiques de l'écrit (comme la classification « par listes »), peuvent se retrouver dans une situation où le signe est explicitement exclu de la mise en mémoire du savoir traditionnel. Derrière la technique employée, écrit-il, le « *cultural imput in cognitive processes* » reste typique d'une culture lettrée[88].

Il s'agit en somme, pour Goody, d'une culture écrite qui tolère marginalement l'exercice de l'oral. La situation cuna semble offrir, à l'inverse, le cas d'une culture où certaines opérations d'ordre classificatoire que Goody attribue également à l'écrit sont attestées là où l'écriture phonétique n'existe pas.

En réalité, la confrontation d'une tradition orale avec l'écriture, tant de fois menée, ne peut nous renseigner que sur tout ce que la tradition orale *échoue à être*. L'écriture est toujours présentée comme une « grande invention » qui abolit tout ce qui la précède. Mais qu'est-ce qui précède l'écriture ? De quoi a-t-elle pris la place ? D'un savoir diffus, exclusivement fait de rumeurs, de fabulations contées de bouche à oreille ? La tradition cuna (et d'autres traditions amérindiennes, auxquelles il faudra la comparer : zuni, navajo, pima, maya-quiché...), tout en nous conduisant en un univers très différent de celui des cultures écrites, est loin d'en représenter la « figure adverse ».

Nous l'avons vu : la pictographie n'est pas un symbolisme autonome. Elle ne possède pas des caractéristiques indépendantes de l'énonciation de la parole. Loin d'être comparable à une écriture échouée, elle est indissociable de *l'énonciation rituelle* du savoir traditionnel. En ce sens, elle révèle certains modes de fonctionnement, certaines formes élémentaires d'organisation d'une tradition non écrite. Ces formes ne sont ni vagues comme des nuages de vapeur (Gelb), ni incapables de véhiculer des informations. C'est pourquoi la pictographie, qui peut paraître presque insignifiante à l'historien de l'écriture, est précieuse pour l'anthropologue qui cherche à étudier les relations, dans une tradition, s'établissant entre parole et image. Il faudra donc cesser de la considérer comme une tentative échouée de parvenir à l'efficacité propre à l'écriture, mais la concevoir plutôt comme une manière particulièrement raffinée de *contrôler la mémoire des mots* dans des situations où l'énonciation elle-même se trouve soumise à des règles.

Si la pictographie est impuissante à reproduire les sons de la langue parlée, elle est au contraire capable de lier l'image à la structure d'un texte tel que la tradition impose de l'énoncer. Ce lien résulte d'une articulation entre techniques de la mémoire (fondées sur des procédés de classification) et formes de l'énonciation rituelle du savoir traditionnel. Il en résulte une parole que les Cuna appellent *forte*, au double sens de durable et d'efficace.

J'ai esquissé ailleurs les relations des pictogrammes cuna avec certains aspects de l'art de la mémoire, tels que P. Rossi et F. Yates l'ont étudiée[89]. Ces relations mériteront sans doute un approfondissement ultérieur. Ici, je voudrais souligner le lien qui relie l'image-mémoire à l'énonciation rituelle. Dans un essai passionnant sur la mise en place des tribunaux espagnols à Mexico, au cours du XVIe siècle, Tom Cummins[90] raconte une histoire qui n'est pas sans rapport avec cette question. Les juges espagnols, une fois installés en pays mexicain, furent contraints à se poser un problème nouveau, dont la solution paraissait difficile à trouver. Il s'agissait des témoignages sur lesquels se fondaient leurs procès. Ceux-ci risquaient trop souvent, aux yeux mêmes des juges, d'être considérés comme invalides. Et cela non seulement parce qu'ils étaient rendus par des Indiens, qui parlaient des langues très rarement comprises par les tribunaux de l'époque. Leurs propos pouvaient naturellement être traduits par des gens qui jouissaient de la confiance des juges. Ceci, toutefois, restait insuffisant à leurs yeux. En fait, ils considéraient que ces témoignages, bien que traduisibles, n'en restaient pas moins des propos *exprimés oralement*. Nulle trace tangible, nulle image ne pouvait en rester. Le serment, la parole solennelle certifiant l'authenticité d'un témoignage, ne pouvait être tenu pour valable dans ces conditions.

Les juges de ces tribunaux introduisirent alors l'usage d'inclure dans les actes des procès, avec la transcription d'un témoignage rendu par un Indien, des tables pictographiques qui en traduisaient le contenu en images. L'histoire racontée se trouvait ainsi incluse dans les actes du procès, à défaut d'écriture, telle qu'elle était perçue par le témoin indigène. Un procédé, commente avec beaucoup d'acuité Cummins, qui transformait non seulement des paroles en un objet tangible, mais aussi des images en preuves (« *images transformed into evidences* », écrit-il).

Il n'est pas invraisemblable que l'usage introduit par les juges des tribunaux espagnols reflète en partie la perception indigène des pictographies. Pour les Cuna, en tout cas, tout pictogramme renvoie à une parole solennelle. Vu à partir de leur tradition, le savoir mythologique cesse d'apparaître comme une herbe folle, une plante sauvage qui pénètre tout savoir et toute mémoire. Il apparaît au contraire comme un objet précieux, soigneusement contrôlé, indissolublement lié à des séquences d'images autant qu'à certains actes de parole. Sa cohérence, l'aspect rigoureux de son organisation renvoient, bien plus qu'à la relative stabilité d'un texte écrit, à l'inviolabilité d'une parole rituellement énoncée.

En réalité, dans ces situations où la mémoire sociale ne se fonde apparemment que sur la parole dite, le rôle de l'image est constitutif du processus de transmission des connaissances. Ces actes de transcription de l'univers mythologique dont la tradition cuna nous offre un exemple particulièrement élaboré, loin de refléter les balbutiements, les tentatives échouées, les avant-coureurs lointains de l'origine de l'écriture, révèlent au contraire quelques traits cruciaux de ces exercices multiples *de la parole et de l'image* qui constituent une tradition orale.

Quoi que Pietro Martire, Enciso et leurs successeurs aient pu croire, les Indiens n'ont jamais eu une écriture. Mais ils ont inventé d'autres exercices de la parole qui leur permettent néanmoins (comme le disait cet Indien qui cherchait refuge à Santa Maria du Darién, et qui voulut voir les livres de son juge) de parler à leur manière « à ceux qui sont loin, à ceux qui ne sont pas nés ». C'est peut-être en regardant ces pictogrammes d'un œil nouveau que nous pourrons commencer à comprendre non plus l'écriture perdue des Indiens d'Amérique, mais la force, la vitalité et l'extraordinaire persistance dans le temps de leurs paroles.

Carlo SEVERI

II

ÉCRIRE LA TRADITION, FAIRE DE L'HISTOIRE. ENTRE LE JAPON ET LA CHINE

3.

La double écriture des traditions dans le Japon du VIIIe siècle

Fondation et refondation, histoire et commencements

À huit années d'intervalle, deux ouvrages traitant de la même matière, les traditions du Japon depuis les origines, sont présentés à la cour : le *Kojiki* en 712 et le *Nihonshoki* en 720. Leur but est identique : affirmer la légitimité de la famille impériale. Ce ne sont pas des livres quelconques mais les plus anciens textes conservés au Japon. Cette position de monuments fondateurs de la tradition historique japonaise n'est vraisemblablement pas le fruit du hasard. Comme le montrent la préface du *Kojiki* et la notice du *Nihonshoki* qui relate le lancement du projet [1], ces deux œuvres se devaient de faire le tri des différents documents existants, et d'écarter ceux qui transmettaient des traditions erronées. Tout en se présentant comme des relations du passé, ils sont aussi fondateurs, rendant caduc ce qui avait existé auparavant. Si la visée politique est indéniable, elle se trouve, dans les deux cas, greffée sur une vision du monde beaucoup plus large. En effet, ces deux œuvres ne se contentent pas de remonter jusqu'à son premier ancêtre, la grande déesse qui illumine le ciel, Amaterasu ômikami, mais commencent par le grand commencement, à l'origine du Ciel et de la Terre.

Le projet de la compilation des deux ouvrages fut conçu par l'empereur Tenmu [2] (règne de 673 à 686) qui n'avait pu accéder au pouvoir qu'à la suite d'une guerre civile et avait donc besoin de renforcer sa légitimité. Mais ceci ne suffit pas à expliquer l'existence de deux ouvrages, ni la nécessité d'avoir recours aux formes de l'écrit et encore moins les différences que l'on observe entre les deux œuvres. Car, bien que souvent citées ensemble comme les plus anciennes chroniques japonaises, le traitement qu'elles font de la matière commune, les anciennes traditions, est diamétralement opposé.

Le caractère fondateur de ces deux ouvrages en a fait l'enjeu de toutes les représentations de l'histoire du Japon depuis le travail de réhabilitation du *Kojiki* au XVIIIe siècle. Ils posent, en effet, le problème insoluble et un peu vain, mais combien passionnel encore aujourd'hui, de l'identité culturelle japonaise face à la civilisation chinoise. Avant de confronter ces deux écritures de la tradition, et d'illustrer leur mode de narration de deux exemples centraux de fondation, il les faut situer, au moins brièvement, dans un contexte qui ne peut se limiter au seul aspect politique d'une querelle de succession, l'épisode de la guerre civile de 673, *Jinshin no ran*[3], qui opposa le futur Tenmu à son neveu, à la mort de l'empereur Tenchi.

1. L'entrée en écriture. Modèle chinois et affirmation de l'identité

Le grand mouvement qui agite l'Extrême-Orient à partir de la fin du VIe siècle fit surgir de nouveaux États dont les structures mieux adaptées leur permirent une expansion rapide. Ce sera avant tout celui des Sui qui réunifiera la Chine à la fin du VIe siècle, dont l'œuvre sera consolidée et développée par les Tang, et, dans une moindre mesure, celui de Silla qui absorbera toute la péninsule coréenne (660-676). Ces nouveaux États deviennent étrangement proches et donc menaçants pour un Japon longtemps à l'abri de son insularité. L'accélération des transformations du Japon durant cette période ne peut être étrangère à cette nouvelle donnée du contexte international. À partir du VIIe siècle, le Japon se met donc par une démarche volontaire et obligée à l'école de la Chine. Il veut adopter le modèle chinois, non pour se fondre dans ce monde, mais pour lui résister sur son propre terrain, celui d'une civilisation complexe et hautement développée qui se manifeste sous la forme d'un État puissant, moderne, prestigieux. D'où une série de mesures destinées à mettre le Japon au même niveau que ses voisins.

Le Japon, à l'échelle de petites principautés, puis au niveau de l'État de Yamato, entretenait depuis longtemps des relations avec la Chine, notamment avec les différents royaumes qui ont suivi la chute de l'empire des Han. Mais ces relations sporadiques et clairement hiérarchisées — le Japon est un pays vassal — se font entre deux cultures hétérogènes. Du côté japonais, on admire la Chine et on importe quelques objets de prestige, mais il ne viendrait à personne l'idée de l'imiter. Elle est trop lointaine à tout point de vue. Les bouleversements du VIe siècle la rendent soudainement présente. La civilisation chinoise fut dès lors considérée comme la civilisation par excellence, l'exemple à suivre.

Cette supériorité incontestée de la Chine de cette époque sur les autres cultures de l'Extrême-Orient reposait en définitive sur le formidable outil que représentait son écriture sans rivale dans cette partie du monde. C'est cette maîtrise qui lui permit de s'imposer, quand bien même elle était vaincue militairement. De plus, comme cette écriture était pour ainsi dire faite sur mesure pour la langue chinoise, son adoption entraînait celle de la langue et donc l'accès à une immense masse de documents, de connaissances cumulables. Pour être fonctionnaire, moine ou desservant d'un grand sanctuaire dans le Japon de la fin du VIIe siècle, il fallait donc connaître le chinois, langue administrative mais aussi langue de la pensée, riche d'un réservoir presque inépuisable de mots et de concepts. Cette nécessité était du domaine de l'évidence, et le chinois restera longtemps au Japon la langue de culture. Certes, le Japon connaissait l'écriture chinoise depuis plusieurs siècles, l'archéologie nous en a donné la preuve. Mais ce qui est nouveau à partir du VIIe siècle, c'est le basculement dans une civilisation de l'écrit. On assiste alors à un renversement, c'est désormais l'écrit qui prime comme preuve, comme référence. Même pour la poésie en langue japonaise qui, nous le verrons, constitue un îlot de résistance, la composition ne peut se faire sans le passage par l'écrit au moins dès la fin du VIIe siècle. Sauf exception, la parole ne devient efficiente que mise par écrit. Le serment comme forme judiciaire disparaît[4].

Ce passage dans le monde de l'écrit se traduisit par une remise en cause de tous les repères. Bien qu'il soit difficile d'établir un ordre chronologique, on assiste, semble-t-il, d'abord à la transformation du système de gouvernement. Après plusieurs étapes marquées par la « Constitution en 17 articles » de 604, les « Réformes de Taika » de 645, la cour promulgue et applique en 701 un ensemble de lois connu sous le nom de Code de Taihô, qui restera dans ses grandes lignes l'armature de l'État durant toute la période ancienne. Le Japon se dote ainsi d'un système de gouvernement à la chinoise, reposant sur une structure logique explicitée par un ensemble de textes. Ce qui équivaut au passage d'un droit de type coutumier à quelque chose de comparable au droit romain.

Presque chaque article des codes renvoie à un article des codes des Sui ou des Tang. Cependant, bien que chinois dans son esprit, le système des codes est adapté à la réalité japonaise. Ainsi le nom (pourtant chinois) et la disposition des différents ministères ne correspondent pas à ceux de la Chine de la même époque. Fait significatif et souvent souligné, le ministère des affaires divines, qui gère tout ce qui concerne les divinités autochtones, se situe en tête de tous les ministères, devant celui des affaires suprêmes[5].

La mise en place de ce nouveau système de gouvernement s'est accompagnée d'une prise de contrôle directe par la cour des hommes et des terres. Ce qui s'est traduit par les premiers recensements, les premiers cadastres, et l'abolition officielle, si ce n'est dans les faits, des anciennes formes de groupement de la population, clans spécialisés, *be*, groupes dépendant de grandes familles, etc.[6] Ce nouveau système supposait un corps de fonctionnaires capables de se servir de la seule langue écrite connue, le chinois. La sinisation culturelle des grandes familles leur permit de conserver les postes les plus importants, les autres étant le plus souvent réservés en fait aux descendants des clans spécialisés de la période précédente, issus pour une bonne part d'immigrés coréens de culture chinoise.

Au sommet de l'État, le souverain ne peut plus se contenter du titre de roi, *ô* (chinois *wang*), que lui concédait la cour de l'empereur de Chine. Dès le début du VIIe siècle, les souverains japonais se sont efforcés de combler l'écart qui les séparait de leur modèle. Mais ce n'est, semble-t-il, qu'à la fin du VIIe siècle sous le règne de Tenmu que l'on adopta le titre de *tennō*[7] qui fut attribué rétrospectivement à tous les souverains depuis le premier empereur, Jinmu. Lecture sino-japonaise d'un terme chinois, ce terme désigne l'étoile polaire en tant que souverain céleste et axe du monde[8]. Ce titre fut parfois porté par des souverains chinois, mais jamais de façon constante. En l'empruntant à la place du terme courant pour désigner l'empereur en Chine, les Japonais, de nouveau, se démarquaient du modèle qu'ils suivaient tout en restant dans la même sphère de références. D'autre part, cette nouvelle appellation du souverain tendait à l'assimiler à une divinité, à se situer bien au-dessus de l'ensemble de ses sujets. La divinisation de l'empereur qui sera l'un des aspects les plus marquants du système impérial du Japon moderne ne peut se comprendre sans cette référence, certes ancienne, mais d'origine chinoise.

À l'image de ce souverain, personnification de l'étoile polaire, repère immobile, le Japon se dota d'un centre fixe. Jusqu'à la fin du VIIe siècle, le palais du souverain, et donc le centre du pays, changeait à chaque règne, et parfois à plusieurs reprises dans un même règne. L'ordre du monde étant restauré à chaque avènement par l'établissement d'un nouveau centre. Ce lien personnel entre le souverain et l'espace se trouva en quelque sorte rendu caduc après l'adoption d'une conception plus abstraite de la souveraineté. Ce passage d'une capitale nomade à une capitale fixe, même s'il ne fut pas aussi tranché qu'on pourrait l'imaginer[9], marqua une profonde transformation. C'est en quelque sorte l'inscription dans le sol de l'esprit du *Nihonshoki*, avide de repères fixes. L'impératrice Jitô (règne de 686 à 697) réalisa le projet de son époux l'empereur Tenmu en mettant en chantier la première capitale digne de ce nom du Japon, Fujiwara kyô, qui le demeura de 697 à 710 pendant trois règnes. À cette date, la cour emménagera dans la ville de Heijô kyô (Nara) qui restera le symbole du Japon du VIIIe siècle. Il va sans dire que le plan adopté pour ces capitales fut celui des villes chinoises, plan en damier avec des avenues qui se coupent à angle droit, le palais se situant au nord au bout d'une longue et large avenue qui scinde la capitale en deux parties. En dehors de l'échelle, beaucoup plus réduite, et de l'absence de remparts, inutiles alors au Japon, la seule différence marquante d'avec le modèle chinois s'avère être la persistance d'une architecture traditionnelle, poteaux enfoncés directement dans la terre et couverture végétale, pour la résidence ordinaire du souverain, dans un palais dont tous les bâtiments officiels étaient construits à la chinoise et couverts de tuiles.

La mesure du temps ne pouvait rester en dehors des profonds changements que vivait le Japon de la fin du VIIe siècle. Depuis le Ve siècle au moins, les Japonais connaissaient et utilisaient le cycle sexagésimal chinois qu'ils combinèrent avec les années de règne de leurs souverains. Après un premier essai en 645 et un second en 686, on adopta en 701 (date de la promulgation du code) le système des noms d'ère encore en vigueur de nos jours. Mais à la différence de la Corée par exemple, le Japon n'a jamais suivi de manière officielle les noms d'ère chinois. Cela aurait signifié l'acceptation de l'université du temps fixé par la cour des Tang. Ici encore, l'emprunt au modèle chinois permit au Japon de marquer sa différence et son autonomie. Mais c'est bien une nouvelle conception du temps qui est alors acceptée. L'empereur n'en est plus la mesure. Le temps n'est plus suspendu par son décès pendant cette période intermédiaire que constituaient les rites du *mogari*[10]. Le souverain est bien maître du temps, mais seulement dans la mesure où il se conforme à l'ordre universel, ordre qu'il connaît grâce aux maîtres du Yin et du Yang, spécialistes du calendrier et de la divination dont la science était, bien entendu, chinoise.

Comme les autres exemples de contacts entre deux civilisations le montrent, les emprunts ne peuvent se limiter à des secteurs restreints sitôt qu'ils prennent une certaine ampleur[11]. Soutenus par le prestige de l'écrit et de leur considérable avance dans le domaine de la spéculation intellectuelle, les principaux courants alors actifs en Chine pénètrent au Japon. Ils accompagnent et enclenchent les changements dont nous venons de parler. Le bouddhisme occupa bientôt une place prédominante et durable qu'il n'a pu conserver en Chine. Dès la régence de Shôtoku taishi (572-621), il était devenu de fait la religion d'État. Arrivé par l'intermédiaire de la Corée, c'est sa forme chinoise qui s'est implantée au Japon. Les monastères furent, au Japon, les premiers bâtiments couverts de tuiles, les premières constructions de style chinois. Les textes en usage pour les moines furent longtemps exclusivement rédigés en chinois [12]. C'est dans la Corée sinisée puis en Chine que les moines allèrent s'instruire et obtenir leur légitimité. Quoi qu'en aient pensé les tenants des « Études nationales » de l'époque d'Édo, le bouddhisme marqua profondément et très tôt la culture japonaise, probablement plus encore que la chinoise.

Parallèlement aux histoires dynastiques chinoises sur lesquelles nous reviendrons, le bouddhisme amena une réflexion sur l'Histoire et ses méthodes. Ainsi par exemple, le *Fusöryakki* du moine Kôen au XIe siècle ne se contente pas de reprendre les éléments connus par les histoires officielles du Japon, il tire aussi parti des récits de fondations des monastères, *Engi*, qui associent historicité et preuve de véridicité [13], en s'attachant aux manifestations datées et situées de l'efficace des Bouddha. Cette historiographie d'inspiration bouddhique, qui s'épanouit après les textes qui nous intéressent ici, se trouve en fait au cœur même de ce que l'on considère parfois un peu vite comme la tradition purement japonaise. Elle doit être prise en compte dans l'appréciation de l'évolution de la vision du passé au Japon et ceci dès l'époque du *Nihonshoki* dont au moins un des rédacteurs était un moine bouddhique.

À la fin du VIIe et au début du VIIIe siècle, une grande partie de la population était donc entrée dans l'orbite de la nouvelle religion. Son emprise fut telle que l'on délaissa les formes traditionnelles des funérailles pour suivre le rituel bouddhique même pour les laïcs et, chose encore plus extraordinaire, pour les souverains. Ainsi l'impératrice qui reçut le *Kojiki* se fit incinérer dans la plus grande simplicité, se contentant de services dans les monastères, alors que celui qui avait lancé le projet, l'empereur Tenmu, n'avait été inhumé qu'à la suite de rites qui s'échelonnèrent sur plus de deux ans [14]. Pourtant, dans ce contexte d'hégémonie religieuse, les rites adressés aux divinités autochtones conservèrent leur prééminence sur les cérémonies bouddhiques. Dans le même ordre d'idées, on peut penser que l'interdiction de prononcer tout mot en rapport avec le bouddhisme dans l'enceinte du sanctuaire d'Ise remonte à la réorganisation de son culte à la fin du VIIe siècle.

Introduit, semble-t-il, avant le bouddhisme, le confucianisme connut un développement moins spectaculaire. Tourné vers les domaines plus concrets du gouvernement, il ne cessa pourtant d'être la référence de toutes les formes d'organisation de l'État depuis la Constitution en 17 articles. C'est encore sous son influence que furent entreprises les six Histoires officielles de l'Antiquité [15], inaugurées par le *Nihonshoki*, travail de compilation repris au XVIIe siècle par l'école de Mito pour aboutir deux cent cinquante ans plus tard à la publication de la Grande Histoire du Japon, *Dainihonshi*, en 397 volumes, qui commence par le récit, tiré du *Nihonshoki*, de la fondation de la première capitale par Jinmu, le premier empereur. C'est cette histoire de Mito, dans le droit fil du *Nihonshoki*, qui est à la base de la conscience historique moderne du Japon.

Nul ne conteste le caractère originairement chinois du bouddhisme et du confucianisme japonais. Mais il est aussi difficile d'ignorer qu'un certain nombre de domaines considérés comme spécifiquement japonais ne nous sont parvenus qu'après un contact fructueux avec la civilisation chinoise. Ainsi les rites de la cour dépendaient en majeure partie de la voie du Yin et du Yang. Bien plus, les milieux du shintô médiéval entreprirent de rendre compte des traditions indigènes en se servant de concepts empruntés au bouddhisme, au confucianisme ou au taoïsme. Il n'en fallut pas plus pour que certains sinologues japonais ou étrangers réduisent le shintô à une sorte de taoïsme qui n'oserait pas dire son nom et la civilisation japonaise à un appendice de la chinoise.

Ce sentiment de l'importance de la présence chinoise dans la culture japonaise est renforcé par l'un des traits marquants de cette dernière, son extraordinaire conservatisme. Beaucoup d'éléments de l'ancienne culture chinoise ont été préservés au Japon alors qu'ils avaient disparu depuis longtemps en Chine. Aussi bien sous formes d'objets, bâtiments, statues, livres, que de coutumes et même de croyances. Le Japon continue à utiliser des noms d'ère ou à pratiquer des rites de fondation dont l'origine chinoise est souvent oubliée.

Pourtant, dans tous les cas, on est obligé de prendre conscience d'un décalage. Ces éléments chinois si bien conservés sont comme fossilisés et réutilisés dans un autre contexte, quand ils ne sont pas complètement retournés ou détournés. Les historiens de Mito se sont servis de l'outil historiographique des histoires chinoises pour renforcer un nationalisme de plus en plus étroit qui affirmait la spécificité japonaise. On ne se contenta pas d'adapter le bouddhisme au contexte japonais, on alla jusqu'à court-circuiter la Chine et même l'Inde pour faire, du Japon, la véritable terre originelle des Bouddha. Il ne suffit donc pas de dire qu'il y eut emprunt à la Chine, il faut examiner minutieusement la façon dont ces emprunts ont été utilisés, assimilés, digérés, et ce dès le début.

La poésie a un statut particulier, divertissement mais en même temps expression de la couche la plus profonde d'une personne ou d'une société. Elle a souvent servi la cause de la revendication d'identité. Que l'on songe à la Pléiade en France. Or le premier recueil de poésie jamais compilé au Japon fut un ouvrage de *kanshi*, de poésie chinoise, le *Kaifûsä*. Mais à côté de cette poésie chinoise que tout homme instruit se devait de cultiver même s'il ne pouvait la prononcer correctement, on s'attacha à conserver et développer une poésie nationale, transcrite évidemment en caractères chinois mais en s'efforçant de rendre dans la mesure du possible la prononciation. On alla même plus loin puisque l'on évita au maximum le recours, dans cette poésie nationale, au vocabulaire chinois qui commençait à envahir tous les domaines[16]. Cette volonté de pureté linguistique ne se limite pas au seul recueil poétique du *Man.yô-shü* (deuxième moitié du VIIIe siècle), on la retrouve aussi dans les proclamations solennelles de l'empereur, *senmyô*, particulièrement celles qui suivaient son avènement et dans les prières adressées aux divinités, *norito*. Ce souci de la conservation du mot dans sa forme vivante est l'expression d'une croyance bien attestée en l'efficacité de la force des mots énoncés, le *kotodama*, qui est à l'œuvre aussi bien dans la poésie que dans les incantations.

Cette persistance d'îlots de résistance, d'espaces réservés, a permis à un large courant de pensée d'affirmer que le « vrai Japon » est resté vivant dans cette part qui semble ne rien devoir au continent. Cet état originel miraculeusement conservé est présenté comme l'« ancien shintô », le « pur shintô », quintessence de l'âme japonaise d'avant le bouddhisme. Cette vision idéalisée fut systématisée par les savants des Études nationales, *kokugakusha*, de l'époque d'Edo, au premier rang desquels il faut citer Motoori Norinaga (1730-1801), exégète du *Kojiki* et pourfendeur de l'esprit chinois, le *karagokora*.

Ce courant de pensée a servi de base idéologique à la restauration de Meiji et à l'État japonais jusqu'en 1945. Sous son influence, on a effectué, par la violence, une séparation autoritaire des croyances shintô et bouddhiques. On a débarrassé les rites impériaux non seulement de tous les apports bouddhiques, mais aussi de ce qui pouvait paraître trop chinois. Ceci est particulièrement sensible pour les rites d'avènement qui furent expurgés[17], et les rites funéraires[18] qui durent être réinventés. C'est encore ce courant qui institua l'anniversaire de la fondation de la première capitale et qui fit passer le sanctuaire d'Ise, où l'on vénère l'ancêtre de la maison impériale, au statut de sanctuaire national.

Une autre variante de ce courant considère les croyances populaires comme le réservoir, le conservatoire de l'âme de l'ancien Japon. Ce courant fut illustré par Yanagita Kunio (1875-1962), fortement marqué par les Études nationales, et fondateur de l'ethnographie japonaise. Soucieux de recueillir le maximum de données sur le monde rural traditionnel qu'il voyait disparaître au début du XXe siècle, il accomplit un immense travail de collecte, mais son but ultime était de retrouver dans le peuple ordinaire et éternel, *jômin*, l'essence de la culture japonaise qui apparaît comme une entité sur laquelle l'Histoire n'a guère de prise. Elle a pu garder son intégrité malgré la présence du bouddhisme, toujours présenté comme un élément étranger (il n'est arrivé qu'au VIe siècle...). Il va sans dire que la culture savante imprégnée de la civilisation continentale est récusée au profit de la culture villageoise, seule authentiquement japonaise.

Ces deux courants reposent sur une vision de l'Histoire assez proche, c'est la permanence, la continuité qui est mise en avant. Comme sa dynastie, qui, à la différence de celles de la Chine, n'a jamais, selon la tradition, connu de rupture, la culture japonaise a su préserver inchangés, jusqu'au XXe siècle, un certain nombre d'éléments qui n'appartiennent qu'à elle. Cette vision s'est traduite par deux affirmations complémentaires. Il existe au Japon un continuum entre le temps des dieux et celui des hommes, et donc aussi un continuum entre la nature (les dieux) et les hommes. L'opposition entre nature et homme ne serait qu'une vision occidentale issue de la pensée chrétienne. Il s'ensuit que la « vraie » tradition japonaise n'avait pas besoin de réfléchir sur le problème de fondation, ni sur celui du processus du développement historique.

Cette attitude de rejet de l'Histoire, véhicule des influences étrangères, s'explique en grande partie par une volonté de sauvegarder une identité culturelle menacée par le poids de la civilisation chinoise pendant la période ancienne et celle de l'Occident à partir de la deuxième moitié du XIXe siècle. Mais cela ne va pas sans une certaine mauvaise foi et quelques contradictions. Il est fréquent de voir des concepts venus à l'évidence de Chine servir pour défendre les particularités de la culture japonaise. Un des meilleurs exemples est sans doute celui de « nature »[19].

Cette tension, encore perceptible aujourd'hui au Japon, entre ce qu'on nomme la tradition nationale et l'héritage chinois, tout en donnant un sentiment d'actualité aux questions culturelles des VIIe et VIIIe siècles, leur confère une charge passionnelle qui ne clarifie pas toujours les débats.

Pour me résumer, le Japon, face au modèle chinois, adopta deux attitudes complémentaires. D'une part, une imitation qui, loin d'être une copie servile, s'est efforcée de trouver dans le modèle les éléments qui permettraient de s'en démarquer. De ce point de vue, le choix du titre de *tennô* est exemplaire. D'autre part, une volonté délibérée de préserver des espaces que l'on voulait libres de toute « contamination chinoise » ou plus exactement que l'on proclamait *a priori* non chinois, comme pour maintenir un pôle d'autochtonie dans la nouvelle culture qui se mettait en place, même si les apports continentaux dans ces espaces sont tout à fait évidents. Le problème n'est pas de choisir entre ces deux options, ni de prendre un peu des deux, mais d'essayer de suivre la dynamique de la civilisation japonaise. Il existait une culture avant l'arrivée de la civilisation chinoise et, malgré tous les efforts des lettrés japonais à suivre l'exemple du continent, à aucun moment le Japon ne sera une province chinoise. À l'inverse, on ne connaît (l'archéologie mise à part) le Japon d'avant l'impact de la culture chinoise que par des textes postérieurs à ce contact. C'est dans ce contexte de bipolarisation qu'apparaissent les deux ouvrages les plus anciens du Japon.

2. *Les deux écritures — le temps de l'histoire et le temps des commencements*

La spécialisation des disciplines au Japon ne permit que rarement, jusqu'à tout récemment, de faire des recherches synthétiques sur ces deux ouvrages. Ainsi, les historiens cherchent encore trop souvent des traces d'histoire dans les récits des mythes. L'opposition de Susanowo et d'Amaterasu serait la version mythique d'une opposition entre la région d'Izurno et celle de Yamato. La conquête de l'Est par Jinmu serait la version légendaire du glissement du centre politique de Kyûshû en Yamato. Les découvertes archéologiques récentes, qui confirment une partie de la chronologie du *Nihonshoki* à partir du Ve siècle, renforcent cette tendance. Tout naturellement les historiens s'intéressent beaucoup plus au *Nihonshoki* qu'au *Kojiki*, de plus en plus pauvre en matière historique à mesure qu'il se rapproche du présent.

Les spécialistes de la mythologie, qui s'attachent plutôt au second, tirent grand profit de la confrontation des versions du *Nihonshoki* avec celle du *Kojiki*, mais se désintéressent des autres parties de ces ouvrages. Les livres deux et trois du *Kojiki* ne sont finalement étudiés que par les historiens de la littérature. Il s'agit donc de présenter ces deux ouvrages en s'efforçant de faire ressortir leur différence radicale et le sens dont celle-ci est porteuse, mais aussi leur contemporanéité.

Le Nihonshoki *(Annales du Japon)*

Le titre même de cette œuvre la résume presque entièrement. La dernière partie, *shoki*, renvoie, d'une part, pour le *sho*, au chinois *shu* qui désigne les ouvrages historiques de la tradition chinoise à commencer par le « Classique de l'histoire », le *Shujing*, et des œuvres comme l'Histoire des Han, le *Han shu*, etc., d'autre part, pour le *ki*, à une des rubriques de ces histoires, *ji*, les annales, que l'on retrouve dans la première et le modèle des histoires dynastiques chinoises, le *Shiji* (les Mémoires historiques) de Sima Qian. De plus, le mot *Nihon* qui précède situe cet ouvrage de deux façons face à la Chine. *Nihon* désigne, en effet, le Japon mais à l'aide de caractères chinois qui signifient l'origine du soleil, le levant, et place donc ce pays à l'est de la Chine qui sert de référent spatial, tout en étant placé du côté du couchant. Le Japon, quand il accède à la conscience de soi, ne peut imiter la Chine et se proclamer le centre du monde, le pays du milieu, mais doit se situer, lorsqu'il utilise le code chinois, par rapport à son modèle. D'autre part, Nihon, nom de pays, sous-entend une des particularités japonaises les plus souvent revendiquées par rapport à la Chine, l'existence d'une seule et unique dynastie depuis l'origine des temps. En effet, les histoires chinoises dès celle des Han sont conçues comme celles de dynasties dont on sait qu'elles ne seront pas éternelles. Elles s'inscrivent, en effet, dans une vision du temps linéaire, mais profondément scandée par le rythme des changements dynastiques.

Le *Nihonshoki* est le résultat d'une compilation menée par une commission, dirigée par le prince Toneri, chargée par l'empereur de doter le Japon d'une histoire digne de celles de la Chine. En fait, le modèle n'est que partiellement suivi. Même si l'on tient compte d'un livre de généalogie qui a disparu assez rapidement, le *Nihonshoki* n'a jamais comporté de parties réservées aux monographies et biographies, qui forment une des grandes originalités des histoires dynastiques chinoises. Constitué de trente livres, il couvre l'histoire du Japon depuis l'origine du monde jusqu'à l'abdication en 697 de l'impératrice Jitô, la veuve de Tenmu, l'initiateur du projet. C'est-à-dire à peine un peu plus de vingt ans avant son achèvement. Écrit dans un chinois de bonne tenue, il comporte de très nombreuses citations des classiques et des histoires chinoises. Il fait aussi une large place aux divers documents qui ont servi de base à sa compilation. Les derniers livres ont été presque certainement écrits directement à partir des archives de la cour conservées dans ce but comme c'était l'usage en Chine. Ce n'est donc pas un hasard si c'est le passé le plus récent qui occupe proportionnellement le plus de place, trois livres pour vingt ans, dont un presque uniquement réservé à la guerre civile qui amena Tenmu au pouvoir. Ce recours au passé récent appelle une suite, le *Nihonshoki* est un livre ouvert, il sera suivi du *Shoku nihongi* (Suite des annales du Japon), qui couvre toute la période de Nara et de quatre autres ouvrages, l'ensemble formant les six histoires officielles du Japon, *Rikkokushi*, qui peu à peu devinrent des monographies de règnes, abandonnant ce qui faisait une des particularités du *Nihonshoki*, donner une vision globale depuis les premiers commencements jusqu'au temps présent.

Écrit par des fonctionnaires de culture chinoise, le *Nihonshoki* recourt systématiquement à la chronologie, à la datation. Un événement ne peut être authentique que s'il est daté. Mais cette datation n'est pas neutre, elle est porteuse de sens. Ainsi ce n'est sans doute pas par hasard si l'empereur Tenchi choisit de prendre enfin réellement le pouvoir, en 661, une année du cycle sexagésimal qui correspondait pour les spécialistes chinois du calendrier à un grand bouleversement, marquant la fin d'un grand cycle. C'est une autre année du même type[20] qui fut retenue pour dater l'établissement de la première capitale par Jinmu, le premier empereur humain.

Chronique des empereurs, le *Nihonshoki* est découpé en autant de monographies qu'il y a de souverains, rappelant si nécessaire des événements déjà relatés dans une chronique précédente. Le plan de ces notices est immuable, il commence par les événements précédant l'avènement, puis donne le nom et l'emplacement du nouveau palais, la liste des épouses et de la descendance du souverain, suit une chronologie de son règne avec une rubrique particulière pour les relations avec les royaumes de Corée, pour se terminer par la mention du nom et de l'emplacement du tertre funéraire.

Dans leur volonté d'appliquer le modèle chinois, les compilateurs se sont trouvés confrontés à des difficultés que ne connaissaient pas leurs homologues du continent. Pour les périodes les plus anciennes, les sources disponibles, généalogies, recueils de traditions attachées au nom d'un souverain ne correspondaient pas à leur critère d'historicité. Il leur a donc fallu faire entrer ces traditions dans la grille de la chronologie, et une fois la date de départ retenue, la fondation du premier palais en 660 avant notre ère, étirer le règne des premiers souverains et allonger les listes généalogiques pour pouvoir se raccorder au présent. Mais surtout, il était indispensable d'affirmer l'ascendance divine de la lignée impériale et pour cela d'inclure dans leur ouvrage le récit du temps des dieux. En consacrant les deux premiers livres à ce récit, les compilateurs s'écartaient délibérément de leur modèle. Les historiens chinois ne se sont jamais préoccupés de raconter l'histoire du monde depuis les origines. C'était l'affaire d'autres spécialistes, d'autres ouvrages[21], pour eux, ce n'était plus de l'Histoire.

Pour mener à bien cette nouvelle tâche, les rédacteurs du *Nihonshoki* ont fait œuvre en quelque sorte d'ethnographes et d'érudits. Ils ont recueilli les traditions disponibles (à l'exception notable de celle du *Kojiki)*, choisi celle qui leur paraissait la meilleure comme version principale et noté les autres sous forme de variantes ou de sous-variantes qui dépassent parfois la dizaine. Le critère de leur choix semble avoir été une logique linéaire du récit qui conduit des origines du monde au premier empereur humain, en incorporant les principaux mythes liés depuis longtemps à la généalogie impériale, tout en évitant le maximum d'incohérences, comme par exemple des naissances du fait d'un parent unique. On sent, de plus, surtout dans les récits des tout débuts de l'univers, l'influence de la pensée chinoise avec le recours aux principes du Yin et du Yang, en contradiction avec la pensée indigène rapportée quelques lignes plus loin où le soleil est féminin.

Le *Nihonshoki* part du présent et s'efforce de combler, par des événements historiques authentifiés par des dates, le temps qui sépare ce présent des origines. Il projette dans le passé une grille chronologique et s'ouvre sur l'avenir qui doit le prolonger. D'autre part, en adoptant le modèle chinois de l'Histoire, il s'en sert pour souligner l'originalité de la lignée impériale japonaise d'ascendance divine. Il invente par là même une nouvelle conception de l'histoire qui marquera toute l'historiographie postérieure. Reste maintenant à définir la spécificité du *Kojiki* face à ce monument.

Le Kojiki *(Récits des temps anciens)*

À première vue, le *Kojiki* fait piètre figure. Si l'on comprend que pendant longtemps on se soit dans tous les milieux d'abord référer au *Nihonshoki*, on peut être surpris qu'à partir du XVIIIe siècle le *Kojiki* ait acquis un statut proche de celui du livre saint pour le shintô. Certes, il précède le *Nihonshoki* de huit ans, mais il n'a pas l'honneur et la légitimité d'être comme lui mentionné dans le *Shoku nihongi*, la seconde histoire officielle. Son compilateur, O no Yasumaro, fut un fonctionnaire d'un rang moyen qui prit en note et mit en forme ce que lui lisait ou récitait un personnage qui n'avait même pas de rang de cour, Hieda no Are, alors que la commission qui rédigea le *Nihonshoki* avait à sa tête un prince impérial, fils de l'empereur Tenmu. Face aux trente livres du *Nihonshoki*, le *Kojiki* n'en comprend que trois qui ne traitent que d'une partie de la matière disponible. Le récit s'arrête avec le règne de l'empereur Kenzô (fin du Ve siècle), il est suivi d'une sorte de rallonge généalogique sans aucune mention événementielle jusqu'à Suiko (628) près d'un siècle avant son achèvement. À la différence du *Nihonshoki*, la coupure par règne n'est pas rigoureuse, le récit pouvant se poursuivre après la mort d'un empereur, ou ne traiter qu'accessoirement de la vie du souverain comme dans le cas de Keikô. Ce n'est pas son défaut le plus grave par rapport aux critères de l'historiographie chinoise, il ne comporte que quelques dates (qui ne correspondent pas toujours à celles du *Nihonshoki*), celles par exemple de la mort des souverains à partir de Sujin, précisions qui semblent avoir été ajoutées au texte primitif. De plus, particulièrement dans le dernier livre, beaucoup d'événements importants notés dans le *Nihonshoki* sont omis, notamment presque tous ceux qui concernent les rapports avec le continent. Il est significatif à cet égard qu'il n'y ait aucune allusion au bouddhisme, alors que l'impératrice Genmei, la dédicataire, était une fervente dévote du bouddhisme au point de refuser toute la pompe funéraire traditionnelle. L'événement majeur que constituait pour la société japonaise du VIIIe siècle l'introduction du bouddhisme n'entrait pas dans les plans du ou des rédacteurs du *Kojiki*. Ou plutôt, cette arrivée du bouddhisme ne faisait pas partie de ce qui était ressenti comme appartenant au temps primordial des dieux et des premiers souverains humains. Dernière faiblesse de l'ouvrage, la langue. Comparée au chinois fleuri du *Nihonshoki*, la langue du *Kojiki* paraît maladroite. C'est une langue hybride qui certes s'efforçait de suivre au maximum les tournures du japonais, mais n'en demeurait pas moins de lecture difficile pour ceux qui étaient versés dans les lettres chinoises. Le risque serait donc grand de ne considérer cet ouvrage que comme la mise bout à bout de traditions disparates, dont la seule gloire serait d'être le plus ancien texte écrit en japonais qui nous soit parvenu. Le seul fil conducteur apparent, la lignée impériale, se trouvant à plusieurs reprises coupé, cette vision superficielle de collage s'en trouve renforcée. En somme, Motoori Norinaga, auteur d'un des premiers et du plus margistral commentaire du *Kojiki*, aurait été complètement aveuglé par sa passion antichinoise, lui qui s'émerveillait d'y trouver l'âme même de l'ancien Japon, alors que le *Nihonshoki* la trahissait.

La préface du *Kojiki* nous permet de sortir de cette vision négative.

En effet, son auteur, O no Yasumaro, parle d'un travail de mémorisation et de récitation des anciens textes, de même qu'il insiste sur sa difficulté à transcrire en caractères chinois la langue des mythes qu'il s'efforce de respecter au maximum. Il n'est pas téméraire de supposer que le *Kojiki* a été conçu dès le début comme un texte fait pour être lu à haute voix et même proclamé, l'écriture ne servant que de partition, d'aide-mémoire. Ainsi, le *Kojiki* se situerait au moment précis où l'oralité se fige dans l'écriture. Il n'eut sans doute pas à l'époque de sa mise par écrit le statut plein et entier de texte. Beaucoup de procédés qu'il utilise comme l'annonce d'une action et la description de son accomplissement viennent de la littérature orale. Sa composition même s'apparente à celle d'un chant rythmé par des refrains. Une lecture un peu attentive y perçoit une extraordinaire cohérence et un jeu subtil de correspondances qui devaient être évidentes pour ceux qui étaient familiers des mythes et des chants[22].

L'ensemble du *Kojiki* semble répondre à un rythme où deux éléments fortement liés par des rapports d'opposition sont suivis d'un troisième plus faible. Ce rythme se retrouve à trois niveaux : celui de la séquence où, à une première partie relatant l'apparition de l'ordre et se terminant par une naissance ou une apparition dans le feu, s'oppose une seconde décrivant un voyage dans un au-delà qui se conclut par une naissance au bord de l'eau. La troisième partie étant sous le signe de la conquête. Ces séquences sont groupées en trois cycles. Dans chaque cycle, les deux premières séquences sont en rapport de symétrie et d'opposition, alors que la troisième se présente comme un écho affaibli de la première. Enfin, si les deux premiers cycles sont symétriques et opposés, le dernier apparaît comme un temps faible. Le *Kojiki* se présente donc comme une forme close. Le récit ne pouvait aller au-delà du règne de Kenzô qui termine le dernier cycle. Il n'a nul besoin de se rattacher directement au présent, son propos est ailleurs. Une fois les souverains exemplaires du dernier cycle mis en place, l'Histoire n'est plus nécessaire, elle ne fait pas sens.

L'unité de base de ce récit est donc la séquence, scandée par l'opposition entre naissance dans le feu et naissance au bord de l'eau qui se répète au moins neuf fois[23]. Mais cette répétition n'a rien de mécanique. D'une part, le jeu des symétries et des oppositions transforme les motifs récurrents et forme une sorte de variation sur quelques thèmes comme celui du bébé pleurard. D'autre part, la rigidité des structures des séquences évolue au fur et à mesure du développement du récit. Forte pour le temps des dieux où elle fait corps avec le récit, la structure se maintient dans le cycle intermédiaire au prix d'un décalage par rapport au fil de l'intrigue, pour finalement ne plus subsister que par quelques temps forts dans le dernier. Ce qui se traduit du point de vue de la narration par le passage d'un style concis pour le temps des dieux à un mode presque épique pour le deuxième cycle et à une sorte de roman poétique pour le dernier.

Mais ceci ne représente que la face apparente de la cohérence du *Kojiki* dont le moteur se trouve dans l'opposition des deux nœuds que constituent la naissance dans le feu et celle au bord de l'eau. Cette opposition permet de penser des problèmes aussi divers que la mort et l'immortalité, l'union proche ou lointaine, la culture du riz et la chasse, etc. Le premier nœud associe autour du feu les thèmes de l'union trop proche, du végétal, de la civilisation, de la mort, de l'ici-bas, de la fermeture. Le second rapproche de l'eau l'union lointaine, l'animal, la nature, l'immortalité, l'au-delà, l'ouverture.

Ainsi Izanami enceinte du fait de son frère Izanaki meurt en donnant naissance au feu. Des différents liquides qui s'échappent de son cadavre naissent la divinité de l'argile à potier, celle du métal, celle de la croissance des plantes. Konohana no sakuya hime, responsable de la vie brève, soupçonnée d'avoir trahi son époux avec une divinité qui lui est proche, ne meurt pas dans l'incendie de la cabane d'accouchement qu'elle avait close hermétiquement. Ses enfants portent des noms comprenant la syllabe *ho*, qui désigne aussi bien le feu que l'épi de riz. Sahobime, qui préfère son frère à l'empereur Suinin, donne naissance à son fils dans l'incendie du château de riz, Inaki, où elle s'est enfermée et où elle mourra. Si l'on peut échapper à la sanction du feu en évitant l'inceste, il n'en reste pas moins que le thème de la mort reste toujours présent au côté de celui de la civilisation, du végétal et du feu.

Toyotama bime, qui appartient à la même séquence que Konohana no sakuya hime, est une femme lointaine, fille du dieu de la mer. Elle accouche dans une cabane d'accouchement inachevée, ouverte. Pendant le travail, elle reprend son aspect originel, celui d'un monstre marin rampant. Surprise dans cet état, elle retourne vers son pays qui ne connaît ni la vieillesse ni la mort. Ce deuxième nœud est beaucoup moins développé que le premier, comme on pouvait s'y attendre. Il n'apparaît qu'à l'état de trace dans le dernier cycle qui, situé entièrement dans le temps humain, ne fait plus mention de contacts avec l'au-delà.

Alors que le *Nihonshoki* s'ingénie à tout faire entrer dans sa grille chronologique, le *Kojiki* ne retient de l'Histoire que ce qui peut se placer dans son cadre de pensée, celui des mythes. On peut à son sujet parler de mythologisation d'une partie de la tradition, dans le sens d'une réécriture des récits du temps des hommes à l'aide de schémas élaborés pour le temps des dieux. La coupure entre ces deux temps en est atténuée, mais on lui en substitue une autre entre ce temps des premiers commencements et le temps présent. C'est pourquoi on peut supposer que le *Kojiki* n'est pas le dernier témoin miraculeusement préservé d'une tradition immuable. Ce serait plutôt la réaction de la pensée traditionnelle, mythique, à l'impact de la civilisation continentale. On assisterait alors à une sorte de systématisation de cette pensée. C'est ce qui expliquerait que le *Kojiki* soit resté si longtemps à peu près inconnu parce que désormais incompris, même dans les milieux shintô qui, comme tous les milieux cultivés, en vinrent à penser à l'aide de concepts chinois, et non avec des faisceaux d'images et des enchaînements de récits. Mais il subsistera comme témoin de la volonté de garder une vision, une présentation autochtone du passé.

3. Deux fondations — le temps des hommes et les commencements

Je voudrais essayer de saisir l'originalité de cette réaction japonaise illustrée par le *Kojiki*, face au modèle continental qui inspira le *Nihonshoki*, dans le cas emblématique de deux fondations. En effet, si la forme systématique de l'exposé des variantes des récits du temps des dieux dans le *Nihonshoki* fait contraste par rapport à l'énoncé rythmé du *Kojiki*, il n'en reste pas moins que les grands commencements n'y sont pas traités de façon très différente. Il en va tout autrement des fondations qui vont nous occuper.

Ces fondations sont celle de la première capitale par le premier empereur humain et celle du sanctuaire d'Ise où l'on vénère Amaterasu, la déesse solaire, ancêtre de la famille impériale. Les récits de ces fondations diffèrent selon les sources. En les confrontant sur ces deux points, on pourra saisir les différents modes de mise par écrit de la tradition et s'interroger sur les rapports entre le temps des hommes et le temps des dieux, l'espace de l'homme et celui des dieux, les récits des commencements et l'Histoire.

Fondation de la première capitale par le premier empereur

Le 11 février est un jour férié au Japon. On y célèbre le *Kenkoku kinenbi*, le jour anniversaire de la fondation du pays. Cette fête, nommée avant-guerre *Kigensetsu* (la fête de l'origine), était un rite national depuis 1882, et jour férié depuis l'année 15 de Taishô (1926)[24]. Ce fut l'occasion en 1940 d'une grande parade qui marquait le 2 600e anniversaire du Japon. Supprimée par les Américains durant leur occupation, elle fut restaurée en 1957. La création de cette fête au début de l'ère Meiji ne fut pas un phénomène isolé. Cela correspondait au désir du nouveau pouvoir de magnifier les origines de la maison impériale. À la même époque, on institua une ère japonaise dont le point de départ était le même, la supposée fondation en 660 avant notre ère de cette première capitale par l'empereur Jinmu[25]. C'est aussi le moment où l'on lança le projet d'un sanctuaire en l'honneur du premier empereur (1875) achevé à temps (1889) pour le 2 550e anniversaire de la première fondation en 1890. Jusqu'alors, aucune cérémonie, aucun bâtiment ne commémorait cet événement. La date choisie n'était pas arbitraire, c'est la transposition dans le calendrier occidental, adopté en 1874, du premier jour du premier mois de l'année du coq du cadet du métal (*ka no to tori*) (660 av. J.-C.), date donnée dans le *Nihonshoki* pour la fondation du premier palais par l'empereur Jinmu, à Kashihara, aboutissement de son voyage depuis Kyûshû. Quand on sait qu'un grand nombre de traditions liées au shintô furent « restaurées » à cette époque, cette nouvelle conception du temps est à considérer avec beaucoup de sérieux. Elle est contemporaine du grand effort de purification du shintô de tous les apports vrais ou supposés du bouddhisme et de la Chine. Curieusement, si le *Kojiki* était désormais considéré comme le livre le plus vénérable de la tradition japonaise, c'est la vision de l'histoire du *Nihonshoki* qui prévalait.

Cette date marque pour le *Nihonshoki* l'entrée dans la chronologie, le temps comptabilisé. Les années qui précèdent sont dites « avant l'avènement ». Le temps humain commence alors. Certes, les vies des premiers souverains excèdent très souvent cent ans, mais restent à l'échelle humaine comparés aux 1 792 470 années qui d'après le *Nihonshoki* se seraient écoulées depuis la descente sur terre du petit-fils céleste jusqu'à l'aventure de Jinmu, soit trois générations seulement.

Ce point de départ n'en reste pas moins relatif, puisque le Japon, comme la Chine, n'a jamais eu recours avant la fin du XIXe siècle à un point de départ absolu pour calculer le temps, mais au double système du cycle sexagésinal et des années de règne, remplacé à partir du début du VIIIe siècle au Japon par celui des années d'une ère.

La fondation du premier palais est annoncée dans la notice du *Nihonshoki* par les débuts des travaux deux ans auparavant. Ensuite le texte suit le schéma de toutes les monographies de règne dans le *Nihonshoki*. Comme le plus souvent, l'avènement eut lieu le premier jour de l'année, la meilleure date possible pour un commencement. L'épouse principale reçoit le titre de *kisaki*, impératrice. Jinmu est appelé dès lors Kamu Yamato lhare biko no Hodemi sumera mikoto. Il est de plus qualifié de *Hatsu kuni shirasu sumera mikoto*, premier souverain à gouverner le pays. Quant au palais, comme pour les constructions du temps des dieux et les sanctuaires, ses fondations s'enfoncent dans le sol jusqu'au roc, les croisées de ses poutres montent jusqu'à la haute plaine céleste, séjour des dieux. Pour son inauguration, on pratique pour la première fois des rites d'incantation.

Le *Kojiki* se caractérise, comme nous l'avons noté, par une remarquable pauvreté en repères chronologiques. Les actions ne sont pas datées. Les règnes ne forment même pas toujours des divisions pertinentes du récit. Il n'est donc pas étonnant que non seulement aucun chiffre ne soit donné pour le temps écoulé entre la descente sur terre du petit-fils céleste et Jinmu, mais aussi que la fondation du palais par Jinmu ne soit pas datée. Il dit simplement que, les divinités et les hommes violents ayant été soumis, le premier empereur résida au palais de Kashihara et gouverna le monde. Il ne recherche qu'après cette installation une femme susceptible de devenir impératrice. Il n'est pas fait allusion à une fondation, ni au titre de « premier souverain à gouverner le pays ». La mention de sa résidence reprend le schéma utilisé pour ses père et grand-père du temps des dieux. Dans le *Kojiki*, rien ne différencie de façon nette le règne de Jinmu de ses prédécesseurs divins. Il épouse lui aussi une fille de dieu. Le récit de l'origine divine de cette épouse est développé dans le *Kojiki*, alors que le fait n'est que brièvement cité dans le *Nihonshoki*.

Si l'on s'en tient à ce seul passage, on a l'impression que le *Nihonshoki* met en relief la coupure entre le temps des hommes et celui des dieux par l'introduction de l'échelle chronologique, le temps mythique étant traduit par des grands nombres, alors que le *Kojiki* gommerait cette coupure, Jinmu se situant dans la continuité des dieux en processus d'humanisation depuis le petit-fils céleste Ninigi. Ou bien faut-il supposer que la coupure est déplacée, présente sous une autre forme ?

La confrontation peut progresser grâce à la mention, commune cette fois au *Kojiki* et au *Nihonshoki*, d'un autre empereur qualifié de « premier souverain », l'empereur Sujin, 10e souverain. Si les deux textes sont d'accord sur ce titre, ils n'en diffèrent pas moins sur beaucoup de points. Outre la mention du titre, ils ont en commun le récit d'une épidémie meurtrière, de l'organisation des rites pour la divinité de Miwa, de la révolte d'un prince, de la création des impôts qui ramènent la paix sociale (*sic*).

Mais la notice du *Nihonshoki* est beaucoup plus développée. Elle donne bien sûr des dates pour tous les événements, mais aussi des renseignements sur les relations avec la Corée. Surtout elle rapporte un fait passé sous silence par le *Kojiki* : la séparation des dieux et des hommes. Jusqu'alors Amaterasu et Yamato no ohokunidama, divinité du sol de Yamato, habitaient dans le même palais que l'empereur. Par crainte de leur force, celui-ci les fait sortir du palais et les installe dans une autre résidence, sa fille Toyosukiiri hime devenant la desservante de la déesse. Événement qui annonce la fondation du sanctuaire d'Ise au règne suivant. Le texte se contente d'une juxtaposition de faits, mais la logique du récit montre que la séparation des dieux et des hommes est marquée par des désordres, épidémies et révoltes. Leur séparation et l'organisation d'un culte marquent l'avènement de l'ordre et de la paix.

Si l'on confronte les deux traditions relatives au premier souverain, on s'aperçoit, tout d'abord, qu'un décalage dans l'espace s'y opère. En effet, le lieu de descente du petit-fils céleste, le mont Takachiho à Kyûshû, est périphérique par rapport au centre du premier État japonais, le Yamato. Le site choisi pour le palais de Jinmu, au pied du mont Unebi, est certes dans une région très fortement marquée du point de vue religieux : la colline Kaguyama, qui est à proximité, a une sorte de double dans la Haute Plaine céleste. Mais aucune de ces collines n'est à proprement sacrée, encore moins considérée comme lieu de descente d'une divinité. On peut donc dire que le voyage de Jinmu de Kyûshû en Yamato marque le passage d'un lieu géographiquement et temporellement proche de la descente sur terre du petit-fils céleste, événement qui appartient encore au temps des dieux, à un temps et un espace humain ou plus humain.

En ce qui concerne le temps, le *Nihonshoki*, en insistant sur la date de fondation du premier palais par Jinmu, le premier souverain, n'avait *a priori* pas besoin de souligner une nouvelle fois la séparation des dieux et des hommes sous le règne de Sujin. Cette redondance peut s'expliquer par l'existence d'une tradition liée à cet empereur, trop forte pour être passée sous silence, même si elle apparaît en quelque sorte en contradiction avec le schéma général de l'entrée dans le temps humain avec Jinmu.

Le *Kojiki* paraît plus logique en ne donnant qu'un seul premier souverain, Sujin. Mais ce titre n'est expliqué que par la création des impôts et la paix sociale après une période de troubles. La tradition du *Nihonshoki* l'éclaire, Sujin est le premier empereur humain, celui qui le premier a cessé de « vivre sur le même plancher que les divinités ». Cette rupture entre les dieux et les hommes est rendue dans le *Kojiki* par la série des huit empereurs qui forment tampon entre Jinmu et Sujin. Rappelons que les généalogies sont systématiquement utilisées dans le *Kojiki* pour marquer les grandes articulations du récit. Ces empereurs, qui ne sont le support d'aucune tradition, jouent en un sens le même rôle sur le plan du temps que le voyage de Jinmu de Kyûshû à Yamato sur celui de l'espace. Le *Nihonshoki*, qui renferme les mêmes éléments, en tire un moindre parti, du fait de son recours à la chronologie. On est donc en présence d'une oscillation entre et dans les deux textes sur les débuts des temps humains.

On peut aborder ce problème par un autre angle en confrontant le découpage en unité narrative des deux ouvrages. Le *Nihonshoki*, qui comporte trente livres, commence par deux livres traitant du temps des dieux (le premier se terminant avec le mythe d'Ohokuninushi, divinité terrestre d'Izumo, le second par la naissance du futur empereur Jinmu). Le troisième livre traite du premier empereur, le quatrième de la série de huit souverains qui ne sont supports d'aucun récit, le cinquième de l'empereur Sujin, deuxième à être qualifié de premier souverain. Dans le cas du *Nihonshoki*, l'unité de récit, le règne d'un empereur, correspond le plus souvent à un livre.

Le *Kojiki* ne comprend que trois livres. Le premier correspond aux deux premiers du *Nihonshoki*, le deuxième commençant avec Jinmu mais se terminant avec l'empereur Ojin (objet du livre 10 du *Nihonshoki*). Mais on peut se demander si l'actuelle présentation du *Kojiki* est originelle, car on a observé que les unités narratives de cet ouvrage sont ponctuées par des généalogies. Or il n'y a pas de généalogie entre la fin du premier livre et le début du second. Après la naissance de Jinmu, le récit se poursuit normalement par ses aventures. La césure se situe après un épisode qui se situe à la suite de son décès. Elle correspond à la série des huit souverains du livre 4 du *Nihonshoki*. On peut donc supposer une interférence entre les deux ouvrages, publiés à huit années d'intervalle, mais dont la préparation ne put être que parallèle, l'emplacement de la coupure entre les deux premiers livres du *Kojiki* ayant été choisi en fonction du *Nihonshoki*[26]. De même que la coupure entre les deux premiers livres du *Nihonshoki* correspond au rythme du *Kojiki*.

Si, pour le *Kojiki*, nous raisonnons non pas à partir des livres, mais des cycles constitués d'unités narratives, nous apercevons que Sujin se situe au début d'une séquence à partir de laquelle la structure si nette dans le récit des mythes est toujours visible, mais se trouve décalée par rapport à la logique du récit. En somme, le *Kojiki*, qui passe sous silence l'épisode de la séparation des hommes et des dieux, dirait la même chose, non pas par le contenu du récit mais par la forme de celui-ci. L'impossibilité de vivre avec les dieux étant rendue par la discordance entre la structure des récits des temps des dieux, qui est maintenue, et l'enchaînement des actions des hommes qui suit désormais une autre logique.

Fondation du sanctuaire d'Ise

La séparation des hommes et des dieux nous a amenés à croiser le chemin d'Ise. Sanctuaire d'Amaterasu, ancêtre de la famille impériale, les bâtiments d'Ise sont reconstruits tous les vingt ans. La dernière reconstruction s'est achevée en 1993. Depuis la restauration de Meiji, le sanctuaire est devenu un des pôles les plus importants du culte impérial. Jusqu'en 1945, tous les lycéens étaient tenus de faire au moins une fois le pèlerinage à Ise sous peine de ne pouvoir poursuivre leurs études. De nos jours encore, malgré la séparation officielle de l'État et de la religion, chaque Premier ministre rend visite à Ise, « à titre privé ». Il faut tout d'abord faire remarquer que, longtemps, Ise fut un domaine fermé. L'empereur lui-même ne s'y rendait jamais, le premier à l'avoir fait, au moins depuis le VIIe siècle, fut l'empereur Meiji à la fin du XIXe siècle. Le grand succès populaire d'Ise date de l'époque d'Edo. Son pèlerinage prenant alors une coloration politique de protestation contre le régime des shôgun Tokugawa. Mais pour ce qui nous intéresse ici, l'important est de souligner que ce sanctuaire dynastique, qui est une manifestation de l'ascendance divine des souverains, ne remonte ni à la nuit des temps ni au temps des dieux. Les traditions sont unanimes pour dater sa fondation au règne de l'empereur Suinin, fils et successeur de Sujin. Du point de vue de l'histoire contemporaine, l'historicité de cet empereur est pour le moins incertaine. Mais le *Nihonshoki*, comme le *Kojiki* et tous les ouvrages postérieurs, le situe dans le temps des hommes.

Selon le *Nihonshoki*, la 25e année du règne de Suinin, la fille de l'empereur, Yamato hime, qui avait hérité de sa tante la responsabilité du service de la déesse, arrive au terme d'un long périple à Ise, pays où soufflent les vents divins, *kami kase*, baigné par les vagues du pays de Tokoyo, pays qui ne connaît ni la vieillesse ni la mort. La déesse ayant donné son agrément, on lui construit un palais. La fondation de ce sanctuaire coïncide avec celle de l'institution des princesses consacrées, *saigû*, filles de la famille impériale responsables des cultes d'Ise qui se succéderont dans cette charge jusqu'au XIVe siècle.

Il faut souligner que le grand sanctuaire de la maison impériale se trouve complètement décentré, par rapport au centre politique du Japon antique. Situé au sud-est du Yamato, il se trouve diamétralement opposé au sanctuaire d'Izumo où l'on vénère la grande divinité terrestre Ohokuninushi de la lignée de Susanowo, le frère impétueux d'Amaterasu. Ise se trouve, en outre, aux portes des territoires du nord-est qui furent longtemps insoumis.

On pourrait s'attendre dans le *Kojiki* à un long développement sur Ise, cet ouvrage se présentant lui-même comme le fruit d'une remise en ordre des traditions au service de la maison impériale. Or, il n'en est rien. Le nom d'Ise n'apparaît que dans une note à propos de la princesse Yamato hime, qui, elle-même, n'est citée que dans la liste des enfants de l'empereur. Cet oubli d'Ise est à rapprocher de la minceur des développements sur les trois regalia qui seront pourtant au centre des spéculations du shintô à partir de l'époque médiévale. La fondation d'Ise n'entrait donc pas dans le schéma qui structure le récit du règne de Suinin, mais n'en était pas oubliée pour autant. Au règne suivant, celui de l'empereur Keikô, le prince Yamatotakeru se rend chez sa tante à Ise et obtient l'épée Kusanagi, un des regalia qui avait été donné par Amaterasu au petit-fils céleste lors de sa descente sur terre, et qui donc aurait dû se trouver au palais impérial. Si, grâce au *Nihonshoki*, nous savons pourquoi Yamato hime vivait alors à Ise, la présence de l'épée reste inexpliquée.

Une source postérieure permet de résoudre ce petit problème. Le *Kogoshûi* est un ouvrage composé par Imbe Hironari en 807 pour appuyer les revendications de sa famille contre une autre famille de ritualistes, les Nakatomi soutenus par les puissants Fujiwara dont ils sont issus. Il comporte des traditions qui n'avaient été retenues ni dans le *Kojiki* (712), ni dans le *Nihonshoki* (720). S'intéressant avant tout aux événements où intervinrent les ancêtres de la famille Imbe, le *Kogoshûi* se présente comme une suite de notices classées par ordre chronologique, sans que, à la différence du *Nihonshoki*, soient précisées les dates. À propos du règne de Sujin, il rapporte que l'empereur, s'étant aperçu qu'hommes et dieux ne pouvaient vivre ensemble, fit faire des copies des regalia. Ces copies furent déposées dans son palais, alors que les originaux étaient confiés à sa fille la princesse Toyo suki iri hime. Au règne suivant, celui de Suinin, l'épée et le miroir furent emportés à Ise par Yamato hime qui confia l'épée à son neveu Yamatotakeru. Grâce au *Kogoshûi*, l'épisode de Yamatotakeru, dans sa version du *Kojiki*, s'explique (peut-être un peu trop logiquement ; on peut y voir un artifice pour rendre compte de l'existence au IXe siècle de plusieurs exemplaires des regalia). Mais, surtout, ce sont tous les aspects des commencements qui prennent une autre coloration dans ce livre. Œuvre d'une famille de ritualistes, le *Kogoshûi* ne manque pas de mentionner les différents rites nécessaires à la fondation du sanctuaire d'Ise, puisque les Imbe étaient partie prenante à sa reconstitution périodique. Tout comme les capitales avant la fondation de Fujiwarakyô à la fin du VIIe siècle, le sanctuaire d'Ise est reconstruit, refondé périodiquement (la cérémonie du remplacement du pilier central, *shin no mihashira*, placé au-dessous du bâtiment principal, est renouvelée tous les vingt ans), ce qui permet de le maintenir dans un état de nouveauté permanent tout en conservant le style volontairement archaïsant qu'il avait déjà à la fin du VIIe siècle quand se mit en place le système de sa reconstruction régulière.

Il n'est donc pas étonnant que le même *Kogoshûi* développe la notice relative à la construction du premier palais, celui de l'empereur Jinmu. Il commence par la mention des rites qui accompagnent la coupe des arbres, poursuit avec les trous pour les piliers, les offrandes, etc. Cette description est l'occasion d'un entrecroisement de références. Les personnages qui sont à l'œuvre sont les descendants de ceux qui officièrent lors de la réclusion de la déesse Amaterasu dans la caverne. Et d'un autre côté, les travaux et les rites accomplis sont ceux qui le sont pour la construction des deux pavillons nécessaires à la cérémonie de la gustation solennelle des prémices au moment de l'avènement des souverains, et la construction du palais.

À l'époque de la rédaction du *Kogoshûi*, la capitale était devenue fixe depuis plus d'un siècle. Mais le *norito* (prière) de la célébration de la grande demeure, *Ohotono hokahi*, continuait à être récité périodiquement dans un palais inchangé, alors que ce qu'il célèbre, c'est la construction d'un nouveau palais, le *norito* et les rites qui l'accompagnaient assurant le renouvellement. D'autre part, nous avons vu qu'au moins jusqu'à l'époque de Nara (VIIIe siècle), si la majorité des bâtiments du palais étaient couverts de tuiles avec des piliers reposant sur des assises de pierre, donc construits à la chinoise, les bâtiments privés de l'empereur continuèrent à être couverts de chaume ou de bardeaux avec des piliers enfoncés directement dans le sol, comme à Ise ou dans les bâtiments provisoires de la gustation solennelle des prémices.

D'un autre côté, dans le *Kogoshûi*, comme dans de nombreux documents antérieurs (*Fudoki*, etc.), les repères chronologiques sont aussi des repères spatiaux. En effet, pour situer une action dans le temps, ces textes disent : « Du temps de l'empereur qui gouvernait le monde depuis le palais de... de la région de... » La fondation d'une nouvelle capitale à chaque nouveau règne, en même temps qu'elle inaugurait un nouveau temps, donnait un nouveau centre au pays. Cette fondation, toujours renouvelée, restait aussi toujours relative, mais sauvegardait l'acte fondateur, toujours réactualisé[27].

La fixation de la capitale correspond aussi à l'émergence du rite de la gustation solennelle des prémices comme rite d'avènement. Le *Kogoshûi* met explicitement en parallèle la construction du premier palais et celle des palais postérieurs, celle du sanctuaire d'Ise avec la construction des bâtiments de la gustation solennelle, le *Daijôsai*. Or ce rite, qui met en présence pour l'occasion unique d'un repas communiel le souverain et la déesse Amaterasu, court-circuite le temps, revient à l'époque antérieure à la séparation. Il permet de réintroduire le provisoire, le cyclique dans un système de représentation qui l'excluait aussi bien au niveau du temps que de l'espace.

Dans le *Kojiki*, les fondations, à peine mentionnées, ne sont pas datées. Elles restent relatives, susceptibles d'être répétées, réactualisées selon un rythme souple, ouvert aux variations, mais dans le cadre d'une mélodie dont la structure rigide ne permet que des formes closes. On pourrait le rapprocher de la musique indéterminée de la tradition japonaise, celle du Nô, bien postérieure il est vrai, qui se déploie sans note de référence. À l'opposé, le *Nihonshoki*, avec son système de notation de la chronologie, précise les dates de fondations, fixe le temps. Il se trouve en harmonie avec une période qui voit l'espace se figer lui aussi dans le schéma des avenues de la capitale et des voies qui sillonnent le Japon en coupant les montagnes. Le *Nihonshoki* jouerait donc une partition de musique déterminée, celle empruntée à la Chine des Tang, qui devint la musique de cour à partir du VIIe siècle. Autrement dit, *Kojiki* et *Nihonshoki* racontent la même histoire, celle de l'entrée dans le temps des hommes par la rupture de la coexistence entre dieux et hommes. Mais là où le *Nihonshoki* fait un récit qui insiste sur la première fondation et sa date, le *Kojiki* rend la même réalité par une modification de sa mélodie[28].

Les deux textes, faut-il le rappeler, sont contemporains, écrits dans et pour un même milieu, celui d'une société, la cour, déjà très fortement sinisée et bouddhiste. Il n'est donc pas possible de dire comme Motoori que l'un est japonais et l'autre chinois, tous les deux sont, est-il besoin de le dire, japonais, mais chacun selon son mode. Ils ne sont pas seulement parallèles. Ils donnent l'impression d'une parenté souterraine. Là où le *Nihonshoki* est explicite et précis, le *Kojiki* peut se permettre d'être elliptique. L'un se devait d'assurer solidement les fondations de ce nouvel État, né de la confrontation avec la Chine. L'autre fait un chant des traditions connues de tous.

Dans la présentation du contexte historique, nous avons vu que dans presque tous les domaines, on s'était efforcé de préserver des espaces libres d'influences chinoises. La rédaction du *Kojiki* répond donc en un sens à la même démarche. Au risque de tomber dans le travers du système clos, on peut rapprocher cet ouvrage et son rythme à trois temps de deux autres « créations » de la fin du VIIe siècle, les sanctuaires d'Ise, dont la construction périodique fut instituée à l'initiative de Tenmu, et la cérémonie de gustation solennelle des prémices, le *Daijôsai*, apparue comme rite d'avènement à la même époque et qui réinstaure le provisoire des palais nomades au moment où on se décide à fixer la capitale. Dans les trois cas, c'est une réponse de la tradition dans des secteurs aussi importants que le passé et l'origine divine de la dynastie, le sanctuaire de la déesse Amaterasu, ancêtre des empereurs, et les rites d'avènement. À chaque fois, pour affirmer la spécificité, sauvegarder l'autochtonie et la tradition, on a éprouvé le besoin de créer quelque chose de nouveau, mais dans un style archaïsant. Or ces trois objets semblent avoir été conçus à partir du même schéma rythmique, celui présenté pour le *Kojiki*. Les deux sanctuaires d'Ise, intérieur et extérieur, sont presque identiques à part l'inversion dans la disposition des trois principaux bâtiments. Ils étaient complétés par un troisième pôle, la résidence de la princesse consacrée. Les rites du *Daijôsai* se déroulent dans deux bâtiments identiques disposés l'un à l'est l'autre à l'ouest, mais reliés tous les deux à un troisième qui sert de point de jonction.

François MACÉ

4.

L'imaginaire divinatoire dans l'histoire en Chine

En Chine, l'histoire s'est édifiée suivant un processus particulier, s'écartant sensiblement du processus habituel dans la tradition occidentale. La construction historique, en effet, s'est toujours opérée en deux moments distincts qu'on peut caractériser comme celui de l'historiographie et celui de l'historiologie, au sens où l'on distingue l'ethnographie et l'ethnologie[1]. Le moment historiographique est celui de la notation des faits, des actes, des événements, au moment même où ils se produisent. Le moment historiologique est celui de la recherche des lois, du sens de l'histoire, à travers les relevés historiographiques. C'est au plan de l'historiologie que se déploie explicitement la philosophie chinoise de l'histoire. Cependant, la notation historiographique est évidemment déjà par elle-même interprétative, bien que d'une façon qui se trouve occultée par le souci premier, à ce niveau, d'une parfaite objectivité. Dans ces conditions, l'imaginaire historique spécifiquement chinois, à la différence de celui que nourrissent les mythes, à peu près improductifs, du moins dans la pensée confucianiste que structure une sorte de rationalisme très exigeant, est celui qui s'insinue dans ce rationalisme lui-même, à la faveur de l'articulation de la spéculation historiologique sur une historiographie d'autant plus insidieusement travaillée par ses propres règles, celles d'un formalisme extraordinairement rigoureux, qu'elle y voit une garantie absolue d'accès au niveau le plus profond de la véridicité.

Ce qui permet de caractériser cet imaginaire comme divinatoire, c'est que l'écriture historiographique dérive des notations oraculaires (*buci*) qu'à l'époque archaïque (couvrant la deuxième moitié du IIe millénaire avant notre ère) le *scribe des divinations* (*shi*) inscrivait directement sur les os plats de bovidé ou les écailles de tortue traités suivant les techniques scapulomantiques. On sait que dans la Chine archaïque la scapulomancie (devenue chéloniomancie par substitution d'écailles de tortue aux omoplates de bœuf) a été portée à un très haut degré de perfection, et systématiquement utilisée pour résoudre tous les problèmes que peuvent poser les contingences de l'existence. Puisque tous les actes importants de la vie sociale, tous les événements conjecturables propres à affecter celle-ci faisaient l'objet de divinations, le simple recueil des notations oraculaires a pu tout naturellement faire incidemment fonction de livre-journal des affaires du pays, devenant ainsi prototype des annales. C'est ce qui explique que la fonction d'annaliste, d'historiographe, se soit longtemps confondue avec celle de scribe des divinations, et que le nom de cette fonction soit devenu, beaucoup plus tard, le nom de l'*histoire* elle-même : *shi*.

Dès la première moitié du Ier millénaire avant notre ère, plusieurs des pays organisés dans le cadre de la royauté chinoise des Zhou possèdent des annales en bonne et due forme, sans que pour autant les annalistes aient perdu leur fonction de devin. C'est l'annaliste que les canons rituels élaborés à la fin du Ier millénaire avant notre ère chargent de la divination qui doit déterminer le jour propice à l'exécution de certains sacrifices ; c'est à l'annaliste que sont attribuées cinq divinations mémorables rapportées dans le *Zuozhuan*, compilation qui mentionne d'autre part les titres d'*annaliste-chéloniomancien* (*bushi*) et d'*annaliste-achilléomancien* (*shishi*). Cependant, seules les Annales du pays de Lu, dites des *Printemps et Automnes* (*Chunqiu*), nous ont été conservées, parce qu'elles ont bénéficié du privilège insigne d'être revues et corrigées par Confucius (551-479). Celui-ci, sans avoir jamais été titulaire des fonctions de devin-annaliste, mais qui exerça à Lu d'autres charges administratives, s'estimait investi par le Ciel d'un mandat de réformateur l'habilitant à rectifier le texte des Annales conformément aux normes de l'historiographie, c'est-à-dire de l'application à la saisie des faits d'une écriture conçue pour atteindre, de façon quasi divinatoire, au-delà des apparences factuelles, le véritable sens des choses. Le *Chunqiu*, ainsi rectifié, n'a pas manqué de devenir l'objet d'une intense réflexion spéculative qu'ont véhiculée plusieurs lignées de commentaires traditionnels, toutes prétendument issues de l'enseignement oral de Confucius. C'est à travers l'une de ces traditions, celle qu'on peut considérer comme la plus fidèle aux conceptions confucéennes de l'historiographie, la tradition dite de Gongyang (du nom d'un certain Gongyang Gao qui en aurait fixé les grandes lignes vers le début du IIIe siècle avant notre ère), que l'imaginaire divinatoire de l'histoire se décèle le mieux. Elle a dominé la spéculation historienne de l'époque Han, de Dong Zhongshu (176-104 av. n.è.) à He Xiu (129-182). Je m'appuierai surtout sur cette école

Han de la tradition de Gongyang pour décrire ce que furent, dans leur premier état, le discours historiographique et le discours historiologique chinois.

Le discours historiographique ne peut être qu'un discours écrit, et écrit dans la langue écrite chinoise générée à partir de l'espèce d'algorithmique inventée par les devins pour formuler les notations oraculaires[2]. Le *Mencius* (8.21) nous dit des annales en général : « Les faits [qu'elles enregistrent] sont ceux de l'époque du duc Huan de Qi [règne : 685-643] et du duc Wen de Jin [règne : 636-628] ; l'écriture [qu'elles emploient] est celle des *shi* [devins-annalistes]. » Cette écriture fonctionne comme une sorte de supralangage dont la manipulation impose le devoir absolu d'en refuser le détournement, même au prix de sa vie. En 548, dans le pays de Qi, un grand officier du nom de Cui Zhu assassine le duc Zhuang. « ... Le grand historiographe écrivit : Cui Zhu a tué son prince. Il fut mis à mort par Cui Zhu. Ensuite ses frères puînés écrivirent la même chose. Deux d'entre eux furent encore mis à mort. Le troisième écrivit aussi la même chose. Il fut épargné. L'historiographe du midi, apprenant que le grand historiographe et ses deux frères avaient été mis à mort, prit ses tablettes et alla à la cour [pour écrire que Cui Zhu avait tué son prince]. On lui dit que ce crime avait déjà été écrit [par le troisième frère du grand historiographe]. Il retourna à sa maison[3]. » Cet épisode célèbre du martyre de trois annalistes et de la disposition au martyre de deux de leurs collègues illustre de quelle exigence pouvait être alors le véritable sacerdoce auquel appelait l'historiographie.

Un autre épisode, non moins célèbre, peut nous donner une idée de ce qu'était l'écriture historiographique. En 607, dans le pays de Jin, un mauvais prince, le duc Ling, est tué par un certain Zhao Chuan, frère du Premier ministre Zhao Dun qui, quelque temps auparavant, désespérant d'amener à résipiscence son détestable souverain, avait choisi de se retirer dans les montagnes. « Le grand historiographe [Dong Hu] écrivit que Zhao Dun avait mis à mort son prince, et il montra cette note aux officiers de la cour. Xuan [*alias* Zhao Dun, ici désigné par son appellation personnelle] dit que ce n'était pas vrai. L'historiographe répondit : "Seigneur, vous être Premier ministre. Vous avez fui, mais pas au-delà de la frontière. À votre retour, vous n'avez pas puni les assassins. Si ce n'est vous qui avez tué le prince, qui est-ce ?" Xuan zi répondit : "Hélas ! ne peut-on m'appliquer ces vers : Celui que j'aime m'a causé cette affliction ?" ⌈Xuan zi avoue sa faute. Parce qu'il aimait Zhao Chuan, il ne l'a pas châtié.] Confucius a dit : "Dong Hu était un excellent historiographe. Il pratiquait les règles de l'historiographie de sorte que rien n'était plus caché. Zhao

Xuan zi était un excellent officier. Il a accepté d'être blâmé pour [que force reste à] ces règles[4]..." » Ceci nous montre comment l'historiographie découvre, derrière les auteurs directs des méfaits, les hommes qui par leurs agissements dévoyés sont véritablement à l'origine de la dégradation des mœurs. La faute de Zhao Dun n'est pas seulement d'avoir manqué de réprimer le forfait de son frère, auquel l'inconduite du duc assassiné pouvait valoir des excuses. Elle est aussi d'avoir, comme Premier ministre, échoué à redresser les mauvais penchants de son prince, et de n'avoir pas été jusqu'au bout de son devoir après cet échec, en se contentant de faire retraite loin de la cour mais encore dans son pays, alors qu'il aurait dû s'exiler au-delà des frontières.

Les Annales de Lu rapportent 38 assassinats de princes, qualifiés de *régicides* (*shi*) et 52 cas d'*anéantissements de pays* (*wangguo*). La révision effectuée par Confucius du texte historiographique a rendu tous ces faits, dans leur formulation, transparents à leurs véritables causes : les multiples aspects de la perte de la *Voie* (*Dao*). Qu'il y ait fallu le recours à une écriture divinatoire, c'est ce qu'indique *a contrario* cette exclamation d'un grand officier de la cour royale, Xiang, à la fin de la période qui nous occupe : « Je ne suis ni un musicien aveugle [capable de percevoir les harmonies de l'univers], ni un *devin-annaliste* (*shi*), comment connaîtrais-je la Voie du Ciel[5] ? »

La fonction de régulation des pratiques sociales, qui est celle de l'écriture historiographique, relève de la théorie que fait Confucius de la *rectification des noms* (*zheng ming*). Les *Entretiens* (de Confucius) en parlent à trois reprises. Le passage le plus significatif est celui-ci (13.3) : « Le prince de Wei, dit Zi Lu, voudrait savoir ce que vous pensez du bon gouvernement. Qu'est-ce que vous placez avant tout ? Le Maître répondit : "Ce qui est indispensable, c'est la *rectification des noms* [...]. Si les noms ne sont pas rectifiés, les discours ne vont pas dans le bon sens ; si les discours ne vont pas dans le bons sens, ce qu'il y a lieu de faire n'est pas fait ; si ce qu'il y a lieu de faire n'est pas fait, les rites et la musique ne dominent pas les conduites ; si les rites et la musique ne dominent pas les conduites, les peines et les châtiments manquent leur but ; si les peines et les châtiments manquent leur but, le peuple est sans orientation dans ses entreprises. Voilà pourquoi l'homme de bien procède à la rectification des noms. Il s'ensuit que les discours sont immanquablement formulés convenablement, et qu'alors ce qui est ainsi formulé est immanquablement exécuté convenablement." »

Pour éclairer ce texte, relevons d'abord cette glose du grand commentateur des Han postérieurs, Zheng Xuan : « La rectification des noms, c'est la rectification des termes de la langue écrite : ce qu'anciennement on appelait les noms, c'est [ce qu'on appelle] aujourd'hui la terminologie écrite.» Puis voyons dans quel contexte se place la réponse de Confucius. Le prince de Wei, à qui cette réponse s'adresse, est le duc Chu, lequel, à la mort de son grand-père, le duc Ling, en 494, avait pris le pouvoir en tant qu'héritier substitué à son père, Kuaikui, évincé par le duc Ling de la succession pour avoir eu de mauvais desseins envers la princesse Nan zi. Cette rupture de la continuité successorale régulière devait entraîner, une douzaine d'années plus tard, des troubles politiques qui se soldèrent par la restauration des droits de Kuaikui (devenu le duc Zhuang), lequel ne régna que de 481 à 479 avant d'être à son tour victime de nouveaux troubles. Il est clair que Confucius déplore qu'à Wei, faute d'un discours historiographique correct, les événements n'apparaissent pas sous leur véritable sens, ce qui empêche de prendre les mesures qui remettraient le pays, menacé d'anéantissement, sur la bonne voie.

En quoi consiste la rectification des noms? Confucius l'avait déjà indiqué au duc Jing de Qi (règne : 547-490), selon cet autre passage des *Entretiens* (12.11) : «Que le [nom de] prince soit [appliqué à celui qui fait son devoir de] prince; le [nom de] sujet [à celui qui fait son devoir de] sujet; le [nom de] père [à celui qui fait son devoir de] père; le [nom de] fils [à celui qui fait son devoir de] fils.» Principe par application duquel Mencius, dans un texte dont le retentissement à travers toute l'histoire de la Chine a été immense (Mencius, 2.8), enlève à la mise à mort justifiée des tyrans la qualification de *régicide* (*shi*) :

«Le roi Xuan de Qi [règne : 342-324] demanda à Mencius : "Est-il vrai que Tang [le fondateur de la dynastie des Yin] chassa Jie [le dernier souverain, tyrannique, de la dynastie des Xia, renversée par le fondateur de la dynastie des Yin vers le milieu du IIIe millénaire avant notre ère], et que le roi Wu [le fondateur de la dynastie des Zhou] passa par les armes Zhou [dernier souverain, tyrannique, de la dynastie des Yin, renversée par le fondateur de la dynastie des Zhou vers la fin du IIIe millénaire avant notre ère]? — C'est ce que rapporte la tradition", répondit Mencius. Le roi Xuan reprit : "Un sujet peut-il donc tuer son prince?" Mencius répliqua : "Celui qui se prévaut frauduleusement de la vertu d'humanité [qui qualifie un prince pour sa fonction] doit être appelé un fraudeur. Celui qui se prévaut frauduleusement du sens du devoir [qui qualifie de même un prince pour sa fonction] doit être appelé un oppresseur. Un fraudeur et un oppresseur ne sont, l'un comme l'autre, qu'individus ordinaires. La tradition nous dit que Zhou a été exécuté en tant qu'individu ordinaire; elle n'a jamais dit qu'en tant que prince il avait été victime d'un régicide."»

L'écriture historiographique ne décrit pas les faits tels que les représente le langage ordinaire, selon leur apparence immédiate ; elle les décrit selon leur sens véritable, caché par les apparences. Et c'est en cela qu'elle est un supralangage, car c'est par une puissance sémantique qui lui est propre, et à laquelle n'atteint pas le langage ordinaire, que l'écriture dégage sous les apparences le vrai sens des choses. Deux caractéristiques de la langue écrite donnent le sentiment de sa surpuissance : son extrême formalisation et son surcodage par rapport à la langue courante.

Les Annales de Lu couvrent une période de deux cent quanrante-deux ans (722-481 av. n.è.). Ces deux siècles et demi sont traités en quelque 1800 paragraphes seulement, soit à peine 7,5 paragraphes par an, ce qui représente une extraordinaire condensation de la manière historique saisie. Qui plus est, le texte ne compte au total qu'environ 16000 mots (plus exactement : graphies), ce qui donne la mesure de la densité du discours écrit : moins de 9 mots par paragraphe, en moyenne, et donc, défalcation faite des formules de datation, des propositions de 3 ou 4 mots pour chaque notation. L'historiographe n'a évidemment retenu que ce qui, à ses yeux, constituait pour ainsi dire l'ossature de l'histoire, à savoir les faits les plus caractéristiques, au plan des rites ; faits positifs et surtout faits négatifs, les Annales fonctionnant principalement dans le sens de la dissuasion. Or c'est précisément la matière rituelle qui à l'époque archaïque faisait l'objet principal de la divination. C'est la science divinatoire qui a permis d'élaborer les rites. Et c'est exactement dans le prolongement de cette science que le devin-annaliste compose son discours historiographique dans une écriture issue de celle des notations oraculaires.

Un érudit du XVIIe siècle, Mao Qiling, a classé tous les faits rapportés dans les Annales en 22 catégories : changements d'ère, accession à la souveraineté, naissances princières, établissements de souverains, visites de cour, réunions princières, expéditions militaires, déplacements de capitales et anéantissements de pays, mariages, condoléances, deuils, sacrifices, chasses rituelles, etc. Le criblage historiographique, en ne retenant que les faits particulièrement significatifs du point de vue ritualiste, opère une fantastique formalisation de l'histoire, tout à fait analogue à celle que, plus tard, le grand calendériste Liu Xin opère des mouvements cosmiques, en réussissant à exprimer les courses de tous les corps célestes par des formules ne mettant en jeu que 107 constantes numériques. Nous sommes bien dans l'esprit du *Yijing*, qui tire d'une combinatoire de 64 hexagrammes l'expression de tous les changements de l'univers : sous les Han postérieurs, le lexicographe Xu Shen ne faisait-il pas de l'écriture la fille du système des graphismes divinatoires théorisé dans le *Yijing?*

Plus la formalisation est poussée, plus la notation peut être précise, tandis que le concret, auquel se réfère la langue courante, ne peut jamais être exprimé avec précision parce qu'il est inépuisable. La langue historiographique, qui ne se réfère qu'à des configurations événementielles très abstraites, peut les noter de façon parfaitement précise. Autrement dit, la terminologie historiographique est parfaitement univoque : elle apparaît comme surcodée par rapport à la terminologie courante. Par exemple, *quitter son pays* est un acte que l'annaliste note, selon les cas, de l'une ou l'autre des cinq expressions suivantes seulement, selon Mao Qiling :

— *ru* : aller ailleurs, sans implication particulière;
— *xun* : fuir de soi-même;
— *chuben* : fuir en étant chassé;
— *chu* : partir à la suite d'un divorce (dans le cas d'une femme);
— *daqu* : partir sans retour.

Dans la langue courante, chacun de ces termes n'est employé que de façon inévitablement approximative, par référence à toutes sortes de comportements. Dans la langue historiographique, il renvoie de façon précise à une caractéristique et une seule. Nous emploierions, nous, un mot abstrait. L'historiographe chinois se contente de surcoder un mot concret, et le commentateur, qui accentue la systématisation, rajoute souvent au surcodage. Mais, comme le surcodage est implicite, la manipulation spéculative qui l'opère est totalement occultée, ce qui donne le sentiment que c'est au cœur même de la réalité que la magie de l'écriture fait apparaître la raison d'être des mouvements de l'histoire.

Au moins pour les commentateurs, la langue historiographique est surcodée non seulement dans son lexique, mais même dans sa syntaxe. Au premier mois de l'année 644, l'historiographe note : « Pluie de météorites à Song [au nombre de] cinq. Six oies sauvages, à reculons [en raison d'un très fort vent contraire], passent [au-dessus de] la capitale de Song. » Pourquoi la détermination de nombre est-elle formulée après le déterminé, dans le cas des météorites, et avant, dans le cas des oies sauvages? En langage courant, cette différence ne serait pas pertinente. Les commentaires lui fabriquent une pertinence montée sur la distinction, capitale en historiologie, comme nous le verrons plus loin, de l'ouï-dire et de l'expérience directe. Pour eux, l'annaliste a noté d'abord la pluie de météorites sans autre précision selon l'information qui lui en est parvenue, puis le nombre des météorites qu'il a décomptés en allant voir sur place; tandis qu'il a distingué lui-même *de visu* d'abord six oiseaux, qu'il a ensuite identifiés comme des oies sauvages en s'apercevant que celles-ci étaient repoussées de façon extraordinaire dans le sens contraire à celui de leur vol. Cet exemple nous montre comment l'imaginaire divinatoire des commentateurs projette rétrospectivement sur les Annales des règles de la *rectification des noms* encore plus strictes que celles que concevait Confucius, auquel un des appendices du *Yijing* attribue ce propos probablement controuvé :

« Le Saint a institué les graphismes hexagrammatiques pour exprimer exhaustivement le sens des choses ; il a établi les formules explicatives des hexagrammes pour exprimer exhaustivement les réalités par distinction de l'irréel ; il a structuré les rapports linguistiques [impliqués dans ces formules] pour exprimer exhaustivement [l'objet de] son discours[6]. »

Le commentaire historiologique de l'école de Gongyang[7] développe des gloses de deux sortes : les unes sont purement philologiques et ne nous retiendront pas ; les autres, qui nous intéressent ici, sont des gloses herméneutiques. Celles-ci reposent sur le double postulat que le texte canonique des Annales recèle *une signification grandiose* (*dayi*) — dévoile le sens de l'histoire —, mais que sur chaque fait particulier il n'indique la véritable nature des choses que par des *formulations subtiles* (*weiyan*). La tâche à laquelle les commentateurs se sont employés, avec des trésors d'ingéniosité et d'érudition, a été naturellement de systématiser la myriade des gloses de détails éclairant les *formulations subtiles*, dans la ligne de la *grandiose signification* de l'ensemble. Le couronnement du système est le principe de la *grande unité* (*dayitong*) du monde, omniprésent dans les Annales puisqu'il y est représenté, aux yeux des commentateurs, par les formules de datation qui reviennent constamment structurer le flux événementiel. Le calendrier exprime en effet la trame cosmologique de l'histoire — et nous avons vu plus haut que Mao Qiling mettait au premier rang des faits notés par l'annaliste les changements d'ère. À l'époque des *Printemps et Automnes*, chaque pays avait son propre calendrier, c'est-à-dire qu'il choisissait comme première lunaison de l'année, sur les indications précisément de l'annaliste-devin qui était également astronome et calendériste, une lunaison commençant par une néoménie plus ou moins éloignée du solstice d'hiver. Or, dans les Annales du pays de Lu, les dates sont toujours données en mois du calendrier royal, particularité qui, à elle seule, a donné matière à toute une littérature de spéculations sur la souveraineté universelle du Fils du Ciel et son fondement cosmologique. Cependant, cette souveraineté n'est ni monolithique géographiquement — elle s'articule en subprincipautés établies dans les divers pays chinois —, ni immuable historiquement — le Mandat du Ciel passe d'une dynastie à l'autre. C'est dans la recherche des signes de cette double organisation, dans l'espace et dans le temps, de l'unité politique du monde, que les commentateurs se sont montrés le plus ingénieux. Ils ont interprété toutes les tournures du texte marquant un certain éloignement spatial ou temporel des faits ou des personnages mentionnés, comme indirectement indicatives, d'une part, de rapports d'intériorité et d'extériorité entre la royauté, les subprincipautés et les confins barbares, et, d'autre part, de différences d'époques correspondant aux grandes dominantes cosmiques exprimées par le mandat céleste de chaque dynastie. Des propriétés en somme assez ordinaires du discours, telles que la désignation d'une personne par son seul patronyme si elle se situe très loin dans l'histoire ou à l'étranger, mais avec son prénom si elle fait partie de l'entourage, ou telles que la datation d'un événement par le jour où il a eu lieu s'il est d'actualité, mais seulement par le mois s'il est plus reculé dans le temps, ou que l'attention à tel ou tel détail de la météorologie que l'on remarque là où l'on vit, mais que l'on ignore pour des contrées éloignées, ont été minutieusement recensées, analysées, et projetées par l'herméneutique dans une dimension cosmologico-politique. He Xiu a récapitulé les règles de cette projection en *neuf indications* (*jiuzhi*) de *trois ordres* (*sanke*) :

1° *dans l'ordre des royautés* :

— la reconsidération (des tenants et aboutissants) de la royauté Zhou ;

— la rétrogradation de la royauté Yin (précédant celle des Zhou et représentée dans les Annales par le pays de Song qui en était le dépositaire cultuel) ;

— (le dévoilement d')une néo-royauté (cachée) à Lu (pays de Confucius et pays central des Annales).

2° *dans l'ordre de la périodisation* :

— la période de ce que l'annaliste (Confucius) a connu par expérience directe, selon les particularités des notations qui s'y rapportent ;

— la période de ce que l'annaliste a connu par ouï-dire, selon les particularités des notations qui s'y rapportent ;

— la période de ce que l'annaliste a connu par tradition, selon les particularités des notations qui s'y rapportent ;

3° *dans l'ordre de l'intériorité et de l'extériorité* :

— le traitement à toutes les périodes, comme affaires intérieures, des affaires du pays des annales (*Lu*, représentant la royauté) ;

— le traitement des affaires des autres pays chinois comme extérieures avant la néo-royauté de Lu, comme intérieures après ;

— le traitement à toutes les périodes, comme affaires extérieures, des affaires des barbares.

On remarquera que ces indications entraînent, en projection, un immense agrandissement chronologique de la périodisation des deux cent quarante-deux ans d'histoire des Annales, puisque l'herméneutique applique la périodisation aux trois dynasties des Yin (représentés dans les Annales par Song), des Zhou et des Han, ceux-ci étant censés, par l'instauration du confucianisme en idéologie d'État, porter à son accomplissement parfait le prototype de royauté (la *néo-royauté*) que Confucius, *roi sans couronne* (*suwang*), avait esquissé dans les Annales en y indiquant les voies de la réforme des institutions de Lu.

La théorie des *trois époques* (Yin, Zhou et Han) permet à Dong Zhongshu de fonder la légitimité des Han comme héritiers de la néo-royauté de Lu, indépendamment de la théorie des *cinq éléments* (Bois, Métal, Feu, Eau, Terre, dominant à tour de rôle les mouvements cosmiques et agents de l'ascendance de dynasties différentes) que les spécialistes n'arrivaient pas à concilier avec les signes et les événements qui avaient marqué l'avènement de cette dynastie quinze ans seulement après la fondation de l'empire par les Qin. La théorie de l'*intériorité* et de l'*extériorité* fournit toutes les justifications désirables à la politique Han de répression des résurgences de l'ancienne féodalité préimpériale et d'expansion de la sinité par refoulement des barbares le plus loin possible sur toutes les marches de l'empire. La théorie de la *néo-royauté* oriente toutes les réformes rituelles et institutionnelles.

L'imaginaire divinatoire, au lieu de se servir de symboles et de figures, opère directement sur la construction du discours. Il ne produit pas de mythes. Ce qu'il a sécrété de plus typique à l'époque où il a été le plus fécond, celle des Han, ce sont des écrits paracanoniques de toute nature, apocryphes attribués à Confucius, dont les plus nombreux ont trait justement aux Annales de Lu : on en a recensé de cette mouture quelque 37 titres. Tous les empereurs du temps, et l'usurpateur Wang Mang plus que les autres, se sont abondamment servis de ce matériel de choix pour consolider leur mandat dynastique. Cela n'allait pas sans risque : ce qu'une historiologie avait construit, une autre historiologie pouvait le renverser. C'est pourquoi ces apocryphes, après avoir plusieurs fois sous les Han postérieurs fait l'objet d'ordonnances d'édition complète, qui ne furent cependant guère suivies d'effets, tombèrent, à partir du IIIe siècle, sous le coup d'interdictions réitérées, jusqu'à ce que l'empereur Yang des Sui (règne : 604-617) en assure la disparition définitive en les faisant tous brûler et en sanctionnant de peine de mort le crime d'en enseigner le contenu. D'ailleurs, dès la fin des Han, l'historiologie de l'école de Gongyang est totalement supplantée par celle d'une autre tradition, censément issue d'un épigone de Confucius nommé Zuo, qui se cantonne dans la philologie pure en répudiant l'herméneutique.

Cependant, la plus haute de toutes les grandes figures dressées par la tradition à l'horizon de la culture chinoise, celle de Confucius, a toujours conservé les traits que lui avait donnés l'école de Gongyang. Sans une trace de mythologie, cette figure n'est pas celle de l'archétype du héros d'un peuple. Sans une trace de théologie, elle n'est pas celle d'un fondateur de religion. Pur produit de l'imagination divinatoire, c'est la figure du véritable créateur du wen, c'est-à-dire de l'écriture révélatrice du sens des choses, dans laquelle se lisent les rites qui civilisent les hommes.

Léon VANDERMEERSCH

5.

L'histoire, comme éclatée...
Deux ordres de conservation du passé en pays bugis-makassar (Célèbes-Sud, Indonésie)

La culture bugis-makassar se singularise dans tout l'archipel indonésien par le fait d'entretenir une véritable passion pour son histoire. Aussi trouve-t-elle son fondement dans l'expression du « précédent », au sens tout autant historique que juridique du terme, et sur lequel nous allons revenir. C'est que ce fondement se réalise pour sa plus grande part dans l'« écrit », c'est-à-dire dans cet immense ensemble de documents que les Bugis appellent les « manuscrits », *lontara'* (du nom malais d'une sorte de palmier, dont les feuilles servaient originellement de support, et qui fut remplacé par le papier à partir du XVIIe siècle). *Lontara'* rédigés en un système d'écriture propre à Célèbes-Sud et en langue locale, surtout depuis le début du XVIIe siècle, période qui, notons-le, correspond aussi à l'introduction officielle de l'islam en pays bugis et makassar. Cependant, certaines généalogies permettent parfois de remonter au XVIe, voire à l'extrême fin du XVe siècle.

Ainsi avons-nous d'une part une pratique de l'histoire qui s'enracine dans la chose écrite. Mais en même temps, nous rencontrons une affirmation divergente selon laquelle l'écrit n'est pas tout ; selon laquelle il est des vérités d'un autre ordre, qui certes sont aussi écrites, mais comme de façon secondaire, accessoire, par accident, car elles rendent l'écrit vain, elles le dépassent. Et jamais, jusqu'à nos jours, ces deux affirmations, ces deux pratiques de l'histoire ne se sont réduites l'une à l'autre. D'un même geste, nous découvrons donc à la fois la volonté de marquer une coupure entre oral et écrit, de confirmer la préséance du premier sur le second, alors même que nous assistons à un véritable épanchement d'écriture, à une hémorragie de milliers de pages manuscrites, et que les « écrits » vont bientôt faire partie des *regalia* des royaumes.

Or, pour bien comprendre le statut de cette « double » histoire bugis-makassar, de cette histoire qui se dessine comme sur une double scène et qui constitue le cœur de ce propos, il nous faut préalablement faire un détour par le corpus mythologique bugis ; car c'est de fait dans l'attitude de rupture/continuité observée à l'endroit de la parole mythique que peuvent être reconnues certaines spécificités du discours historique proprement dit.

En effet, si d'une part les généalogies de l'histoire de Célèbes-Sud permettent de remonter jusqu'à la fin du XVe siècle ou au début du XVIe siècle, il faut noter également qu'en pays bugis-makassar, le point de référence ultime et quasi incontesté de toute généalogie aristocratique (seuls les nobles possèdent d'ailleurs des généalogies) s'enracine dans le grand cycle épico-mythique appelé *Sure' La Galigo* [1]. Il s'agit d'un ensemble fragmenté de textes, recouvrant environ 6000 à 7000 pages manuscrites, qui furent couchés par écrit à un moment mal déterminé. Peut-être ce moment est-il lui aussi contemporain de la formation des petites principautés de l'île au XVIe siècle et de l'apparition des chroniques historiques, mais il le serait alors pour d'autres raisons que ces dernières (notamment la légitimation d'une nouvelle forme d'aristocratie). Du moins *La Galigo* décrit-il un état de société situable, par divers recoupements, aux alentours des XIIe-XIVe siècles. Cet ensemble de textes — qui n'a jamais été entièrement traduit et moins encore analysé — est rédigé dans une langue archaïque appelée littéralement la « langue des gens d'autrefois », ou la « langue des ancêtres » (*basa toriolo*). Cette langue reste incomprise de la quasi-totalité de la population, à l'exception de quelques érudits locaux et de quelques anciens prêtres de religion pré-islamique. Ceux-ci pourraient d'ailleurs avoir été les premiers porteurs de mémoire, les maîtres d'œuvre de cette création qui, de fait, demeure anonyme (même si l'on affirme parfois que l'un des personnages du mythe, en l'occurrence La Galigo, en serait l'auteur). Nous sont donc contés dans ces textes la venue sur terre des premières divinités (*tomanurung*, « êtres descendus du ciel », et *totompo'*, « êtres surgis des profondeurs »), la création des premiers royaumes de l'île et alentours, les guerres, les amours et autres aventures de leurs princes dirigeants, puis l'abandon du monde des humains par les dieux. Pour une obscure raison en effet, les divinités décident au bout de sept générations de rouler l'arc-en-ciel qui sert de communication avec le monde des humains (soit le monde intermédiaire entre le monde céleste et le monde abyssal), et de sceller les portes du firmament.

Or, pour notre propos, il est important de considérer que fond et forme de mythe sont ici inséparables, l'un éclairant l'autre ; et c'est pourquoi il faut souligner le fait que le cycle mythique s'achève en ponctuant son propre terme. En se retirant, en se séparant volontairement des hommes, les dieux scellent la fin d'une ère, donnant ainsi naissance à ce que les Bugis appellent « époque La Galigo » et qu'ils assimilent d'ailleurs eux-mêmes à une période historique (que nous dirions plutôt proto-historique). Temps en tout cas révolu, trait à jamais tiré sur tout un passé. Dans ce geste, la mythologie ne trouvera bientôt plus sa singularité que dans un genre littéraire propre à métrique fixe qui n'appartient d'ailleurs qu'à elle seule ; car, à la différence de *lontara'*, l'appellation de *sure'*, terme signifiant littéralement « écrit » (en une versification particulière), est employée uniquement en référence à la mise en forme écrite du mythe. Autrement dit, en même temps qu'il s'écrit, le mythe se dit lui-même comme mythe, c'est-à-dire qu'il prend tout à la fois une forme close, achevée, et s'autoproclame comme révolu, comme s'il se repoussait, se confinait lui-même en une sorte d'époque mal déterminée des « origines »...

Les dieux seraient-ils donc dès lors séparés des humains ? Pas pour longtemps, car, nous conte cette fois la tradition orale, à la fin de cette période mythique, mais en dehors d'elle, surgit une époque effroyable. Époque d'anarchie et de violence où seule régnait la loi du plus fort. Et cet état des choses, censé lui aussi avoir duré sept générations, fut si atroce que les dieux, prenant les hommes en pitié, décidèrent une fois encore de faire descendre sur terre de « nouveaux » *tomanurung*, personnages semi-divins que l'on retrouve cette fois en tête de toutes les généalogies historiques des principautés de l'île.

Voici ainsi le temps du mythe raccroché à celui de l'histoire proprement dite. Et il semblerait dès lors que l'on doive s'acheminer — comme c'est d'ailleurs le cas pour tous les autres pays d'Asie du Sud-Est insulaire, depuis les petits royaumes de la péninsule malaise et de Bornéo jusqu'aux grands royaumes de Java ou de Sumatra, vers une histoire semi-mythique, ou du moins vers la création d'un espace mixte où mythe et histoire coïncident pour un temps. Histoire pour servir la gloire des souverains, et rédigée bien souvent sur commande par des poètes de cour (pensons ici aux fameux *pujangga* des palais javanais). Or, il n'en est rien et — cas tout à fait unique dans l'archipel — Célèbes-Sud offre à nos yeux une situation sensiblement différente.

Geste ambigu en effet que celui qui, d'un mouvement identique, marque une réelle coupure avec ce qui l'a précédé tout en y puisant une sorte de légitimité. Et force est de constater qu'à Célèbes-Sud, on ne passe nullement, au sein des principautés, de l'écriture de la mythologie à un nouveau type d'historicité, bien qu'il s'agisse tout d'abord des mêmes signes graphiques, et que quelque chose de « religieux », on va le voir, s'y attache encore, puisque histoire et tradition peuvent bien évidemment être utilisées comme « instruments de croyance » et revêtir elles aussi une forme de sacré. Néanmoins, avec l'apparition de journaux et de chroniques étatiques critiques du présent, c'est bien d'« autre chose » qu'il s'agit, tandis que le langage de l'histoire devient cette fois celui de la langue courante, langue du quotidien compréhensible par tous.

Et pourtant d'emblée, l'historiographie bugis-makassar s'actualise en un double registre :

— d'une part, les journaux et livres de raison (*lontara' bilang, bilang* = « compter », « énumérer ») ; ainsi que les généalogies des princes et des gouvernants (ce qui est ici différent, le pouvoir n'étant pas héréditaire), et les chroniques (*attoriolong* = « choses des gens d'autrefois ») des divers États ou communautés de l'île ;

— d'autre part, les *uluada* (bugis) ou *ulukada* (makassar), littéralement les « premières » ou les « meilleures des paroles », c'est-à-dire les engagements, les serments, les promesses ; autrement dit tout ce que l'on peut rassembler sous l'expression de « paroles des anciens », et qui est essentiellement constitué des messages ou des divers contrats passés, soit entre un gouvernant et son peuple (sur le modèle des premiers êtres descendus des cieux et apportant les lois des royaumes qui allaient être créés), soit entre un gouvernant et un autre royaume (et les traités signés avec la puissance coloniale entrent dans cette catégorie).

Tels sont les deux types de documents que l'on mettra ici en regard, en précisant encore que les journaux comportent le plus souvent une double datation — jour, mois, année — en termes d'origine portugaise et ère chrétienne ; et en termes arabes (parfois en langue bugis ou makassar notée en écriture arabe) et hégire. Ces journaux ont souvent servi de base à la rédaction des « chroniques » qui, elles, comportent peu de dates, mais plus souvent des expressions du type « quelques années plus tard... quelque temps après... ». Le contenu des *uluada* concerne quant à lui la formulation des lois et « leur esprit », le tout rédigé dans un style très didactique et très métaphorique. Très souvent par exemple, la compétence nécessaire du prince régnant est évoquée par les images d'un capitaine conduisant son navire, celle du peuple est comparée à celle des pagayeurs, les principes de la justice sont comparés aux racines d'un arbre, etc.[2].

Un mot préalable également sur les « historiens ». Tous les documents évoqués sont généralement anonymes, même si les noms de quelques auteurs nous sont restés. C'est que ces auteurs sont alors moins connus pour leur qualité de scribe ou d'historiographe que pour d'autres fonctions qu'ils assumaient dans le royaume.

Ainsi, d'une part, à partir des années 1575-1590, nous avons les preuves qu'un groupe d'individus est spécialement dévolu aux « écritures ». On les appellera *palontara* ou *jurutulisi*, et ce sont eux qui travailleront à la rédaction des journaux de palais. On ignore tout à leur sujet, si ce n'est qu'ils ont très probablement repris une vieille tradition populaire et religieuse consistant à noter des listes de noms ; noms de gouvernants qui, anciennement, avaient une signification (ex. : *Tu menangga ri Lakiung* = « Celui qui fut battu à Lakiung » ; *To mapparisikalona* = « Celui qui était malade de la gorge » ; *Tunijallo'* = « Celui qui faisait amok »...)[3].

D'autre part, si le nom de l'un des tout premiers historiographes makassar nous est connu, c'est qu'outre ses fonctions de scribe (on dit de cet homme, appelé Daeng Pamatte', qu'il a rénové, réformé le système d'écriture makassar en l'année 1530), il était aussi conseillé du prince de Goa et *sabannara*, c'est-à-dire *syahbandar*[4]. Personnage essentiel dans tout l'archipel, puisqu'il exerçait à la fois comme chef du commerce, comme quasi-croupier et maître du port, il était en relation avec tous les « capitan » des diverses commautés de la ville (malaise, chinoise, arabe, javanaise, indienne...) et, à partir du XVIIe siècle, était donc présent, ne serait-ce que comme interprète, dans tous les contrats signés. Se dessine alors ici une « société de marchands » bugis et makassar, dans laquelle le prince est aussi le « premier des marchands », et qui a marqué de ses conceptions de l'histoire et du temps la quasi-totalité des « comptoirs » ou des dépendances qui lui sont liés dans tout l'archipel.

Enfin, au sein des royaumes, la fonction de « grand archiviste », c'est-à-dire de conservateur des manuscrits, sera bientôt créée, conférant à celui qui l'assume un rôle proche de celui de « gardien de l'esprit des lois ». Ainsi le 6 novembre 1735, peut-on lire dans les journaux du royaume de Goa que les *ulukada* sont portés en cérémonie à la maison du prince de Majanang qui devient alors « chef de communauté »[5]. Autrement dit, l'écrit accède dès lors au statut de *regalia* du royaume ; et diverses cérémonies seront décrétées à son endroit.

Venons-en alors plus attentivement aux deux catégories de documents historiques mentionnés.

Les *uluada*, tout d'abord, évoquent, nous l'avons dit, les promesses, les engagements passés entre gouvernants et gouvernés. Paroles à respecter, considérées comme immuables, intangibles, et à la lumière desquelles on s'efforcera de trouver des exemples de bons gouvernements, de juste répartition de pouvoir, de sages procédés de vote, d'élection...

À titre d'exemple, l'*uluada* de la principauté de Pammana rédigé au début du XVIIe siècle, retranscrit de la sorte le dialogue d'ouverture entre le gouvernant Lombong Ulu et le représentant du peuple, Matoa.

« Lombong Ulu : *Vous devez être le gardien des paroles de vos ancêtres. Ce n'est pas moi qui vous lègue ces messages. Je les tiens de mon père qui lui-même les avait reçus de son père... Vous n'avez pas à connaître l'origine des lois ; vous avez seulement à connaître leur existence.*

« Matoa : *Écrivons tout ceci pour garder ces enseignements en mémoire. Ces messages doivent être préservés pour les léguer aux générations futures.*

« Lombong Ulu : *Ne rêvez donc pas tout éveillé ! Les grands royaumes de Goa et de Luwu' ont une tradition écrite, mais cette tradition ne peut être adoptée à Pammana. Le principal et le plus important de mon héritage, le legs le plus significatif de mon père ne peut être mis par écrit. Il concerne les actes et les actions qui apportent succès et bonheur, et ceux qui apportent le malheur par la négligence des traditions conformes aux prescriptions de nos ancêtres, afin que soit maintenue la vertu et que le mal se refuse à pénétrer dans les principes de notre vie*[6]. »

Ainsi commence-t-on par dire qu'il ne faut pas tout dire, ni tout savoir, et même que le plus important ne doit pas être écrit. En d'autres termes, l'absence, le manque, le caché revêtent ici un statut positif. De plus, ce langage est un langage à écouter, à entendre bien. C'est l'ancêtre qui parle, l'homme exemplaire, l'homme illustre qui incarnait les vertus. Il n'y a donc pas à critiquer ce langage qui nous parle d'ailleurs, et ces textes apparaissent donc comme des médiations, des « porte-voix » qui parlent « au nom de ». La distance en cause n'est pas celle du recul critique, mais celle de l'héritage d'un savoir déjà tout constitué, et on y parle donc d'immuable et de permanence. Point de cas concrets ou ponctuels. Il ne s'agit ni de comprendre ni de donner des informations, mais de produire des effets, de faire naître une pratique ; autrement dit, de transmettre un quasi-destin. Les faits dont il est question devant se reproduire, on a de la sorte souci d'édifier, d'éduquer, de donner des exemples, des expériences. On rêve d'assister à la résurrection des grands hommes, et dans ce désir de renouer avec le temps des origines, on reconnaîtra sans doute comme l'écho du « vieux » langage de la mythologie. De même, pourrions-nous aussi montrer que la figure conférée au souverain dans ces textes n'est nullement à construire. Elle est un donné, un déjà là ; et ce que l'on célèbre est moins un prince concret qu'une idée, une valeur. Il s'agit donc ici de produire avant tout un objet de croyance, en s'aidant d'un langage porteur d'une valeur d'authentification et qui fonctionne « en direct » comme le réel de ce qui est dit.

Regardons à présent les textes de la seconde catégorie, à savoir ceux des journaux et chroniques, et essayons de comprendre comment ils se dégagent du « terrain » qui vient d'être évoqué.

Rédigée au début du XVIe siècle, la Chronique du royaume de Goa s'ouvre en ces termes :

« *Voici l'histoire des gens de Goa. Que je ne sois pas maudit, que je ne sois pas ensorcelé en décomptant les principes du passé qui sont comme autant de grains d'or pur constituant le plus merveilleux des colliers, le chemin déroulé jusqu'à nous. J'écris cette histoire dans le but qu'ils ne soient pas oubliés de leurs enfants, de leurs petits-enfants et de leur descendance. Sinon, deux choses seraient à craindre : ou bien que nous nous prenions nous-mêmes pour des princes* (c'est-à-dire des hommes qui peuvent se passer de gouvernant et d'aristocratie) *ou bien que les autres* (les étrangers) *croient que nous n'avons pas de ciel sur la tête* (c'est-à-dire nous prennent pour des gens vils, méprisables, des roturiers)[7]. »

Texte intéressant, parce qu'il comporte tout d'abord en son début les phrases d'exorcisme qui sont celles mêmes de la liturgie des anciens prêtres célébrant les princes et les dieux. En outre, il reprend les images d'un chemin qui se déroule (depuis les cieux juqu'à la terre) et des maillons d'une chaîne, des grains d'un collier qui, à Célèbes-Sud, sont des images religieuses et mythologiques connues de tous. Mais en même temps sont aussi données des raisons d'écrire l'histoire, et ces raisons se situent comme à un entrecroisement de regards : le regard de soi sur soi, car un homme digne de ce nom doit s'inscrire dans une hiérarchie sociale qui lui donne existence, et l'histoire devient ici histoire d'une société ; et le regard des autres sur soi, c'est-à-dire le regard des étrangers vis-à-vis desquels on doit soi-même s'affirmer comme société riche d'un passé.

Comme pour les *ulukada*, nous retrouvons donc l'idée d'une histoire pour conjurer un destin malheureux, le danger d'un oubli, la menace d'une amnésie. Mais en même temps et en plus, nous rencontrons aussi l'idée d'une histoire qui ne répétera plus des paroles ancestrales, mais qui va désormais suivre des événements, événements eux-mêmes considérés comme causes singulières et uniques. Autrement dit, les chroniques vont cette fois trouver leur matière en s'appuyant sur les journaux, c'est-à-dire sur des catalogues de faits, sur des registres d'événements datés et circonscrits, et les conséquences d'une telle attitude vont être considérables.

Tout d'abord, l'écrit comme tel accède à la dignité et, à l'inverse de ce qu'affirment les textes mis dans la bouche des « grands hommes », l'absence d'écrit est cette fois ressentie comme négative. La Chronique de Goa déjà citée parle de la sorte des princes antérieurs au XVe siècle : « *Entre Tunatangka' Lopi et Tumassalanga Baraja, on ne sait rien, ni de leurs femmes, ni de leurs enfants. On sait seulement qu'ils se sont transmis le gouvernement. Telle est l'histoire. On ne sait rien de leurs guerres, pas plus que de la durée de leurs règnes car alors, on ne faisait pas encore d'écrit.* »

Absence négative donc, mais encore acceptée comme telle. Très souvent, les chroniques comportent en effet des phrases du type : « *sur tel fait, je ne sais pas, je n'ai pas d'information et je n'ai rencontré personne qui sache quelque chose ou qui puisse en dire davantage...* » Et cet aveu d'ignorance demeure unique dans toute l'historiographie de l'archipel, où nous avons affaire le plus généralement à une histoire élégiaque mêlant événements magiques, liste de princes imaginaires, contes et prophéties, intervention des dieux, etc. (pensons par exemple ici au *Babad Tanah Jawi*). Certes, cette histoire panégyrique existe aussi à Célèbes-Sud et est bien représentée par le genre *tolo'*. Pourtant, bien qu'elle ne soit pas dépourvue de vérité historique, elle est considérée tant par les auteurs que par ceux qui leur passent commande, c'est-à-dire le plus souvent les princes, comme relevant de la poésie et son langage veut être consciemment celui du merveilleux. Au contraire, le langage des chroniques se veut sec, précis, rigoureux, dépourvu de fioriture et se plaît à marquer les lacunes, les absences.

Ces lacunes apparaissent d'ailleurs d'autant mieux que l'historien rédige ici les chroniques (le plus souvent *a posteriori* et en se basant sur des journaux tenus, eux, comme leur nom l'indique, au jour le jour, ou presque) selon un plan. Plan préétabli, souvent identique, et qui prétend tout dire en prétendant dire le vrai, c'est-à-dire qu'il prétend ne rien cacher en prétendant dire même ce qui n'est pas bon à dire (si besoin est, en se livrant à des enquêtes...).

La durée étant compartimentée par règne, le plan suivi mentionne d'abord ainsi les noms du prince (son nom privé, ses titres de noblesse, ses titres liés aux terres qui sont les siennes et celles qui sont sous sa gouverne comme prince régnant — terres régaliennes — ; puis on mentionne son nom arabe, souvent suivi de la date de sa circoncision). On en vient ensuite aux faits importants de sa vie, les années de son règne, les guerres qu'il a menées, ses traités et contrats politiques, ses liens avec les gouvernants étrangers (de l'archipel ou d'ailleurs), ses liens avec les commerçants étrangers, ses voyages en dedans et en dehors du pays, ses mariages et ses enfants.

On mentionne alors les faits qui se sont produits durant son règne ; faits qui sont en général des *nouveautés* ou des innovations, comme par exemple un nouveau type de travail entrepris, la naissance d'un artisanat, le commencement d'un ouvrage d'irrigation, la construction d'un nouveau type de navire, la frappe d'une nouvelle monnaie, une forteresse que l'on fait élever ou que l'on continue... Si ce fait n'est pas une innovation, on dit alors quand il s'est produit pour la première fois ou quand une coutume a été abolie. Bref, autant les *uluada* notaient l'identique, autant les chroniques visent à noter le singulier, l'exception. Tel est ce qui gouverne le « choix » de l'événement consigné, et que les étrangers ont d'ailleurs souvent oublié lorsqu'ils se sont inspirés de ces mêmes chroniques pour écrire leur propre histoire coloniale (*dagboek* et *dagregister*). Par exemple, le 16 mai 1642, les journaux des royaumes de Goa et de Tallo' nous apprennent non seulement que le roi s'est fait circoncire, mais aussi qu'un bateau anglais apporte un éléphant dans l'île ; et cet éléphant mourra le 13 janvier 1649... Éclipses, signes célestes mystérieux, tremblements de terre, positions des étoiles et plus généralement tout fait matériel ou spirituel singulier sont donc minutieusement notés, comme s'ils se produisaient sous les auspices du prince régnant (ex. : 27 décembre 1642 « un homme mort renaît à la vie »)[8]...

Enfin, le plan des chroniques s'achève bien souvent par une appréciation ou une évaluation de la figure du prince. Par exemple, on dira d'un tel : « *Il avait le sens de l'amitié. Il savait se faire aimé de son peuple et de son armée. Il était expert dans l'art de la flatterie.* » D'un autre, on dira qu'« *il était très habile à travailler de ses mains, il savait sculpter et danser* ». Mais d'un autre, on déclare : « *Ce n'était pas quelqu'un d'une très grande réflexion, il n'était pas très compétent, il n'était pas très honnête. On l'honorait seulement parce qu'il était courageux, riche et chanceux. Il était habile aux travaux de la terre, et il était doué pour le commerce.* » D'un autre enfin, on écrit : « *De lui, on ne peut rien dire, sauf que c'était un gros mangeur*[9]. »

Loin de rencontre alors un « homme exemplaire » déjà achevé, la figure du prince, roi ou gouvernant est désormais à constituer, soit comme modèle, soit comme repoussoir. D'où le double risque encouru : risque du gouvernant pouvant d'ailleurs être ici déposé ou destitué ; risque de l'historiographe qui se doit d'être constamment vigilant, doit se démarquer des contes et de la « littérature », et, pour ce faire, doit confronter les documents, comparer telle figure à telle autre. En d'autres termes, l'histoire comparée apparaît alors, et de cette comparaison ou confrontation naît une véritable dimension critique de l'histoire. Recul, distance provenant du fait que l'écart passé-présent n'est nullement à gommer comme le faisaient les *uluada*, mais au contraire à utiliser, à travailler. C'est pourquoi, en leur sein même, les textes vont désormais mentionner leurs étapes constitutives, leurs relais, leurs chaînons. La référence au « précédent » est alors une ouverture au temps, un temps que l'on travaille (alors qu'auparavant le prince décrétait les moments forts des calendriers), et l'historien ne parlera plus d'« ailleurs », mais d'ici et de maintenant. Ainsi peut-il écrire, comme dans un manuscrit au royaume de Goa : « *Ce manuscrit est écrit pour sa plus grande part sous le règne du prince X, qui régna de 1677 à 1709, mais certaines de ses notes viennent d'un manuscrit plus ancien, dont une partie provient elle-même d'un manuscrit relié d'une peau noire, et qui fut rédigé sous le règne de X, de 1639 à 1654*[10]. »

En dévoilant de la sorte ses éléments constitutifs, l'écrit historique se présentera donc bientôt lui-même comme un facteur historique, et cette conception affirmée de l'histoire bugis-makassar demeure unique dans le monde insulindien.

Encore que, rapprochée de la première catégorie de documents que nous avons évoquée, la conception du « précédent » qui a été mentionnée doit nous amener à définir la nature complexe du régime d'historicité bugis et makassar, en référence à la signification de l'« événement » et au sens du « nouveau » qui se fait jour, le tout d'ailleurs accompagné du fait, bien répandu dans cette partie du monde, que les notions d'origine et d'original sont bien moins des « matériaux » que des idées.

C'est que ce qui précède laisse deviner que la « circonstance » ou, mieux, « le fait historique » revêt lui aussi désormais une nature équivoque.

L'événement que l'on choisit de consigner, c'est, nous l'avons dit, ce qui vient « pour la première fois », mais qui, étant aussi issue, résultat ou effet, peut donc également mourir ou disparaître. Dès lors, d'une part l'événement est bien ce qui s'inscrit dans une chaîne de faits préexistants, mais devient aussi d'autre part lui-même déterminant et source de nouveaux départs... Idée affirmée de contingence, d'éphémère, qui fait par exemple que l'on continue certes à ternir et à entretenir des listes généalogiques et dynastiques, mais tout en sachant désormais qu'elles sont appelées à mourir. Aussi les chroniques historiques bugis notent-elles des innovations et des étrangetés, mais elles disent en outre des morts et des achèvements.

Tout au contraire, tant le cycle mythologique (au sein duquel on ne meurt pratiquement jamais, et où l'on ressuscite allégrement) que la tradition des *uluada* n'ont de cesse, puisque telle est leur vocation, de s'opposer à des altérations, de combattre les dégénérescences d'un état « premier », originel et excellent des êtres comme des choses. Pour la classe nobiliaire bugis par exemple, tout un décompte minutieux de pourcentages du « sang » n'a d'autre but (mis à part celui, évident, de se préserver des mésalliances) que de lutter contre une déperdition de « pureté » et de demeurer « le plus près possible » d'un soi-disant état presque parfait de société passé.

Ainsi, tandis que l'histoire critique des chroniques bugis « digère » la mort, et semble même se constituer en partie de la notation de disparitions et de fins définitives, la tradition des *uluada* bugis maintient quant à elle à toute force de mémoire et d'écrit les paroles d'un passé légitimant le présent. Et, tout comme les hommes de notre Moyen Âge, aux XIIIe et XIVe siècles, s'accordaient les termes d'« inventeurs » et de « trouveurs » du langage (celui des anges notamment), en réservant celui de « créateur » à Dieu le Père, la langue bugis de jouer subtilement entre les diverses valences des notions de « commencement » et d'« origine », en utilisant, selon les cas, tantôt le vieux mot bugis d'origine nousantarienne *pong* (terme évoquant concrètement l'image d'une base, d'une souche, celle d'un arbre par exemple), tantôt le terme d'origine sanskrite *mula* (ayant donné en bugis les mots *amulang*, « commencement », mais aussi « ce qui cause », « ce qui est raison initiale », et *mammulang*, « ce qui est premier »), tantôt encore le terme *assaleng*, « origine », de l'arabe *asal*, et ayant donné en bugis *ripeyassaleng*, « en provenance de », « originaire de » ; le tout étant encore bien souvent associé à l'image du « cordon ombilical », favorite des historiens bugis...

C'est pourquoi, si l'ont doit correctement agencer ces différentes formes d'historicité bugis-makassar les unes par rapport aux autres, et commenter les défis et les enjeux de pouvoir et de mémoire qu'elles relèvent respectivement, il faut commencer par souligner encore, à la bugis, un autre sens de la notion d'événement ici nécessaire. Le fait historique est, en effet, non seulement ce qui survient et revient, mais aussi ce qui fait sens, ce qui autorise et cautionne. C'est que, au sein même de la nouvelle conception de l'histoire qui se fait jour à Célèbes-Sud au tournant du XVIe et du XVIIe siècle, est conservé comme un « garant » au déploiement des événements qui s'accomplissent, afin qu'ils puissent justement se dérouler comme il convient. Un souci de logique, d'ordre, ou du moins de cohérence (que les anciennes listes généalogiques du mythe assuraient d'ailleurs à leur manière) sous-tend donc le foisonnement événementiel. Et tel est bien l'objet propre des *uluada*, qui se doivent d'exhiber cette cohérence dans la parole « tenue », dans le serment qui fait « loi », dans le contrat unissant deux ou plusieurs parties, dans l'engagement d'accomplir, au sens fort, tel ou tel acte, d'adopter telle ou telle conduite, par exemple en cas d'événements non prévus et que l'on va pourtant s'efforcer non de prédire (à la différence d'autres cultures), mais de maîtriser.

Car, tout comme celui qui « tient » les archives, « tenir parole » consiste aussi d'une certaine manière à tenir le temps en laisse, à le condenser, le concentrer. La « parole tenue », et sans cesse remémorée par les *uluada*, est un pari sur la durée et un engagement sur l'avenir.

Ainsi cette « parole tenue » fonde-t-elle l'autorité du prince et, par le biais du contrat à passer, du traité à honorer, ce pan de l'historiographie s'occupe aussi des valeurs. C'est qu'il est ici désormais des risques à prendre pour unir le couple événement et durée, puisque qui dit parole tenue peut dire également parole trahie, contrat rompu, traité bafoué. Les *uluada* bugis, en évoquant des engagements et des promesses, ont donc aussi pour tâche de fabriquer du continu comme lorsqu'on retient des faits.

Or, c'est pourtant bien cette « parole tenue » magnifiée par tout un pan de l'histoire bugis-makassar qui, tout en tendant à effacer la durée, permet à l'événement de surgir comme tel, comme *a contrario*. Événement devenant bientôt lui-même à son tour nouveau référend pour un nouveau projet, et début possible d'autres chaînes événementielles. À un autre pan de l'histoire bugis en effet, celui des journaux et des chroniques, de noter précisément, nous l'avons dit, ce qui sort de l'ordinaire et du prévisible. Le « commencement », celui par exemple d'une nouvelle technique, ou d'une nouvelle monnaie, ou d'un nouveau marché à conquérir, naît de l'exceptionnel, de ce qui ouvre un espace clos ou brise, désarticule un ordre des faits. Les chroniques historiques bugis célèbrent des hommes comme décrochés de l'éternité, elles exaltent des auteurs, des inventeurs, des fèvres, alors que les textes des « premières paroles », c'est-à-dire les *uluada*, louent les comportements, d'ailleurs essentiellement aristocratiques, d'hommes encore très proches du divin, ou qui du moins, la chose est ici explicite, doivent s'efforcer de l'être. Les premières naissent de la rupture tandis que les secondes glorifient cohérence et continuité, et les valeurs qu'elles véhiculent toutes deux sont donc relativement différentes. Aux unes de s'installer dans le contingent d'un temps ouvert sur l'avenir, de cerner des innovations, de marteler des séries événementielles. Aux autres de se préoccuper de légitimité, de fondation d'autorité et de dissoudre le fait historique dans une éternité resserrée.

Encore ne nous faut-il pas trop surévaluer ce souci de cohérence qui vient d'être évoqué. Certes, des formes propres de périodisation, d'historicisation se sont ici affirmées de part et d'autre. Du côté de la mythologie règne sans partage le décompte des généalogies qui assument une vision généralisée du monde, et où les conflits entre royaumes sont d'abord des conflits de « caractères » de familles... Les « assises » territoriales ou spatiales, nécessaires à l'identification de certains acteurs, y restent accessoires.

Du côté des *uluada* au contraire, c'est-à-dire du pouvoir des principautés, les notions géographiques s'avèrent essentielles, et les archives sont rédigées du strict point de vue d'un territoire, sans aucune vision « globale » des événements. Même chose du côté des journaux et chroniques, en lesquels on note bien sûr la présence de datations et l'existence de calendriers, mais où l'on relève bien peu de souci d'ordre et d'homogénéité entre les divers manuscrits eux-mêmes. Aussi l'« événement » naît-il comme de cette diversité même, en ce qu'il peut être cerné à l'occasion de la confrontation de diverses variantes. Confrontations organisées en *réunions rituelles* (appelées *tudang sipulung*, « s'asseoir tous ensemble »), au cours desquelles une version « vraie » sera par exemple établie pour permettre de trouver la solution à un problème éventuel. Pas de voix unique donc, ou centralisatrice, ou de voix couvrant les autres voix, mais plutôt voix croisées, versions entremêlées qui, au sens fort, « constituent » le tissu historique, et nous amènent ainsi à évoquer une véritable *pratique* de l'histoire à Célèbes-Sud.

Notons d'abord que, par ce qui vient d'être dit, c'est la notion même de coutume qui se trouve peu à peu nuancée et enrichie dans l'un de ses aspects. Non pas close sur elle-même, non pas confinée pour l'éternité en une lointaine origine, elle est aussi capable de relativiser l'événement, elle s'ouvre à l'inédit, et bientôt se « fabrique » elle-même — et les Bugis d'utiliser un terme spécifique pour qualifier les adaptations de la règle et les « aménagements » nécessaires de la tradition.

Ensuite, poursuivant toujours ce fil d'une « pratique » de l'histoire à Célèbes-Sud, et revenant un instant sur le poids de sacralité qui la leste, il faut rappeler, conformément aux extraits présentés plus haut, que l'on trouve en tête de bien des chroniques le texte du serment des souverains prononcé sous l'autorité de l'existence « d'un grand dieu unique » ; vieille expression bien antérieure à l'implantation de l'islam dans l'île, et qui vient cautionner tout le déroulement des engagements qui vont suivre.

Parallèlement, persista d'ailleurs longtemps à Célèbes-Sud l'ancienne coutume de proclamer, de hurler plutôt devant la foule assemblée le fait qu'une promesse a été faite ou a bien été tenue. Façon de prendre le peuple mais aussi l'univers à témoin puisque le crieur, perché sur un grand mât fiché au centre d'un espace rituellement délimité par quelques poignées de « terre des origines » [11], faisait référence aux quatre horizons ainsi qu'au monde céleste et au monde abyssal.

Ainsi la tradition est-elle certes à écrire pour les peuples de Célèbes-Sud ; et les milliers de manuscrits roulés dans des tubes de bambou ou emplissant toujours les coffres conservés par les Bugis et les Makassar sont là pour l'attester. Mais aussi et surtout, tradition à proclamer, histoire à « crier » qui doit se faire entendre pour exister comme telle. Dès lors, comme nous l'avons dit, le « signe » de l'écriture n'apparaît pas être véritablement pertinent, ou l'est en tout cas beaucoup moins que celui du langage parlé. Aussi les chroniques de l'histoire, toujours ici en langue locale, ont-elles (presque) invariablement employé l'écriture bugis-makassar, arabe ou latine, pour noter l'événement. Et l'écriture aide ici tout autant à faire un travail sur la tradition que la parole aide à faire un travail sur l'histoire. Si d'autres cultures, illustrées notamment par certaines communications de ce colloque, ont donc choisi comme une double façon d'écrire l'histoire, l'une autochtone et l'autre étrangère par exemple, il semble plutôt que l'on ait à Célèbes-Sud opté pour une double façon d'entendre la chose écrite, selon qu'on se préoccupe de légitimité ou d'événementiel. Alors, dans ce jeu entre « écrire » ou « entendre » la tradition, dans cette combinaison entre épanchement et rétention de l'écriture semble se constituer la notion de fait historique.

Du moins pour ce faire, distance et écart demeurent-ils au cœur des agencements réciproques de ces divers pans de l'historiographie bugis-makassar les uns par rapport aux autres.

Écart entre l'écriture du mythe de *La Galigo* et cette écriture nouvelle de l'histoire qui, quant à elle, ne craint pas de qualifier le mythe comme tel, ou du moins comme « ce que croyaient les anciens » et ce dont on ne peut avoir ni preuve ni autre témoignage.

Écart critique, au sein même de l'histoire, entre un accueil sélectif de certains faits ou innovations et une « écoute » (plus qu'une lecture) attentive du passé proclamé par la tradition et des valeurs qu'elle véhicule.

Écart encore entre un temps incertain tiraillé entre passé et futur, et une durée constamment entretenue, comme revivifiée par un langage des origines.

Autant de distances qui organisent donc ce qu'est l'histoire à Célèbes-Sud, et qui portent, nous semble-t-il, résolument le sceau de la modernité. Encore que ce nouvel objet d'« historicité » ainsi institué s'élabore comme en se brisant, en s'éclatant, comme écartelé entre rupture et continuité. Et cette brisure même apparaîtrait alors comme condition d'émergence d'un nouveau plan de mentalité.

Gilbert HAMONIC

III

PENSER LE COMMENCEMENT : ENTRE ROME, ISRAËL ET LA GRÈCE

6.

L'historien biblique, un personnage presque inaccessible

> Pour moi, n'êtes-vous pas comme des fils de Nubiens, fils d'Israël ? N'ai-je pas fait monter Israël du pays d'Égypte, les Philistins de Kapht et Aram de Kir ?
>
> Amos 9/7 (VIIIe s. ?).

Nous émergeons d'une longue histoire confessante des relations à l'historiographie biblique, elle-même comprise comme confessante. L'originalité, réelle, du corpus biblique, où les récits d'origines du monde habité, celles de l'ethnie, de la double monarchie du Nord et du Sud, de la fin de Juda se succèdent linéairement et ont des allures d'antiquité (notamment sans sujet-auteur), la singularise assez. La dominance du modèle de l'exode par rapport à celui de l'autochtonie et surtout la référence normative à un dieu unique et à sa loi masquent l'analogie des formes et souvent des idéologies avec celles de la littérature historienne du Proche-Orient ancien.

Contrairement à ce que l'on aurait pu imaginer, l'historico-critique elle-même, autant qu'elle combattait le littéralisme fondamentaliste, a servi un romantisme archéologique que le protestantisme toujours un peu en quête de légitimité distille de toute façon et que le catholicisme rationalise volontiers en termes de révélation progressive. Le double thème de l'ancienneté des textes et de l'évolution de la tradition (le conte, la saga au sens scandinave, la légende, les annales, les chroniques et la nouvelle royale) domine encore la recherche sur les voies ouvertes par Gunkel et Gressmann ou H. P. Müller.

La théologie biblique ou de l'Ancien Testament a tout à la fois servi et desservi l'historiographie biblique ; elle n'a cessé de travailler sur l'écart entre les événements tels que la critique ou l'archéologie les font apparaître et les récits bibliques eux-mêmes. Von Rad fut le théoricien achevé de cette discontinuité où s'inscrit le travail ingénieux d'une foule de commentaires jusqu'à aujourd'hui en quête d'un message à transmettre. L'historiographie biblique intéresse comme confession de foi à propos des faits que l'historiographie contemporaine établit ou rétablit.

Dans ce corpus, une sorte de consensus a découpé trois ensembles littéraires :

a) l'histoire dtr (Dt-2R), ou deutéronomistes,

b) les récits concernant Saül-David-Salomon, enclavés dans la première,

c) les sommaires historiques, petits résumés de forme catéchétique, notamment dans le Pentateuque. Ceux-ci peuvent jouer un rôle de clef herméneutique chez les plus théologiens des exégètes : c'est le cas de von Rad qui parle de « petit credo » à propos de l'un d'eux (Dt 26/1-11).

L'histoire dtr, isolée depuis M. Noth (Halle, 1943)[1], constitue le gros bloc historiographique. La date de sa composition avoisine l'Exil (586) — avant, pendant ou après selon les écoles —, et s'achève en tout cas avec la mention de la grâce accordée au dernier roi prisonnier à Babylone.

Quant aux récits davidiques, qu'il faut en somme reconstruire à partir de leur rédaction finale dtr, ils sont l'objet de beaucoup d'attention depuis que, les origines du Pentateuque étant descendues à l'Exil et celles d'Israël s'enfonçant hors de portée historique, ils font figure de réservoir possible des traditions les plus archaïques.

Les sommaires sont aujourd'hui considérés comme synthèses tardives et non noyaux de développements historiographiques.

C'est récemment que l'étude de ce triple corpus a connu un bouleversement qui tient peut-être d'abord à la qualité comparatiste des travaux de T.L. Thompson et Van Seters[2], montrant les parentés formelles et idéologiques de l'historiographie biblique avec celles du Proche-Orient ancien, surtout de Mésopotamie et d'Égypte ; au contraire, leur proximité avec les premières entreprises grecques (ex. Hécate de Milet), également nées sous la pression perse, n'ont pas été explorées dans le détail.

Le mythe d'une époque des lumières salomonienne (Xe siècle), censée propice à la naissance d'une historiographie de cour, est à peu près généralement aujourd'hui tenu pour tel. Ainsi les auteurs des textes dits yahwistes et celui des récits concernant les premiers rois sont-ils soudain des contemporains possibles du Deutéronomiste et une étude synchronique (le synchronisme qui est de méthode aujourd'hui rencontre en fait un synchronisme chronologique probable) permet-elle de mieux discerner les raisons de l'aspect linéaire de l'ensemble biblique : le corpus organise des traditions reçues en récit capable de construire une mémoire et donc une visée de survie pour un peuple en miettes qui revendique une identité nationale. Son bagage dissonant de mythes, contes et généalogies, ne le structurerait et ne le singulariserait pas suffisamment pour répondre au désir perse de voir sa « médina » palestinienne prendre une allure de région administrative à peu près homogène juridiquement et culturellement.

Le texte de Th. Römer qui suit le nôtre démontre et expose les articulations de ce processus historiographique dans ses rapports à des mythes d'origines diverses. Nous envisageons d'abord le corpus achevé tel qu'on le lit.

Cette histoire, « nationale » non parce qu'elle est nationale, mais parce qu'elle construit un sujet national, est aussi religieuse, ce qui n'est pas une originalité au Proche-Orient ancien où les dieux légitiment (ou sont légitimés par) l'exercice politique. L'originalité tient au fait que dans l'expérience traumatique des désastres judéens de 596 et 586 venus achever la défaite militaire de 701 et la chute de Samarie intervenue cent cinquante ans plus tôt, Juda ne renonce pas à son grand dieu ethnico-dynastique pourtant vaincu. Il le maintient et à bien des égards construit alors sa figure universelle, ou céleste, hors de portée des crises politiques qu'il traverse cependant, assumant la responsabilité et même les effets du mal qui s'y déchaîne. Donc un dieu à l'abri de l'histoire mais très historique. Seul responsable du bien et du mal qui font l'histoire, il est évidemment un. Il reste à raconter cette unicité, ses ruses avec elle-même en autant de cas de figures qu'il en faut pour rendre compte de l'expérience concrète d'un petit peuple passablement ballotté par les empires qui font son destin depuis deux siècles. Penser un dieu capable de traverser l'événement historique suscite non une historiographie savante mais un travail sur la mémoire devenue celle des traces divines. Ce grand œuvre est aujourd'hui un chantier livré aux analyses croisées de H. Weippert[3] et Van Seters, mais aussi de l'« école de Heidelberg » (Rendtorff, Blum, Römer, Rose)[4]. Son amplitude va d'une sorte de vita Mosis jusqu'à l'Exil et elle use aussi bien de modèles mythiques disponibles (traversée de la mer/victoire du démiurge sur le chaos) que d'archives officielles contemporaines (peut-être celles du « colonisateur » ?), en tout cas pour les faits les plus tardifs. L'histoire y a un sens, correspondant à un dessein divin plus ou moins transparent et à une logique de relations contractuelles avec lui. Des mécanismes semblables à ceux de l'exécration et de l'exorcisme la régissent. Le récit est destiné à l'anamnèse et comporte un aspect programmatique ou homilétique. Il présente des séquences qui ont chacune leur cohérence :

1. Un espace national, suffisamment surdéterminé de figures paradisiaques (lait et miel) ou mythiques (traces de géants primordiaux) et légendaires pour prêter aux relectures presque infinies, est *conquis* en deux temps complémentaires : campagne unitaire sous le « signe » de Josué, puis occupation fragmentée au titre de héros régionaux, tribaux ou locaux, « juges » de toute envergure. Ce premier ensemble présente un désordre où des légendes de types très divers se chevauchent comme pour figurer ce chaos, dérivant du chaos primordial, que ne gouverne plus la parole inspirée de Moïse et que ne régente pas encore le premier roi.

2. Le récit de fondation de la dynastie jérusalémite (cf. les Livres de Samuel) est composé à partir de vignettes narratives de grande qualité littéraire, mais de sources et même d'intention encore obscures. Textes pro ou antimonarchiques ? Récits réalistes ou idéologiques ? Le cycle narratif concernant l'arche a-t-il une fonction particulière ? Saül n'est-il que l'antimodèle du « vrai » David ? Salomon est-il la figure paroxystique de l'ambiguïté de la fonction royale, sagesse et *hubris* confondues ? Quel est le rôle du prophète faiseur et défaiseur de roi ?

Dans l'œuvre deutéronomiste achevée, la polémique antimonarchique est sensible, obtenue par exemple par l'effet d'encadrement des séquences promonarchiques par celles qui sont hostiles à la royauté. En tout cas, la séquence concernant l'accession de David au trône répond à un projet littéraire très élaboré : le récit du parcours de l'arche dit celui de David qui dit à son tour celui de la dynastie qu'il fonde, le tout en constructions spéculaires aussi fines que serrées. Le destin conjoint des deux rois, dont l'un veut fonder le Temple que l'autre construit, présente certainement la clef herméneutique de la suite de l'histoire monarchique à peine racontée mais toujours évaluée, règne après règne, à l'aune, justement, de ses rapports au même temple.

3. Les Livres des Rois, beaucoup plus homogènes que ceux de Samuel mais ne comportant pas de grandes unités narratives, étaient déjà écrits ou pensés lorsque cette introduction anaphorique leur fut donnée. Le tout se présente comme une histoire rectiligne en discontinuité sourde avec les récits d'origine, mais en continuité éclatante avec ceux de l'exode et du désert, une sorte de midrash disert des textes législatifs, comme hanté par le problème de la légitimité. Cette cohérence, conquise sur un matériau de contenu et de forme très divers, suggère

un projet historiographique. Les pièces juxtaposées qui composent l'ensemble ont toutes des parallèles très nets dans les littératures voisines. Nous en verrons trois exemples particulièrement caractéristiques parce que portant sur des sous-ensembles importants et définissant assez bien la nature de ces codes disponibles dans la culture du Ier millénaire au Proche-Orient ancien.

Cette histoire, surtout à ses débuts, comporte des récits de conquête et de victoire.

K. Lawson Younger Jr[5] montrait il y a peu l'inanité du mythe exégétique de la spécificité de la « guerre sainte » yahwiste : le discours des récits de conquête bibliques reproduit souvent terme à terme les stéréotypes des mêmes récits assyriens, hittites ou égyptiens. Les parentés vont du syntagme au lexique (surtout mésopotamien, langues voisines de l'hébreu) dans une organisation typique :

a) circonstances spatio-temporelles de la guerre

b) désordre obligeant à l'action : rébellion, refus de tribut, transgression d'une clause d'un traité

c) aide divine — le roi met sa confiance en son dieu
— garantie divine (oracle)
— aide divine concrète (cf. « bras fort du dieu »)

d) rassemblement des troupes

e) mouvement

f) présence terrifiante du dieu/roi symbolisée (« gloire » — panique — siège)

g) fuite de l'ennemi (ou non)

h) poursuite

i) combat

j) victoire (moyens parfois surnaturels : grêle, étoiles)

Conclusion : soumission ; punition exemplaire — ordre rétabli — célébration : (Cf. *Annales d'Assur-nasir-pal II,* Lawson, p. 72 sqq.).

Jos 9-12, par exemple, use exactement de ce code. Ces remarques rendent à la fois le récit de la conquête de Canaan, si comparable au texte des inscriptions royales assyriennes, bien peu fiable du point de vue de notre historiographie et paradoxalement pas beaucoup moins fiable que ces mêmes récits mésopotamiens. L'hyperbole qui tient au code transfigure la réalité, mais, obligée, elle ne prouve pas l'inexistence des faits qu'elle met en littérature. En fait, elle ne renseigne guère sur le rapport de l'historioghraphie à son information[6].

Ce qui est vrai du récit de conquête l'est autant de ce que l'on nomme souvent les « annales » royales, mais ici il convient de noter que le récit biblique, s'il exploite sans doute une littérature de ce type (que l'on connaît bien en Mésopotamie), la cite seulement et prétend la résumer ou en résume les éléments qui servent son intention polémique. Ainsi des mentions du livre de l'Histoire de Salomon (IR 11, 41) peut-être fictif, ou, plus sérieusement, des Chroniques des rois d'Israël (IR 14, 19, etc.) ou de Juda (IR 14, 29, etc.), toutes deux constamment proposées à la curiosité (ou, déjà, au soupçon ?) du lecteur de l'histoire deutéronomiste. Trois grands éléments semblent avoir retenu l'attention de l'archiviste : le calendrier des règnes, les constructions, les guerres, mais, encore une fois, à peine esquissés. Même la chute de Jérusalem à l'issue d'un long siège n'est pas vraiment décrite. Faut-il penser que le caractère holistique mais discret de ces récits est fidèle aux formes de l'historiographie néo-babylonienne de culture impériale alors qu'elle doit en grande partie subvenir à une absence de sources due au bien moindre développement de la pratique politique judéenne ? On a en tout cas montré que Juda n'avait pas connu d'écoles de scribes ni de centralisation du pouvoir administratif véritablement national avant le VIIe siècle, c'est-à-dire peu avant sa chute[7]. Quant aux archives de Jérusalem, les déportés de 586 auraient-ils eu le loisir de les emporter vers un exil où Jérémie juge utile de conseiller de commencer à bâtir des maisons ? Manque de documents, emprunt des formes existantes et volonté politique de faire une histoire, au Ve siècle sous la pression perse[8], expliqueraient bien que, sur la base de documents médiocres, on fasse d'un coup une histoire plus « moderne » ou plus cohérente que celle qui fut longuement composée de pièces juxtaposées dans les États de vieille culture politique. Le brevet d'excellence est en tout cas souvent décerné au troisième type de textes qui nous arrête.

Bien qu'eux-mêmes organisés et édités par le Deutéronomiste, les récits à forte tension narrative concernant Saül, David et Salomon, ceux de la séparation des deux royaumes du Nord et du Sud (IR 12, 1-19), de la révolution de Jéhu (2 R 9 sq.) ou de la chute d'Athalie (2 R 11), répondent en effet davantage à nos critères littéraires de l'historiographie que l'ensemble de l'histoire dtr si cavalière et monomaniaquement attachée à évaluer la conduite des rois à l'égard du temple de Jérusalem et du dieu de David, ou encore au cycle récurrent du crime, du châtiment et de la rémission (comp. Chroniques néo-babyloniennes).

De nouveau, les formes sont souvent repérables dans le contexte plus large du Proche-Orient ancien : il y a peu-être la nouvelle royale égyptienne, en fait déjà présente dans l'épisode du mariage d'Isaac (Gen 24) par exemple, et donc dans la préface sur les origines d'Israël (2 Sam 7 ; IR 3, 4-15). On reconnaît des formes du récit épique grec (le duel entre Goliath et David : défi - armes - récompense) et surtout des traditions épiques ouest-sémitiques réemployées : récit de l'amitié de deux compagnons d'armes princiers, victoire sur les autochtones héroïsés (les *repha' im*), figures (féminines) du monde divin alliées au champion combattant, procession rituelle de l'arche porteuse des sacra invisibles. Formes et contenus sont pêle-mêle, fragmentaires, sous-tendus de visées en partie déjà présentes dans la légende ougaritique de Keret, soucieuses de légitimité royale (problème de succession, etc.).

Tout cet ensemble est encore soumis à une révision sacerdotale à la veille de sa canonisation de fait[9], révision qui se traduit par l'intégration de chiffres et de notes savantes à la babylonienne et surtout celle d'importants textes législatifs tendant à construire une identité culturelle commune en diaspora (institutions comme la circoncision et le sabbat). À peu près dernière en date, l'édition sacerdotale ne masque pas l'importance de la composition dtr dont nous avons parlé, mais sa science du découpage, de l'inclusion, de la glose fait d'une historiographie qui construisait l'identité du « véritable Israël » (c'est-à-dire surtout du peuple composé des rescapés judéens de l'Exil) une proposition de lecture de l'histoire de l'humanité liée à celle du dieu unique par un pacte qui précède et commande l'aventure des Abrahamides (Gen 17). Surtout, les prêtres « aménagent » l'aridité du récit dtr conçu, au sens propre, comme une traversée du désert : généalogies, législations cultuelles, rituels et hiérarchies meublent désormais le paysage. On s'installe, sacerdotalement, dans la trace du puissant mythe de l'exode. Même le modèle grec de l'amphictyonie sera utile...

C'est à ce travail d'édition qui date de la fin de la période perse ou du début de l'époque hellénistique que l'on doit cette « histoire sainte » qui meuble les catéchismes depuis des siècles, comme une sorte de grand midrash (cf. Cecil B. de Mille !) autour du don de la Loi au Sinaï (ou à l'Horeb), du temple et de la figure de David. Il faut pourtant bien saisir que cette historiographie religieuse avec des éléments plus ou moins profanes enclavés, même achevée tardivement, n'est pas forcément très distante de celle que nous avons évoquée d'abord. Son avènement marque plutôt la victoire d'un courant de pensée ou plutôt d'un milieu, ici d'une aristocratie sacerdotale qui, depuis Darius, cherche à prendre le pouvoir en Palestine dans la mesure où une sorte d'autonomie administrative y est possible.

C'est cette concurrence politique dont le Pentateuque achevé et l'ensemble de l'Ancien Testament gardent en fait les traces lisibles lorsque les exégètes cherchent à établir les étapes d'élaboration de son historiographie[10].

Qu'il y ait eu en Juda et surtout en Israël (dix tribus — une monarchie « réelle » avant le VIIe siècle, des archives (pas beaucoup, car on n'en a pas retrouvé), des légendes locales, des généalogies, des chants, des oracles politiques transmis, des histoires claniques ressassées, des traditions cultuelles à caractère épique, c'est certain. Mais une sorte de mémoire collective structurée comme celle que l'on veut nous faire supposer derrière tout récit ayant des allures déjà historiographiques, non. L'analyse du corpus prophétique qui comporte des parties anciennes montre le caractère fragmentaire — absence de Moïse par exemple ! — et disparate des images du passé disponibles.

Bien plus que la qualité ou le type d'information des sources, ce qui donne au corpus biblique cette allure d'histoire, c'est la volonté qu'il exprime de traverser, dans une situation identitaire quasi désespérée, une crise de légitimité fondamentale. Le mythe prophétique de l'exode qui en organise à peu près tous les éléments même résistants comme les traditions patriarcales (liées aux tombeaux ou sanctuaires locaux), sous sa forme plus démocratique, dtr, ou plus sacerdotale, hiérarchique, suggère de penser cette identité dans un espace de passage.

La nostalgie est interdite.

Le Jardin céleste est clos, gardé par des anges, Adam a une histoire, il est responsabilisé au moment où il en est expulsé ; le déluge est une possibilité bloquée comme aussi l'harmonie universelle qui eût permis qu'on ne fût point dispersés depuis Babel où l'on eût construit une culture commune. La mémoire savoureuse des marmites de ragoût à l'oignon égyptien est tout aussi mortiphère et l'anarchie égalitaire prémonarchique n'est en fait qu'un mauvais souvenir préhistorique. La monarchie n'est elle-même qu'une longue occasion de taxes et de corvées, d'assujettissement à un pouvoir constamment tenté de ne pas reconnaître d'autre loi que la sienne ; d'ailleurs elle a failli et disparu quelque part dissoute en Assyrie ou, plus tard l'autre branche, à la cour de Babylone.

Sur le chemin de la petite ville refuge, la femme de Lot, arrêtée pour se retourner sur le grandiose spectacle de Sodome, est transformée en statue de sel.

Voilà pour la nostalgie, une sorte de voyeurisme rétrospectif.

D'autre part, l'utopie n'est pas encore pensée comme l'outil de résistance politique qu'il fournira aux apocalypticiens de l'époque hellénistique. Il est faux que l'histoire royale soit une histoire grosse des fantasmes messianiques. Si David et Salomon sont les héros d'un programme, leur double parcours présente de telles fêlures que l'on ne peut parler de figures idéales. Et comme ils sont manifestement des paradigmes, on ne voit pas pourquoi il faudrait chercher encore une référence « idéale » derrière eux. (Les Chroniques, il est vrai, n'ayant plus affaire à aucune trace concrète des Davidides, transforment leur David en figure d'utopie, mais elles sont contemporaines des Apocalypses et nous ne les avons pas prises en compte.)

L'Apocalypse ne prend forme, comme une sorte de cri savant et sauvage à la fois, dans le grand désordre sémantique d'une culture sémitique soumise au prestige grec, que lorsqu'on renonce à résister à l'anéantissement avec de l'histoire d'hommes, lorsque aussi on a pris la mesure des énergies recelées par le monothéisme radical.

Dire une histoire qui permette d'exister dans la crise comme le tente une personne traversant un rite de passage suppose la perspective d'arriver quelque part dans un lieu promis depuis toujours à la réconciliation avec le monde environnant. Quand les Américains racontent la conquête de l'Ouest, ils croient encore à leur terre promise ; depuis le Vietnam, ils ne créent plus de westerns : ils préfèrent la science-fiction ou l'écologie (encore que le retour du western-guerre du Golfe/investissement de la Somalie signale d'étranges résurgences).

Il faut libérer un espace par où passer en racontant de l'histoire. La rupture qui eût pu signifier la fin, de la chute du royaume de Juda et des exils qui s'ensuivent, se contourne en fabriquant du passé en deçà de la discontinuité, et même bientôt en deçà du début d'une dynastie qui n'a pas su durer... plus de quatre cent cinquante ans. Pas un passé traditionnel, anecdotique, qui suffisait à ruser avec la mort dans le cycle des généalogies locales : un passé recomposé qui explique, qui justifie, qui légitime, qui donne le droit de passer et surtout d'outre-passer. Avant même que l'administration perse n'y oblige, l'Égypte saïte et même kushite (XXVe-XXVIe D., 747-525) comme les Néo-Babyloniens contemporains ont fait de l'archéologie ; la Syro-Palestine soumise aux mêmes vibrations historiques a dû en faire autant — ce dont la légende de la Réforme de Josias (621-609) garde sans doute des traces. Les « colonies » perses durent de toute façon se donner une loi — elle ne pouvait être conçue que religieuse — qui autorise un droit local au nom duquel on puisse juger, en fait maintenir l'ordre. La satrapie de Transeuphratène est beaucoup plus vaste que la seule Judée : dans une organisation politique qui n'est pas le contraire de celle de l'Empire ottoman, une communauté socio-religieuse (territoire plus ou moins bien défini, langue, religion et micro-sociétés solidaires de même type) doit se définir le plus large possible — question de survie — et se trouver des racines communes, le plus possible aussi d'histoire partagée, mais tout cela autour d'un corpus législatif (institutionnel et cultuel) qu'il s'agit de légitimer aussi bien aux yeux des futurs usagers que de l'administration centrale (en fait excentrée).

Il s'agit, sur la base d'un cousinage tout à fait vraisemblable, de raconter un passé plus ou moins commun aux deux royaumes voisins de Juda et Israël : en fait, il faut remonter assez haut, en deçà de la mémoire cuisante des faits, car ce passé est essentiellement tissé de rivalités et conflits de bornes ou d'intérêts. On fait même une tentative du côté de Moab, Madian, Ammon, même Edom, cousins lointains [11] mais tout de même décrétés abrahamides, c'est-à-dire liés à une même époque légendaire, en deçà des mémoires claniques mais autour de tombeaux vénérés depuis que l'on se souvient et jusqu'à aujourd'hui par tout ce qui pèlerine en Orient (pour cause de stérilité, de succès dans les affaires, de généalogie revendiquée... et quelquefois pour sortir de l'épaisseur de la promiscuité quotidienne). Le passé raconté sert à situer et à interpréter cette loi obligée où l'on reconnaît des coutumes communes à Canaan et à tout le milieu ouest-sémitique, mais élaborées en droit religieux. Les gens du Nord revendiquent la paternité de cette œuvre avec ses références prophétiques plutôt que royales — ce qui n'est pas pour déplaire aux Perses — et certains leur donnent aujourd'hui raison : le Pentateuque samaritain ne serait pas l'effet d'un plagiat archaïsant hérétique [12].

L'historiographie encore confinera pourtant cet ancien royaume du Nord à sa place « canonique » : c'est à cause de l'impureté de leur monothéisme et de leur métissage qu'Esdras (Esd 4, 3) interdit à ses descendants de collaborer à la reconstruction de Jérusalem. Grande ville centrale de la région depuis le VIIe siècle (doublement de sa superficie et donc sans doute de sa population), elle était devenue ville de pèlerinage (la Montagne de Sion, quelque chose comme le Saphon, l'Hermon, l'Olympe ou la ziggurat de Babylone, un haut lieu datant de la monarchie sacrale salomonienne, lorsque *Yeru-Salem* signifiait encore que « le Dieu Salem l'avait fondée »).

Donc une historiographie qui organise un passé linéaire au judaïsme post-exilique et sert de système d'interprétation des événements de l'actualité mais pour pouvoir passer. Le passage que l'historiographie composite cherche à ouvrir du côté d'un avenir politique possible est très fortement inscrit dans ses récits sombres comme dans ses récits de triomphe. Le passage de la mer fait une brèche, comme la traversée du désert, le passage du Jourdain comme la conquête des villes, même l'exil finalement apparaît comme une brèche dans la mer-désert où les rois ont petit à petit enlisé leur peuple.

Une addition tardive au vieux livre de Michée fait parler le Dieu de l'histoire :

Je vais te rassembler, Jacob tout entier, etc.
Il est monté devant eux, celui qui ouvre la brèche
Ils ont ouvert la brèche, ils ont passé une porte
Ils sont sortis par elle; leur roi est passé devant eux
Le Seigneur à leur tête.

(Mi 2, 12s)

Plutôt qu'un souci d'enquête, ceux qui aspirent à une identité nationale ou au moins politique fondent ici leur droit à l'existence dans un texte qui fait surgir le désir d'être jusque-là où les mémoires sont blessées. Quelque chose comme une invitation à passer vers l'histoire au prix d'un déplacement sur place des racines du souvenir.

Françoise SMYTH

7.

Historiographies et mythes d'origines dans l'Ancien Testament

Les théologiens à la recherche de la spécificité de la foi vétérotestamentaire se sont souvent mis d'accord pour la trouver dans une conception strictement historique de la foi en Yhwh, le Dieu d'Israël. Les exégètes leur fournissaient deux arguments de taille. D'abord, on pensait pouvoir déceler une conception cyclique du temps chez les voisins d'Israël, l'intervention des dieux allant de pair avec les changements de saison ou encore accompagnant le roi en cas de guerre. Ces manifestations cycliques étaient alors considérées comme diamétralement opposées à l'intervention inattendue de Yhwh dans des contextes historiques précis, se révélant à son peuple dans l'histoire (sortie d'Égypte, conquête du pays...) mais le sanctionnant également par des catastrophes historiques (chute de Samarie, destruction de Jérusalem et exil babylonien).

Ensuite, la critique philologique a élaboré un modèle explicatif du Pentateuque selon lequel le document le plus ancien de la littérature vétérotestamentaire serait un écrit « historique », le document « J » (yahwiste), daté du Xe siècle avant notre ère. Rédigé dans un esprit éclairé — on parlait alors des « lumières salomoniennes » — ce document aurait contenu toute la trame narrative du Pentateuque, c'est-à-dire les origines du peuple d'Israël jusqu'à la conquête du pays, dans une perspective d'« histoire du salut ». Ainsi l'identité du peuple du Yhwh aurait-elle été, dès le départ, établie selon une perspective historique. Les interventions rédactionnelles ultérieures furent plutôt considérées comme des atteintes à la pureté originelle de la foi yahwiste.

Cette conception des choses influencée par le romantisme allemand, et encore présente dans bon nombre de manuels, s'est avérée incompatible avec la complexité du fait historique du Proche-Orient ancien ainsi qu'avec l'organisation idéologique d'Israël et de Juda à l'époque pré-exilique que les recherches récentes ont permis de décrire plus précisément[1]. L'intervention des dieux dans l'histoire des peuples ne peut être considérée comme une spécificité israélite, elle est commune aux peuples mésopotamiens ainsi qu'à d'autres civilisations[2]. L'idée que la défaite militaire révèle la sanction du dieu national n'est pas le propre de l'historiographie biblique mais apparaît, entre autres, dans la stèle (moabite) de Mesha[3].

Le grand empire davidico-salomonien au sujet duquel toutes les sources extrabibliques se taisent reflète plus les rêves de grandeur des auteurs bibliques qu'une réalité historique[4]. Avant le VIIIe siècle avant notre ère, le royaume de Juda ressemble plutôt à une sorte de chefferie, ce que confirme l'absence presque totale de documents écrits dans le sud de la Palestine avant cette date[5]. Le fait historiographique ne prend de l'ampleur qu'à l'époque de Josias.

Historiographie et propagande

Le règne de Josias (640-609) coïncide avec une époque de « renaissance » qui, dans le Proche-Orient ancien, est caractérisée par une quête de l'archaïque et des origines. Bénéficiant d'un affaiblissement de la présence assyrienne en Palestine, Josias et ses conseillers vont mettre en place une « réforme » politique et idéologique. Le temple de Jérusalem est déclaré seul sanctuaire légitime, ce qui facilite le contrôle du clergé et des impôts. La nécessité de ce changement trouve sa légitimation dans des productions littéraires mettant en parallèle les origines mosaïques et le temps josianique. C'est ainsi que la première version du livre du Deutéronome contenant les prescriptions correspondant aux réformes josianiques est rédigée. Ce livre se présente alors comme révélation originelle de Yhwh à son peuple et son originalité est soulignée dans le récit de 2R 22-23 où ce livre est redécouvert lors de travaux de restauration du temple de Jérusalem. Il s'agit là du stéréotype littéraire de prétendus documents anciens retrouvés par hasard, légitimant des innovations par une volonté divine fondatrice. Cette technique connaîtra un grand succès dans le monde grec et plus tard chez les Mormons[6]. La légitimité du roi réformateur est soulignée par l'élaboration de textes historiographiques mettant Josias en parallèle avec deux personnages fondateurs d'Israël : David et Moïse. Les scribes josianiques rédigent une histoire de la monarchie (première ébauche des Livres des Rois)[7] où Josias apparaît comme le digne successeur de David : « Il fit ce qui est droit aux yeux de Yhwh et suivit exactement le chemin de David, son père, sans s'écarter ni à droite ni à gauche» (2R 23,2). Et l'édition josianique de l'histoire de la monarchie se termine par une filiation mosaïque de Josias : «Il n'y avait pas eu avant lui un roi qui, comme lui, revînt à Yhwh de tout son cœur, de tout son être et de toute sa force (cf. Dt 6,5), selon toute la Loi de Moïse» (2R 23,25). Ce rapprochement se poursuit sans doute par l'édition d'une *vita Mosis* (le noyau du livre de l'Exode), où le temps des origines et du héros fondateur fait apparaître l'époque josianique comme l'aboutissement du projet initial de Yhwh. Ainsi la première version de l'histoire du veau d'or (Ex 32) met en lumière un Moïse réformateur semblable à Josias (2R 23)[8].

La production historiographique du royaume de Juda à la fin du VIIe siècle comprend trois volets : des annales royales mettant en parallèle le roi fondateur de la dynastie et le roi actuel (disqualifiant en même temps la plupart de ses prédécesseurs), un code présenté comme «original», légitimant les innovations dans la structure idéologique du royaume, un récit des origines du peuple, sa libération hors d'Égypte[9] et son organisation correspondant à celle de la réforme josianique. Cette perspective triomphaliste devait changer quelques décennies plus tard quand le royaume de Juda fut intégré dans l'empire babylonien et son intelligentsia déportée en Babylonie.

Historiographie et théodicée

La rupture de l'exil fut marquée par une crise d'identité, les moyens classiques permettant de comprendre le monde et la nation (temps, roi, pays) étant mis «hors service». Une partie des exilés, une sorte de coalition entre les anciens ministres de Josias ou leurs descendants, des lévites et des prêtres «libéraux»[10], édite l'ensemble des livres Dt-2R selon une perspective idéologique qui s'inspire largement du Dt primitif. Cette «historiographie deutéronomiste» tente de présenter une «histoire d'Israël» *complète*, des origines mosaïques (Dt) jusqu'à la fin du royaume de Juda (2R 25) en passant par l'âge d'or de la conquête (Jos), les temps anarchiques des Juges (Jg), les débuts difficiles de la monarchie (1/2S), et l'histoire des deux royaumes jusqu'à leurs disparitions respectives (1/2R). Dans cette œuvre, l'exil n'apparaît pas comme signe de l'impuissance de Yhwh face au Marduk des Babyloniens, mais il doit être compris comme étant provoqué par Yhwh lui-même pour sanctionner la désobéissance du peuple et de ses rois à la loi deutéronomique. L'historiographie est alors mise au service d'une théodicée et, en même temps, d'une légitimation théologique de la Golah babylonienne présentée comme le «vrai Israël».

Pourtant ce grand ensemble historiographique hétéroclite avait besoin de trouver une cohérence et des supports facilitant son acceptation auprès des destinataires. C'est pourquoi l'historiographie dtr a été construite autour de « sommaires historiques » émaillant toute l'œuvre. Dt 6, 20-24 joue un rôle exemplaire. Ce texte met en scène trois générations, le « tu », les « fils » et les « pères », faisant apparaître un souci d'unité. Dt 6, 20 sqq. (comme Dt 26, 5 sqq. et d'autres) résume l'histoire à laquelle chaque Israélite est invité à croire : « nous étions esclaves en Égypte... ». Cette histoire présente une perspective exodique, elle commence par l'esclavage en Égypte pour aboutir à l'entrée dans le pays promis aux pères (cf. Ex 3, Ez 20)[11]. Pour les auteurs, il s'agit là du sommaire de *toute* l'histoire, c'est-à-dire de tout ce qui dans l'histoire d'Israël est *normatif*. La mise en parallèle de Yhwh qui a fait sortir d'Égypte et d'un Yhwh qui peut faire sortir de Babylonie contribue à une ouverture de l'histoire vers le futur. Une deuxième utilisation des sommaires historiques concerne la structure même de l'historiographie dtr. L'impression d'unité que donne cette œuvre vient surtout des discours qui sont mis dans la bouche de personnages importants et qui interviennent à des endroits « stratégiques » pour marquer des changements d'époques. Il s'agit surtout de Dt 32 : un psaume servant de testament de Moïse ; Jos 23 : discours d'adieu de Josué marquant la fin de la conquête ; Jg 2, 6 sqq. : une introduction à l'époque des Juges ; 1S 12 : le testament de Samuel, le dernier juge ; 1R 8 : discours d'inauguration du temple par Salomon, marquant l'achèvement définitif de l'institution monarchique et finalement 2R 17, la « voix off » de l'auteur, commentant la fin du royaume d'Israël. Les morceaux épars sont ainsi organisés grâce à des abrégés d'histoire bien structurés, un peu à la manière du chœur dans la tragédie grecque. Le pivot de tous ces sommaires est en effet la référence à l'exode qui, pour l'idéologie dtr, constitue le point de départ de l'histoire d'Israël et de sa relation avec Yhwh[12].

À l'époque post-exilique, l'historiographie deutéronomiste est dotée d'un prologue[13], constitué des textes appelés jadis « yahwistes » des livres Gn-Nb[14], ou plutôt Ex-Nb et reprenant des compositions plus anciennes (comme par exemple la biographie de Moïse, cf. ci-dessus). Conformément à l'idéologie dtr, la sortie d'Égypte reste l'événement central : elle précède clairement le don de la Loi, mais contrairement à la première édition de l'historiographie dtr, la nouvelle génération des dtrs insiste davantage sur les « murmures » du peuple, c'est-à-dire sur la nostalgie d'Égypte (cf. Ex 16, Nb 11, 13-14, 20 etc.) et la mise en question du projet exodique. Cette insistance reflète le refus d'une partie importante de la Gola babylonienne, devenue diaspora, de regagner la Palestine[15]. La référence aux origines reste incontournable, mais devient plus problématique. Les renvois aux origines égyptiennes n'apparaissent plus dans la perspective d'un âge d'or, elles deviennent elles-mêmes objet de critique. Une vue comparable se retrouve d'ailleurs dans l'« anti-histoire du salut » du livre d'Ézéchiel, chapitre 20[16]. Malgré ce sombre tableau de l'histoire d'Israël, Éz 20, comme le reste du livre, fait apparaître, à la manière de l'idéologie dtr, un Golah-centrisme, indiquant clairement que l'histoire de Yhwh avec Israël ne se poursuivra qu'à travers les (anciens) exilés. En effet, en Éz 20, toute l'histoire allant de la conquête à la fin de la royauté est éliminée. À cette élimination sur le plan historiographique correspond l'élimination sociologique des non-exilés, car le « tout Israël » (v. 40) se composera exclusivement de la Golah. En effet, le livre d'Éz fait apparaître un conflit entre exilés et non-exilés qui s'exprime dans un usage différent de l'histoire...

Historiographie exodique contre historiographie autochtone

Éz 33, 24sqq. est une citation d'une revendication de la population non exilée de Palestine : « Fils d'homme : Les habitants de ces ruines sur le sol d'Israël disent constamment : Un seul était Abraham et il a possédé le pays, nous, nous sommes nombreux. C'est à nous que le pays est donné en possession. » Cette revendication des non-exilés est ensuite vivement rejetée. La polémique sur la possession du pays (cf. 11, 5)[17] est engagée à l'aide de deux mythes d'origines différentes : les autochtones, les non-déportés, revendiquent leur droit au pays au nom de la tradition patriarcale, enracinée peut-être dans un culte des ancêtres défunts et structurée autour des sanctuaires, tandis que les exilés, dtrs et éditeurs d'Éz, se fondent sur une conception exodique. Cette opposition entre une conception exodique et généalogique des origines du peuple trouve sans doute ses origines dans la tradition prophétique, en particulier celle d'Osée. En Os 12 (VIIIe siècle avant notre ère), l'identification du peuple avec l'ancêtre Jacob est vivement critiquée, et Yhwh, « le Dieu depuis l'Égypte », est opposé au Dieu de Jacob[18]. Le livre d'Éz montre que, à l'époque de l'exil et plus tard, cette opposition se concrétise dans deux types de référence à l'histoire : l'anamnèse exodique voyant la continuité du peuple de Yhwh assurée par la Golah, et l'anamnèse patriarcale justifiant le droit au sol des non-exilés. Pour les éditeurs d'Éz, ces deux types semblent être encore inconciliables...

Vers la construction de la « grande histoire »

Si dans la version deutéronomistico-yahwiste de la vocation de Moïse en Ex 3, la promesse du don du pays se fait sans aucune référence à une promesse faite aux patriarches mais reste fondée sur l'engagement de Yhwh en faveur de son peuple en Égypte (Ex 3, 7-10)[19], la perspective change radicalement dans la version sacerdotale du même événement en Ex 6. Ce texte intègre un sommaire historique faisant clairement allusion à Gn 17 et pose comme motivation de l'exode l'alliance avec les Patriarches, transformant ainsi la conception exodique des origines en une conception généalogique[20] (c'est également le cas dans le Ps 105, provenant des mêmes milieux). Cette intégration des Patriarches dans une histoire en voie d'officialisation s'explique peut-être par une approche typiquement sacerdotale, assimilant la piété populaire[21]. On peut penser que, jusqu'à l'époque perse, l'histoire des Patriarches s'est développée en marge des centres officiels de la théologie judéo-israélite. Quoi qu'il en soit, le milieu sacerdotal opère un lien entre deux types de traditions historiques contradictoires ouvrant ainsi le chemin vers une grande histoire unifiée.

La proclamation du (proto-)Pentateuque comme loi perse officielle pour la province de Juda-Samarie[22] signifie en effet la canonisation définitive d'une histoire d'Israël unifiée. Il fallait néanmoins accompagner cette nouvelle histoire de résumés, expliquant aux destinataires le bien-fondé de cette nouvelle conception. Néh 9 fait partie de ces textes ; il présuppose le Pentateuque dans sa forme plus ou moins finale et résume les étapes les plus importantes de cette histoire devenue officielle : création — Abraham (mais pas Isaac, Jacob et Joseph), les pères en Égypte, la traversée de la mer et le don de la loi, la désobéissance des pères, la victoire contre les peuples et la conquête. Le reste de l'histoire jusqu'à l'exil est présenté très brièvement. En effet, l'histoire conformément à la visée de la Torah est surtout une histoire des *origines*. Néh 9 semble un produit purement littéraire[23] destiné à promouvoir la nouvelle « grande histoire », fruit d'un compromis entre des milieux différents, surtout sacerdotaux et deutéronomistes. Néh 9 a gardé d'ailleurs des traces de ce compromis : le passage de la tradition patriarcale aux pères en Égyte se fait de manière très abrupte et le séjour des ancêtres en Égypte (à défaut d'une histoire de Joseph ?) n'est pas expliqué. Jos 24 possède de nombreux parallèles avec Néh 9 et s'explique à partir de la même situation qui voit la naissance d'une « orthodoxie » à l'intérieur du judaïsme de l'époque perse. Faisant partie d'une rédaction postdeutéronomiste et post-sacerdotale voulant « élargir » le Pentateuque et créer un Hexateuque en y incluant les récits de la conquête du livre de Josué, Jos 24[24] cherche avant tout à faire accepter la trame d'une histoire unique par tout le peuple. C'est pourquoi le résumé historique en Jos 24 est accompagné d'une exhortation adressée à tout le peuple d'adhérer au vrai culte yahwiste. Ce texte vise donc les différents groupes du judaïsme postexilique et les invite à se retrouver dans une même histoire à l'intérieur de laquelle se trouvent réunis Patriarches et pères en Égypte, fondation généalogique et fondation vocationnelle. La même préoccupation apparaît au début du cycle patriarcal dans la Genèse. En Gn 15[25], Dieu se présente à Abraham par une formule exodique (v. 7 : « Yhwh, qui t'ai fait sortir d'Ur Cadim (!) ») et Abraham a droit à un résumé de toute l'histoire de sa descendance jusqu'au retour dans le pays (v. 13-16). Avant ce résumé, Abraham apparaît comme un prêtre choisissant les animaux pour le rituel, et l'alliance que Yhwh conclut avec lui est une prolepse de l'alliance mosaïque au Sinaï. Abraham devient ainsi une figure consensuelle dans laquelle peuvent se retrouver les différents courants du judaïsme, et la « grande histoire » est mise en évidence dès le début du parcours de la Torah.

La conscience historique du judaïsme apparaît alors comme le fruit de l'élaboration d'une grande histoire officielle à l'époque postexilique. Malgré cette volonté de disposer d'*une seule* tradition fondatrice, les différentes conceptions de l'histoire (des origines) ont pu garder une certaine indépendance. Redécouvrir ces différences permet de mieux comprendre les richesses et les tensions qui caractérisent le judaïsme et ce jusqu'à nos jours.

Thomas RÖMER

8.

Le temps de la cité et l'histoire des prêtres
Des origines religieuses de l'histoire romaine

D'après Cicéron et le commentateur de Virgile, Servius (dans sa version augmentée [1]), le souverain pontife enregistrait chaque année sur une table blanchie, sous un titre donnant les noms des consuls et des autres magistrats, au jour où ils s'étaient produits, les événements dignes d'être conservés par la mémoire ; des événements arrivés à Rome et aux armées, sur terre et sur mer. Cette table aurait été affichée dans la demeure du souverain pontife afin que le peuple pût en prendre connaissance. Les anciens rapportent aussi que ces annales ont inspiré les premiers historiens romains, qui ont imité leur style frugal, et qu'à une date incertaine, mais sans doute tardive, ces vieux documents ont été recopiés, mis en forme et amplifiés dans 80 livres appelés *Annales maximi*.

Les questions soulevées par ces documents sont innombrables, et même en se limitant aux questions les plus générales (quel était le contenu des annales pontificales ? et : quelle était leur fonction ?), il faut faire preuve d'une certaine inconscience pour reprendre le dossier. Les problèmes relatifs à ces chroniques ont été agités depuis de longues années par les historiens, sans pouvoir être résolus. Si j'ose m'attaquer à mon tour à ce redoutable sujet, c'est parce que deux ou trois études, dues à E. Rawson, B. Frier et R. Drews [2] ont naguère fait faire un progrès important à un aspect de la question. Ces auteurs ont montré que les fameux 80 livres des *Annales maximi* n'ont jamais été publiés et que l'annaliste Valerius Antias [3], qui écrivit au début du Ier siècle av. J.-C., fut sans doute le dernier à les avoir consultés, avant leur destruction, peut-être dans un incendie. Ces 80 livres étaient une transcription des *tabulae* pontificales, avec l'adjonction d'une partie concernant les origines et de nombreuses explications de tout genre. Les auteurs mentionnés paraissent se diviser à propos de la fonction de ces livres : pour Frier, il s'agit d'un livre à caractère privé, pour Drews, ce livre était manifestement à considérer comme un document public. Quoi qu'il en soit, les tables pontificales présentaient un texte laconique, sec, décidément non littéraire et donc très différent de celui des 80 livres. Les chroniques pontificales couvraient, semble-t-il, les années entre le début de la République, au Ve siècle, et le grand pontificat de P. Mucius Scaevola (130 av. J.-C.), quand la rédaction de la «table» fut abolie.

S'ils ont considérablement éclairé le problème des 80 livres d'annales, les historiens récents restent perplexes et vagues quant à la fonction de la chronique du grand pontife. B. Frier, par exemple, accepte le rôle informateur de la chronique, mais refuse d'envisager son caractère proprement religieux : pour lui, la chronique rapportait les affaires de gouvernement, et non pas — l'expression lui appartient — «des affaires paroissiales[4]». Il imagine, ainsi, qu'un jour un souverain pontife a pris l'initiative de tenir et d'exposer une chronique, indépendamment de ses fonctions religieuses normales : c'était l'ancien magistrat et le sénateur cultivé qui l'emportaient sur le prêtre. Par la suite l'affichage de cette chronique serait devenue une obligation traditionnelle des grands pontifes.

R. Drews nie également une fonction religieuse immédiate à la chronique ; pour lui, ces enregistrements de prodiges, d'expiations et d'événements collectionnaient des précédents, que les pontifes consultaient à chaque fois qu'ils devaient proposer des procurations de prodiges. D'après son point de vue, les *Annales* des pontifes ne seraient pas un livre d'histoire, mais une sorte de code de jurisprudence sacrée.

Ces interprétations de la fonction des *Annales* pontificales ne sont pas fausses, et l'on peut sans crainte adhérer à l'idée que les pontifes tenaient des registres administratifs plutôt qu'un énorme ouvrage historique. Mais sur le fond cette conception paraît passer à côté de l'essentiel, et même déformer les choses. R. Drews raisonne, en fait, uniquement à propos de la transcription du texte de la *tabula* dans les livres, et oublie ce texte lui-même et sa fonction première, sans parler du fait qu'avant de faire jurisprudence, les informations sur les prodiges ont été des communications de décisions réellement prises. Bref, dans cette perspective, les *Annales* des pontifes prennent la valeur de document interne du collège pontifical, ce qui n'est peut-être pas faux pour une transcription, mais gomme l'aspect public immédiat de l'historiographie pontificale.

B. Frier, quant à lui, tient compte de la production du document annuel, mais il commet un contresens. La religion et les rites administrés par le *pontifex maximus* appartenaient à la religion publique, et en tant que tels, ils faisaient partie non pas de la vie paroissiale mais des structures mêmes de la *respublica*. Le droit public se divisait en deux provinces égales, le *ius sacrum* et le *ius publicum*, et le pouvoir dans la république était exercé au nom des dieux et des hommes. Par conséquent, reléguer les activités propres du souverain pontife au niveau de la direction d'une paroisse est une absurdité car, certains actes d'administration interne exceptés, tous les actes accomplis par le collège pontifical étaient pleinement et immédiatement publics. Et pareillement, tous les actes pontificaux revêtaient un sens pleinement religieux. Loin d'être une gazette publiée pendant ses loisirs par un abbé cultivé qui s'intéressait à la politique, la chronique rédigée et surtout publiée dans sa résidence officielle par le *pontifex maximus* était forcément un document public et religieux. Qu'il s'agisse d'une initiative privée devenue par la suite une obligation pontificale me paraît inimaginable dans le cadre institutionnel et juridique romain.

R. Drews n'a donc pas tort de considérer la chronique pontificale comme un document administratif. Ce genre de document est tout à fait à sa place dans la pratique religieuse des Romains et entre les mains du souverain pontife. Toute activité religieuse produisait en effet des documents écrits ou figurés, que l'on peut appeler des archives de la piété.

Un sanctuaire romain était un énorme dépôt d'archives[5]. Le regard du visiteur y tombait sur d'innombrables statues, peintures et objets offerts. Des inscriptions placées sous ou sur les objets donnés en décrivaient l'origine, les conditions et parfois le motif du don. Souvent des inscriptions seules rappelaient un acte religieux : Pline le Jeune[6] montre les visiteurs du sanctuaire de Clitumne, près de Spello, déchiffrant avec curiosité les innombrables graffitis qui couraient jusqu'aux stucs des colonnes et commémoraient les actes religieux effectués pour leurs auteurs et la divinité, mais aussi pour les éventuels lecteurs. Ces actes résultaient très souvent d'un contrat votif conclu avec la divinité — en présence de témoins — et qui était rédigé sur un libelle déposé aux pieds de la statue ; une fois la satisfaction obtenue, l'émetteur du vœu rappelait par un document écrit ou un signe quelconque, fût-ce une petite statuette, qu'il avait, lui aussi, tenu promesse : autrement dit, il versait dans les archives du temple, à titre privé, la preuve qu'il avait célébré le sacrifice promis ou fait le don convenu. Ces documents étaient innombrables. Il suffit de feuilleter les corpus d'inscriptions pour constater que la plupart des inscriptions connues, les funéraires mises à part, appartiennent à ces chroniques de la piété, tenues au gré des actes et des faveurs.

À un niveau supérieur, les responsables des sanctuaires et notamment les collèges sacerdotaux enregistraient par écrit toutes leurs activités et décisions. Des *commentarii* annuels accueillaient les comptes rendus de tous les services célébrés et de toutes les décisions prises. Leur objectif était de noter que les rites prescrits avaient été célébrés à la date fixée et en présence du *quorum requis* (mettons : trois prêtres et une assistance populaire), et que toute situation nouvelle avait été résolue. Deux exemples sont particulièrement bien connus, les commentaires des jeux Séculaires de 17 av. J.-C. et de 204 ap. J.-C., et les commentaires des arvales[7]. Ces derniers, ou plus exactement leur président, inscrivaient au fur et à mesure sur un *codex*, c'est-à-dire une « table » de bois, les sacrifices et les expiations célébrées, les élections et autres décisions prises. Ces *codices* étaient conservés dans un dépôt, puisqu'en 133 ap. J.-C., par exemple, les arvales les font compulser pour prendre une décision. Chaque année des extraits ou une copie du *codex* étaient sculptés sur les parois du sanctuaire. Le collège des quindécemvirs chargés de célébrer les jeux Séculaires faisait graver leur *commentarium* sur des stèles en marbre et en bronze, *memoriae conservandae causa*.

On sait que les pontifes possédaient également ce type de commentaires. Ils y enregistraient non seulement les sacrifices qu'ils célébraient ou les cooptations de prêtres, mais également toutes les autres activités officielles dont ils étaient chargés et toutes les réponses qu'ils donnaient à ceux qui les consultaient[8]. Rien ne s'oppose à l'hypothèse que ces commentaires ou certains de leurs éléments aient été affichés.

Les exemples cités et ce que nous savons des commentaires pontificaux recouvrent à ce point ce que les sources rapportent sur les annales du souverain pontife qu'il faut conclure que celles-ci appartenaient à leur « commentaire » annuel. C'est sans doute une série d'extraits de ce commentaire que le grand pontife réunissait sur la fameuse *tabula* qu'il affichait.

Les annales étaient donc des extraits d'archives, mais en même temps elles étaient déjà autre chose. Elles visaient moins à rendre compte de l'activité pontificale qu'à établir le résultat des décisions relatives aux calamités et aux succès du peuple romain. On peut comparer leur laconisme à celui du calendrier établi et proclamé chaque mois par le collège pontifical. Cette ressemblance a d'ailleurs suggéré à certains savants l'hypothèse que les fameuses annales se réduisaient à des annotations au calendrier tenu par les pontifes[9]. Ils avaient vraisemblablement tort, mais leur intuition n'était pas fausse. Il existe effectivement une parenté entre la proclamation du calendrier et l'affichage de la *tabula*, qu'elle ait eu lieu au fur et à mesure ou en fin d'année. Dans les deux cas, des décisions pontificales étaient sorties de leur contexte administratif et proclamées pour que le peuple en prenne connaissance. Mais il ne faut pas considérer que leur fonction se limitait à cette simple information. Le parallèle du calendrier le prouve : le peuple ne venait pas écouter les proclamations de la date des nones, puis, aux nones, celle des fêtes du mois, pour se cultiver, la connaissance de ces proclamations permettait aux citoyens d'honorer leurs devoirs religieux et d'agir en justice. Bref, les annonces mensuelles du calendrier étaient orientées vers l'action. Ceci doit être plus vrai encore pour la chronique. Celle-ci n'était pas, à ce stade, un document littéraire, ou un journal qui instruisait le peuple de Rome et lui apprenait l'histoire, une histoire qu'il connaissait déjà ! La seule nouveauté que les documents pontificaux ajoutaient à ce que le peuple connaissait déjà était le statut de prodige accordé à telle ou telle calamité, et celui de bienfait éminent des dieux à tel succès. Mais que pouvait faire le peuple de Rome de ces informations qui ne concernaient pas l'action privée, mais celle du peuple dans son ensemble ? Les données établies par la chronique visaient manifestement une autre instance, qu'il s'agit maintenant de cerner.

Mes prédécesseurs ont déjà noté que les annales des pontifes enregistraient essentiellement les calamités et les succès du peuple romain, autrement dit tous les indices et preuves que la *pax veniaque deorum* était intacte ou rompue. C'est d'ailleurs bien en ces termes que les sources antiques décrivent la responsabilité annalistique des pontifes. Le souverain pontife possédait, écrit Macrobe, « le pouvoir de retenir sur sa *tabula* la mémoire des événements » (*potestas memoriam rerum gestarum in tabulas conferendi*[10]). La responsabilité de déterminer quels prodiges seraient reçus comme tels (*susciperentur*) et expiés, que Numa aurait accordée aux pontifes, d'après Tite-Live[11], paraît recouvrer et préciser la même fonction, appelée aussi *custodia fidelis memoriae rerum gestarum* (« conservation loyale de la mémoire des événements ») par le même Tite-Live[12]. Comme B. Frier l'a déjà noté, le souverain pontife créait, en vertu de ce pouvoir, une catégorie d'événements publics qu'il inscrivait dans la mémoire du peuple romain.

Mais pourquoi cette inspection des bonheurs et malheurs du peuple ? Les citoyens ne pouvaient rien faire de cette information, car ce n'était pas eux qui exerçaient le contrôle sur les relations avec les dieux. Cette tâche incombait aux magistrats et au sénat, et d'ailleurs les pontifes jouaient traditionnellement le rôle de conseillers officiels de ces instances. Il n'est pas difficile de déterminer le contexte d'une consultation globale sur les prodiges et les succès de l'année écoulée : il s'agit manifestement des séances du sénat au début de l'année suivante.

Conformément au principe que tout commence par les dieux, l'acquittement des vœux publics pour le salut de la république formulés les 1er mars ou 1er janvier précédents, parfois plusieurs années plus tôt, était la première tâche qui s'imposait aux nouveaux consuls. Après l'acquittement de ces vœux, ils émettaient de nouveaux vœux, se répartissaient les compétences, notamment les compétences militaires et décidaient comment expier les prodiges. Ce n'est pas le lieu pour examiner ces actes publics et démontrer les liens qui existaient entre eux[13]. Je me bornerai à rappeler que toutes ces décisions étaient prises après une consultation du sénat en bonne et due forme. Nous ne possédons pas les comptes rendus des séances du sénat, mais une enquête dans Tive-Live et dans les textes relatifs aux vœux publics m'a permis de reconstruire le scénario suivant : le sénat devait décider, d'une part, de l'opportunité d'acquitter et d'émettre des vœux, d'autre part, des mesures à prendre pour parer à la rupture de la *pax deorum* présagée ou dénoncée par les prodiges recueillis. L'acquittement des vœux échus ouvrait l'année civile, et l'émission des vœux nouveaux clôturait peut-être la séance inaugurale du sénat : pour être en mesure de formuler ces vœux pour le salut de la république sans ambiguïté, il convenait de définir avec précision les compétences des magistrats suprêmes ainsi que les objectifs de la *respublica*, et de régler tous les problèmes pendants avec les dieux.

Or nous savons que les consuls et le sénat n'agissaient pas seuls lors des séances inaugurales de l'année. Les sources nous informent que l'exécution des *piacula* suscités par les prodiges annoncés se faisait *ex decreto pontificum*. Nous savons également que les pontifes étaient consultés à propos de problèmes relatifs aux vœux. Ces informations me paraissent suffisantes pour proposer l'hypothèse que le souverain pontife possédait le pouvoir d'accueillir les annonces de prodiges tout au long de l'année, de les enregistrer après les avoir vérifiées et discutées avec ses collègues, tout comme il enregistrait — de son point de vue — les victoires du peuple romain. Il obtenait ainsi toutes les données indispensables pour décider de l'acquittement des vœux échus et pour vérifier l'état des relations avec les dieux.

Quant à la *tabula* affichée, je préfère la considérer comme un décret (ou une suite de décrets) : comme beaucoup d'édits ou de décrets, celui-ci était affiché à la résidence officielle de celui qui l'avait pris. C'est vraisemblablement en fin d'année que le souverain pontife « bouclait » sa chronique, la rédigeait sous forme de décret, remis aux consuls et aux sénateurs à leur requête et publié dans la résidence du souverain pontife.

On peut néanmoins qualifier la responsabilité du souverain pontife d'historiographique. Mais cette histoire était particulière. C'était une histoire morcelée, découpée en tranches annuelles, une histoire de l'immédiat et du passé proche, c'était aussi une histoire strictement communautaire. L'auteur de cette chronique était un personnage public, et les caractéristiques de cette histoire étaient conformes à ce contexte public. Les individus en étaient apparemment absents, sinon comme référents chronologiques ou comme exécutants des volontés du peuple romain. La causalité de cette histoire était en quelque sorte donnée d'avance, puisque tous les événements dépendaient et témoignaient de la volonté des dieux : comme nous l'avons dit, c'était une histoire des relations de Rome avec ses dieux, qui devait fonder et justifier l'action des autorités.

Le caractère public et la fonction institutionnelle des annales rendent aussi compte de deux autres traits importants. L'histoire pontificale était très sélective : elle ne mentionnait, par exemple, ni l'activité législative et judiciaire du peuple romain, ni son activité diplomatique ou sa croissance incessante. D'autre part, la chronique n'expliquait rien, ou plutôt elle n'avait pas besoin de le faire. Seul comptait le fait immédiat dont la cause première, la colère ou la bienveillance divine, était patente, et dont les autorités cherchaient ensuite la cause lointaine : une faute commise dans les relations avec les dieux. Au stade de la rédaction de la chronique, le souverain pontife n'avait pas à donner son avis sur les causes lointaines d'un prodige ; il le donnait éventuellement lors de la délibération du sénat en même temps que d'autres prêtres. Le rédacteur des annales n'avait pas non plus besoin de décrire et d'expliquer la raison d'être d'une institution car, comme nous l'avons dit, il n'avait pas à argumenter. De ce fait, les chroniques ne contenaient aucune glose d'antiquaire et de grammairien : les pontifes ne donnaient ni étymologie ni étiologie, et moins encore ils ne racontaient des mythes. Les mythes n'étaient pas de leur ressort, car ils ne s'occupaient pas du passé lointain, mais du passé présent, réduit à une année. Il se peut que les pontifes aient justifié telle ou telle de leurs réponses par une référence au mythe, mais dans ce cas ils citaient un savoir commun et non une mythologie qu'ils auraient eue en dépôt. En tout cas, dans la chronique, comme d'ailleurs dans l'annonce des jours festifs du mois, il n'était pas question de mythes, mais seulement de faits et de dates.

Les antiquaires et les annalistes ont bien entendu exploité ces chroniques dans une tout autre optique : ils y découvraient les fastes des magistrats des temps anciens, car chaque document était daté ; ils y trouvaient le souvenir de calamités et de batailles ; enfin, beaucoup de documents livraient un état archaïque des institutions, de la langue et de l'orthographe. Au IIe siècle, on copia ces documents, mais en les transformant en histoire complète de Rome. Désormais la vénérable chronique reçut une introduction qui racontait les époques royale et préroyale. Les caractéristiques très particulières des annales du souverain pontife prouvent qu'il s'agissait d'une transformation profonde de la chronique. D'une part, celle-ci ne comportait pas des récits développés, mais seulement des annotations brèves et austères qui sont devenues fameuses. Ces notices, nous l'avons vu, ne concernaient que certains événements importants, non en eux-mêmes, mais dans la perspective religieuse de la chronique. De ce fait, elles ne comportaient que l'indication du prodige ou du signe, et non pas des récits, même laconiques, de l'événement. Ce fut donc à l'époque de la rédaction des 80 livres d'annales que la combinaison des annales pontificales avec les mythes des origines et les récits développés des événements anciens fut réalisée. Le modèle de cette réécriture était donné par l'histoire locale grecque et par les historiens romains qui s'en étaient inspirés, à commencer par Fabius Pictor. Les sources de la mythographie romaine sont à chercher, non dans les annales des pontifes, mais dans les mythologies grecque, italique et romaine, les archives et les récits des grandes familles.

De cette histoire complète de Rome, les plus anciens livres d'histoire des Romains se distinguaient de façon nette. Les chroniques pontificales étaient marquées par le religieux, engagées dans le rituel et même écrites en vue du rituel. Mais elles ne doivent pas pour autant être considérées comme la révélation progressive des voies divines et placées sous le signe de la crédulité. L'histoire du grand pontife était critique, rationnelle et orientée vers l'action publique, puisqu'elle décrivait la réalisation des volontés de la *res publica*. Avec l'œil soupçonneux du juriste, le souverain pontife tenait le registre des protestations et des générosités divines. Dans cette comptabilité de la piété, il était question de contrats, d'obligations, de solvabilité, de passif et d'actif, et il n'y avait pas de place pour les mythes et les contes de fées.

ANNEXE

1. Cicéron, *De l'orateur* 2, 12, 51 sq. :

51 Age uero, inquit Antonius, qualis oratoris et quanti hominis in dicendo putas esse historiam scribere?
Si, ut Graeci scripserunt, summi, inquit Catulus; si, ut nostri, nihil opus est oratore; satis est non esse mendacem.
Atqui, ne nostros contemnas, inquit Antonius, Graeci quoi que ipsi sic initio scriptitarunt, ut noster Cato, ut Pictor, ut Piso. 52 Erat enim historia nihil aliud nisi annalium confectio; cuius rei memoriaeque publicae retinendae causa ab initio rerum Romanarum usque ad P. Mucium pontificem maximum res omnis singulorum annorum mandabat litteris pontifex maximus efferebatque in album et proponebat tabulam domi, potestas ut esset populo cognoscendi : ei qui etiam nunc annales maximi nominantur. 53 Hanc similitudinem scribendi multi secuti sunt, qui sine ullis ornamentis monumenta solum temporum, hominum, locorum gestarumque rerum reliquerunt. Itaque qualis apud Graecos Pherecydes, Hellanicus, Acusilas fuit aliique permulti, talis noster Cato et Pictor et Piso, qui neque tenent quibus rebus ornetur oratio — modo enim huc ista sunt importata — et, dum intellegatur quid dicant, unam dicendi laudem putant esse breuitatem. 54 Paulum se erexit et addidit maiorum historiae sonum uocis uir optimus, Crassi familiaris, Antipater; ceteri non exornatores rerum, sed tantummodo narratores fuerunt.

Digression sur l'histoire

— 51 Dis-mois encore, poursuit Antoine : ne crois-tu pas que, pour écrire l'histoire, il faut être orateur, et d'un mérite singulier?
— Oui, certainement, dit Catulus, s'il s'agit de l'écrire comme l'ont fait les Grecs; mais pour l'écrire à la façon des Romains, il n'est pas besoin d'être orateur; il suffit d'être véridique.
— Voyons, reprit Antoine, ne rabaisse pas tant nos compatriotes. Les Grecs eux-mêmes ont commencé par ressembler à notre vieux Caton, à Fabius Pictor, à Pison. 52 L'histoire n'était alors que la rédaction des annales. C'est pour cet objet, c'est en vue de conserver les souvenirs publics, que le grand pontife, depuis les premiers temps de Rome jusqu'au pontificat de P. Mucius, mettait par écrit tous les faits de chaque année, les portant sur une table blanchie qu'il affichait dans sa demeure, afin que le peuple pût venir en prendre connaissance : ainsi fut constitué ce que l'on nomme encore aujourd'hui les Grandes Annales. 53 Beaucoup ont adopté cette manière d'écrire; ils se sont bornés, sans aucune recherche de beauté littéraire, à consigner la mémoire des époques, des hommes, des lieux, des événements. Ce qu'avaient été chez les Grecs Phérécyde, Hellanicos, Acusilas et bien d'autres, Caton, Fabius ou Pison le furent à Rome. Tous ces gens-là ignorent le secret d'embel-

lir le discours (secret qui n'a été d'ailleurs importé ici que depuis peu de temps) et, pourvu qu'ils se fassent comprendre, ils ne connaissent d'autre mérite que celui de la brièveté. 54 L'un d'eux cependant a pris quelque essor et donné à l'histoire un ton plus relevé, Antipater, l'honorable ami de Crassus. Mais les autres ne songent pas à orner les faits ; ils se contentent de les raconter.

2. Servius « auctus », Commentaire de l'Énéide 1, 373 :

Ita autem annales conficiebantur : tabulam dealbatam quotannis pontifex maximus habuit, in qua praescriptis consulum nominibus et aliorum magistratum digna memoratu notare consueverat domi militiaeque, terra marique gesta per singulos dies. Cuius diligentia annuos commentarios in octoginta libros veteres rettulerunt eosque a pontificibus maximis a quibus fiebant ANNALES MAXIMOS appellarunt.

Voici comment on rédigeait les annales. Le souverain pontife tenait chaque année une table blanchie sur laquelle, après un titre donnant les noms des consuls et des autres magistrats, il enregistrait traditionnellement au jour où ils s'étaient produits (ou : chaque jour) les événements dignes d'être conservés par la mémoire arrivés à Rome et aux armées, sur terre et sur mer. Les Anciens ont copié les commentaires annuels résultant de cette tâche méticuleuse dans 80 livres qu'ils ont appelés Annales souverains d'après les souverains pontifes qui les avaient rédigés.

John SCHEID

9.

Manières grecques de commencer

Il arrive que les commencements se perdent dans les sables de l'origine. Plus souvent encore, il advient que le commencement n'ait pas lieu. Ainsi dans l'Inde où sont pourtant nombreux et de rang divin les êtres du commencement, les Premiers, les Anciens. Sans doute l'événement initial se donne-t-il sous la forme d'une violence nécessaire et dangereuse : une entame, une mise à mort, une attaque brutale. Mais l'Inde védique ne laisse que peu de place au commencement avec ses initiatives humaines, elle pratique un « art de disperser les commencements », ainsi que Charles Malamoud nous l'a appris[1]. Parallèlement dans les cultures du monde américain, le héros du type Trickster se singularise par des inventions répétées ; il accumule les commencements, mais sans jamais ouvrir un espace du commencement[2]. L'évidence du « commencer » est illusoire, autant que celle du « fonder ». Il ne suffit pas de rappeler que, pour les Grecs, le *Commencement* (Archè)[3] est un dieu pour découvrir d'un coup les manières grecques de penser le commencement.

Si nous lisons la Genèse dans la version de Flavius Josèphe[4], là où l'hébreu semble parler de « créer » (au sens de *creare*), nous voyons que la langue grecque choisit d'appeler *Yahvé* « fondateur », *ktistès*[5], en tant que le dieu de la Genèse « fonde » le ciel et la terre. Alors que les traducteurs alexandrins de la Septante insistent sur l'idée de « faire » (*poieîn*)[6], en accord avec les rédacteurs de la Genèse et du Deutéro-Isaïe qui ont recours aux différentes formes du « faire » : faire la terre, la modeler, la pétrir ou la façonner, à la manière du *Démiurge* que Platon met en scène dans le *Timée*, ce « fabricant, *poiètès*, et père du tout ». Ni dans l'Ancien Testament[7] ni dans la tradition philosophique des Grecs, le « créateur-fondateur » ne connaît la création à partir du néant. Plus exactement, rien ne sera pensé sur le mode du créer *ex nihilo* avant le Ier, sinon le IIIe siècle de notre ère[8]. Pour les Grecs, le monde et la matière sont toujours déjà là, de même que les dieux sont de ce monde à l'égal des mortels nés de la même mère, de *Gaia* aux larges flancs, « assise sûre (*hédos asphalés*) à jamais offerte à tous les vivants[9] ». En donnant à *Yahvé* le titre de « fondateur », de *ktistès*, certains rédacteurs grecs se montraient attentifs à la part « créative » du « fonder » et de l'« inaugurer ». Ils allaient ainsi dans le sens d'une orientation sémantique de *ktizein*[10] : créer-produire, par exemple, le mors qui dompte la force du cheval[11] ; faire surgir, donner vie à l'espèce humaine depuis les pierres jetées par Deucalion et Pyrrha[12] ; ou encore, lorsque des peintres sur des surfaces « font naître », produisent des arbres, des femmes, des hommes[13]. Cette dimension démiurgique si présente dans la tradition cosmogonique va marquer pour une part l'histoire d'*arché* mais en marge de la grande avancée de *ktizein* dans le champ au politique.

Dans la Grèce archaïque, entre le VIIIe et le Ve siècle avant notre ère, le « créer » se situe entre *faire* et *inaugurer*, entre, d'une part, façonner, fabriquer, produire selon une habileté, un savoir artisanal, une *sophiè*, et, d'autre part, commencer, instaurer, poser, fonder. Autant d'actions qui se distribuent entre l'art du constructeur, de l'architecte et le savoir de la parole oraculaire, entre mantique et fondation. Actions et gestes sont ici premiers : faire et inaugurer font couple de façon pragmatique. Ils s'articulent fortement dans un domaine où les Grecs se livrent à des expériences de création pendant plusieurs siècles. C'est le domaine « politique », au sens grec, avec la fondation-création de cités nouvelles, entre la mer Noire et l'Italie du Sud. Lieu d'expérimentation sur les modalités du « bien vivre ensemble ».

Pour la plupart, ce sont des actes créateurs anonymes, surgissant de toutes parts et sans autre coordination que la référence commune à un sanctuaire extraterritorial et panhellénique implanté à Delphes et dominé par Apollon, le dieu le plus qualifié de tout le panthéon en matière de « créations » et de « fondations ». Au cœur de ces pratiques du faire et de l'inaugurer, jouxtant le dieu delphique, il y a un acteur humain : le « fondateur », celui qui, après avoir reçu sa légitimité de la bouche de l'oracle apollinien, s'en va créer une cité avec ses autels et son *agora*, ses temples et ses murailles. Ce « fondateur » qui agit en architecte et en urbaniste porte le titre officiel d'*archégète*. À l'imitation du dieu de Delphes, premier *Archégète*. Tandis que le « fondateur », de son vivant appelé *ktistès* ou *oikistès*, devient à sa mort *archégète*, honoré par la nouvelle cité à la manière d'un héros ancestral, tendu entre le pôle chtonien et le pôle olympien[14].

Un dieu archégète pour les Grecs ; dans l'ancien Israël, un dieu « fondateur» cachant une puissance démiurgique mais dans une relation entièrement différente avec les créations et les fondations de l'espèce humaine. Dans tout le Proche-Orient ancien, jusqu'à la fin du IIe millénaire avant notre ère, le récit des origines se déploie sur le registre cosmogonique. Au commencement, l'eau, la terre, une butée de terre sur les eaux; des puissances divines surgissent, elles s'affrontent, elles s'engendrent. Les généalogies de dieux nomment le père et la mère; les hiérarchies de puissances organisent et donnent forme au monde. Apparaissent les dieux créateurs, ceux qui façonnent le roi, la Souveraineté à leur image; ainsi le dieu sumérien Enki confiant la pioche et le moule à brique au dieu Kulla, c'est-à-dire la Brique en personne, chargé de parfaire l'ordre du monde. Il y a des dieux qui dessinent les premières villes avant de produire l'humanité, de façonner le premier roi, de jeter les fondations du premier temple à l'entour duquel l'espèce humaine va goûter la peine et l'effort. Lorsque, à son tour, un roi mésopotamien crée une ville, élève un temple, édifie un palais, c'est toujours à l'imitation d'une puissance divine dessinant une première ville, un premier palais, un premier temple dans le ciel inaltérable[15]. Le fondement demeure inaccessible à l'acteur humain.

Dans l'ancien Israël, si fortement marqué par le traumatisme de la chute de Jérusalem, avec la destruction du temple et la mise en cause du pouvoir cosmique d'un petit dieu national, la transcendance transfigure Yahwé en dieu unique, souverain de l'univers, maître du temps qui englobe le commencement et la fin. Apparaît un dieu avide de création, exigeant d'être seul responsable de la marche du monde, et impatient d'avoir prise sur la totalité des choses, du dehors de sa création rassemblant l'originel et l'actuel. Dans le même mouvement que le temple aboli devient Livre et Parole révélée apte à devenir partout son propre lieu, le dieu créateur se veut l'unique fondateur; l'initiateur de toutes les initiatives[16]. Dans la tradition de la Genèse, l'inventeur humain, celui qui décide de fonder des villes, qui prétend découvrir la métallurgie, et les instruments de musique, celui-là appartient à la lignée de Caïn, à la descendance du meurtrier maudit. Il semble que, dans la culture de l'ancien Israël, vouloir commencer, c'est oser rivaliser avec Yahwé, avoir la prétention impie de substituer un début humain au commencement absolu de la création. Le dieu d'Israël a les villes en horreur[17]. Rien ne l'aurait davantage irrité que le contresens commis par des traducteurs de langue grecque le jour où ils l'ont appelé, lui, le dieu créateur, «fondateur de cité», comme le premier condottiere venu s'en allant implanter une *polis* dans un coin perdu de l'Occident.

En Grèce, l'Archégète humain n'est assujetti à aucun dieu; il jouit d'une entière liberté de « création ». Deux aspects essentiels du « faire et de l'inaugurer » se nouent dans le composé « archégète » : *hègeîsthai* et *archè*. *Hégeîsthai* signifie mener, conduire, ouvrir la route, marcher en avant avec l'autorité de qui sait la direction et le sens du chemin. Tandis que le mot *archè*, d'emblée, conjoint une double signification : le commencement et le commandement ; le premier dans une série temporelle et le premier dans une hiérarchie sociale. Puissance du commencement, *Archè* va devenir, dans la première philosophie, le principe élémentaire, ce qui n'a pas de commencement dans le temps, mais, en même temps, ce à partir de quoi les choses et le monde ont pris forme. Peut-être la pensée poétique a-t-elle préfiguré le sens d'*arché* comme fondement, mais en le découvrant depuis la force du commencement. La *Théogonie* d'Hésiode en donne prescription : l'*aède*, le poète en son chant doit commencer par le commencement, *eks archés*, depuis le début, depuis le principe des choses [18]. Longtemps avant Hésiode probablement, les Muses de l'Hélicon étaient au nombre de trois : *Méletè*, concentration, exercice mental, indispensable dans le métier d'aède ; *Mnèmè*, mémoire, ce qui permet de réciter et d'improviser ; *Aoidè*, chant épique et poème achevé. Mais *Archè* rejoint les trois premières dans d'autres listes qui déploient les différentes figures de la parole chantée et de sa puissance [19]. C'est dans le milieu raffiné des aèdes et de ceux qui s'appelleront plus tard « poètes » que s'impose l'idée [20] que celui qui prétend régler son discours sur l'*arché* — l'*archè*-commencement qui lui donne le début sinon l'origine — doit avoir également accès à l'*arché* de son chant, à ce qui en est le principe et le fondement.

Une cosmogonie découverte en 1957 par la grâce d'un papyrus d'Oxyrhynque autorise une plus grande précision au confluent de la poétique et de la philosophie. Elle est l'œuvre d'un poète spartiate, Alcman, qui compose aux environs de 610 avant notre ère des « chants de jeunes filles », des « parthénies », une lyrique chorale [21]. Au début de son poème, Alcman, qui va « parler de la nature », *phusiologeîn*, s'adresse aux Muses appelées filles de la Terre, de *Gaia*, Muses antérieures à celles qui naissent plus communément de Mémoire, de *Mnèmosunè*, épouse de Zeus l'Olympien. Quel est le discours sur la nature que les filles de la Terre vont inspirer à Alcman [22] ? Il y a comme un premier état de la matière, *hulè*, « quand toutes choses sont confondues et non *créées*, non *façonnées* (*apoèton*) ». Ensuite « naquit un certain (être) qui arrange (*kataskeuazein*) toutes choses » : c'est *Thétis*, déesse marine, puissance de l'immensité salée, déesse installée à Sparte avec temple et prêtresse. « Lorsque la matière commença à être organisée, un certain *Poros* naquit comme *commencement*, comme *archè*. »

Poros signifie « passage », chemin, voie, issue mais aussi expédient. « *Poros* étant né, *Tekmôr* suivit. Et *Poros* est comme un commencement, *Tekmôr* comme une fin, un *télos*. »

Voilà donc un « commencement » qui se formule entre *faire* et *inaugurer*, à la jointure entre la puissance qui dispose et façonne sous le nom de *Thétis*, et l'autre, appelée *Tekmôr*, qui marque le terme et la limite. De *Poros* à *Tekmôr*, il y a parcours assuré d'un point à l'autre. Tandis que le fondement du commencement, ce qui donne une assise au tracé de *Poros* tendu vers sa limite, vers son *Tekmôr*, c'est *Thétis* en tant qu'elle met en place, pose et dispose, autant d'actions qui relèvent du verbe *tithenai*, si vivant en la cosmogonique *Thétis* (*thesis*, comme l'interprétaient d'anciens scholiastes fort avisés). Conçue entre Sardes et Sparte par Alcman, cette cosmogonie poétique pourrait être antérieure à Thalès d'une vingtaine d'années.

Plus anciennes encore sont les pratiques qui entrelacent le faire et l'inaugurer dans l'exercice de la fondation. Dès la première moitié du VIIIe siècle, dans le même temps que surgissent les cités neuves du continent et de la Sicile, le récit de l'*Odyssée* énonce les séquences majeures d'une manière nouvelle d'organiser l'espace et d'habiter la terre. Les Phéaciens en leur cité idéale font découvrir deux par deux les éléments constitutifs de la *polis* : une muraille délimitant et découpant l'espace ; une *agora*, un lieu public ouvrant le champ du politique ; et, répondant à l'espace de la parole publique, le domaine réservé aux dieux, à leurs sanctuaires et à leurs affaires propres, tandis que les maisons des hommes complètent l'aménagement d'un territoire divisé en lots vraisemblablement égaux[23].

Nous connaissons de mieux en mieux le grand mouvement nomade qui entraîne les Grecs à fonder des cités, presque des centaines, souvent minuscules, et les unes à partir des autres. Mouvement de longue durée, sur plus de trois siècles, qui présente plusieurs traits remarquables. En premier : que les cités sont une invention des hommes. Ce sont des mortels, une fois séparés des dieux dit-on, qui ont commencé à bâtir des cités, à tracer des murailles, à dessiner le domaine public, à prévoir l'emplacement des premiers temples à l'intention des Immortels, apparemment fort absorbés dans d'autres pensées. Deuxième aspect : chaque cité connaît un ou plusieurs fondateurs dont le pouvoir légitimé par l'oracle de Delphes se dit en termes d'absolu, c'est-à-dire que l'*oikistès* devient *autokratôr*, ne tirant sa puissance, son *kratos*, que de lui-même. Au commencement de la cité fondée, il y a l'autorité d'un seul pour dessiner, tracer, organiser la forme première de la nouvelle Communauté. Troisième trait : cette « Communauté du bien-vivre en vue d'une existence accomplie et autosuffisante »

— selon la formule d'Aristote —, le fondateur l'inaugure par une opération de « défrichement ». « Fonder », en grec *ktizein*, veut dire d'abord défricher, domestiquer, aménager une terre sauvage, inculte, déserte, et comme « vide ».

Défricher et fonder se pensent ensemble, lorsque le fondateur-architecte monte à Delphes consulter l'oracle d'Apollon, la question rituellement adressée à la Pythie doit être : « Quelle terre irai-je défricher-fonder, *ktizein ?* » Demande d'une terre, d'une portion d'espace à domestiquer, à rendre cultivée d'inculte et de sauvage qu'elle était ; à construire aussi, car le travail du fondateur-architecte commence avec les chemins tracés, les voies de communication que les Grecs préfèrent appeler les routes bien assises, solidement établies — celles qui relient les différents points de la cité, l'*agora*, les temples et les portes d'une ville qui commande un territoire à la mesure de communautés de cinq cents à deux mille citoyens, pour la plupart du moins, entre le VIIIe et le VIe siècle[24].

Construire prolonge naturellement défricher et « cultiver » au sens d'adoucir, de rendre *hèmeros*, aimable, ce qui est naturellement rude et sauvage, *agrios*. Car avant que d'être « cultivée et construite », la Terre, *Gaia* ou *Gê*, est pensée comme vide autant que sauvage. *Gaia* est couverte de forêts, remplie de bêtes sauvages ; elle ne connaît encore ni routes ni chemins[25]. Une Terre déserte, inoccupée, « vide » au sens d'*erèmos*[26] : si des êtres humains sont signalés, ils mènent encore, isolés ou en bandes, la même vie sauvage que les animaux de la forêt. La Terre « vierge » semble une composante fondamentale du projet qui conjoint si étroitement faire, inaugurer et fonder. Elle offre en même temps que l'assise l'espace à découper, à trancher, à partager en lots égaux : ce sont les portions de terre réparties entre les premiers « colons », souvent tirées au sort et attribuées aux futurs citoyens avant même de gagner par mer la côte ou la plaine sur laquelle la cité sera implantée[27]. Partage très concret sur le terrain, mais également abstrait quand il procède selon l'ordre géométrique ainsi qu'en témoignent, longtemps avant Hippodamos de Milet, les premières villes de Sicile.

Dans le vaste laboratoire de leurs « colonies », où les Grecs vont expérimenter les différentes figures de la cité et du politique, on peut dire qu'ils s'exercent à penser l'espace comme vide[28] et offert à qui entend « poser d'une manière créatrice », inaugurer autant qu'établir de manière durable[29], conjoindre le commencement qui fonde et le fondement qui commence, selon la sémantique d'*archè*, relevée par Aristote dans la *Métaphysique*[30]. Car, dans certaines représentations du vivant entre organisme et artefact, le mot *archè* signifie « ce sur quoi est construit le reste» : que ce soit la carène d'un bateau (*trópis* ou *tropideia*) posée (*kataballesthai*, verbe de la fondation comme *hypoballesthai*) comme une esquisse mais aussi comme la matrice du vaisseau[31] : que ce soit la partie du corps au-dessus des hanches dite *osphús*[32], qui est comme la quille du vivant, «l'élément premier et immanent de la génération»[33] ainsi que l'est le cœur ou la cervelle, selon les écoles philosophiques[34].

À la différence de la nature autant que du démiurge travaillant sur une matière première, le fondateur-archégète non seulement inscrit sur le sol vierge l'idée, la forme d'une cité mais, en tant que *autokratôr*, il porte en lui une part de violence et de démesure. La violence lui est nécessaire. D'abord dans l'arrachement et la séparation qui fait laisser derrière soi la communauté de naissance; il faut s'en aller et partir sans emporter ses morts. Les Grecs qui s'embarquent vers l'Occident et les terres nouvelles ne portent pas leurs Ancêtres avec eux ni sur leurs épaules comme Énée quitte Troie avec Anchise et les dieux de la ville incendiée. Les fondateurs de cité doivent faire violence à leurs morts, et ils en sont conscients. Il y a, ensuite, dans le geste de celui qui ouvre le premier la route, l'affirmation d'une violence meurtrière : celle du premier sacrifice sanglant sur le rivage ou au cœur de la future cité; celle de la découpe de la Terre qui se fait symboliquement au couteau; celle de l'occupation de l'espace par la troupe des hommes «couverts de bronze», prompts à massacrer ceux qui feraient obstacle au caractère «inoccupé» de l'emplacement choisi. Enfin, la violence est d'autant plus grande qu'un certain nombre de ces fondateurs sont des meurtriers, qu'ils ont fait couler le sang et sont montés vers Delphes afin de connaître la terre qu'ils pourraient «défricher» et «fonder», loin des lieux souillés et des morts en colère.

La comparaison avec Rome accuse encore plus fortement la spécificité de la configuration dominante du «commencer» à la manière grecque. Rome est riche en figures et en puissances du commencement. Elle distingue les commencements dans le temps, les *prima*, des commencements dans l'ordre de la dignité et de l'importance, appelés *summa*, et qui sont aussi des «accomplissements[35]». Janus est un dieu pour *tous* les commencements, et, comme l'observe Ovide, la Grèce ignore Janus[36]. Hermès n'en est point l'homologue, même si tous deux semblent éprouver une commune passion pour les passages d'un seuil à un autre, d'un état à un autre. La boulimie de Janus en «commencements» dans l'espace, dans le temps, dans les choses et dans la nature semble laisser indemne le domaine du politique, au sens strict, ainsi que le champ de l'action humaine. À l'opposé du grand mouvement de création de cités nouvelles, l'expansion de Rome se fait par intégration de nouveaux citoyens et par annexion d'immenses territoires. Par ailleurs, si la maîtrise du temps et les procédures d'inauguration sont déterminantes dans le monde romain, c'est le *pontifex maximus* et ce sont les augures qui en ont le privilège. Les augures ont la haute main sur le domaine des actions : à eux de s'informer auprès des dieux si le « plein de force » est consenti aux actes et aux choses. Tandis que le pontife, posté à l'ouverture de chaque mois, règne sur le passage d'une année à l'autre. Le temps de l'action humaine est subordonné au temps religieux dont sont responsables le *pontifex maximus* et le *rex sacrorum*. Le régime historiographique de Rome en portera la marque : ainsi que John Scheid le montre[37], les Pontifes furent les premiers à rédiger des chroniques, à choisir les événements mémorables et à leur donner ainsi un sens dans ce qui allait devenir avec les *annalistes* une façon d'écrire l'histoire, une histoire fondée sur les grands événements d'une nation.

Si le monde grec dispose d'une si grande liberté pour penser ensemble « créer-fonder-inaugurer », c'est peut-être qu'il bénéficie d'une forte rupture avec une tradition culturelle antérieure, mais, plus vraisemblablement, c'est que les cités grecques surgissant au VIIIe siècle se donnent un espace politique à travers un ensemble de pratiques autour de l'action fondatrice et « archégétique ». Ce sont ces pratiques et les expériences répétées de commencement autonome qui constituent le socle sur lequel tant de savoirs nouveaux et conscients de l'être vont se déployer et s'imposer.

Nouveauté radicale de cette Grèce des commencements : elle se mesure en regard de si nombreuses sociétés satisfaites de se penser dans la continuité et la répétition d'une origine ne laissant aucune place, ou presque, à l'imagination d'un devenir autre, ni à l'expérimentation pour changer le cours des choses au hasard des vicissitudes et des turbulences de l'Histoire souveraine. Tandis que, en pays grec, ce qui d'emblée s'impose, c'est le besoin, la pulsion même de se penser ainsi qu'un commencement. L'homme grec de l'Archaïsme affirme haut et clair qu'il est l'inventeur de la cité et de la culture ; que ce sont des mortels qui découvrent l'écriture, inventent la monnaie, énoncent les premières lois de l'astronomie et de la géométrie.

À coup sûr, c'est ici que s'inaugure en profondeur un nouveau régime d'historicité : conscience qu'il y a un temps des hommes, distinct, séparé du temps des dieux ; conviction que le temps des hommes est ouvert au changement, au progrès, à la richesse de découvertes toujours nouvelles ; certitude que les décisions d'une communauté autonome peuvent remodeler la structure sociale et redéfinir les valeurs culturelles.

Marcel DETIENNE

IV

ENTRE LE MYTHE ET L'HISTOIRE

10.

L'ordre généalogique
Entre le mythe et l'histoire

L'apparition de l'écriture alphabétique dans les cités grecques à partir du milieu du VIIIe siècle av. J.-C. permet le développement d'un espace intellectuel et politique nouveau [1]. On voit en particulier apparaître, dès le VIe siècle, des individus qui s'approprient le nouvel instrument graphique à titre privé, pour tracer des cartes de la terre ou des figures de géométrie, écrire de la « physique », des sentences philosophiques, ou encore les récits des Grecs et les coutumes des peuples barbares. Pratiques scripturales qui fondent un nouveau mode de constitution et de transmission des savoirs : au-delà de la fixité de l'archive écrite, nous observons l'émergence d'une instance d'énonciation inédite, et le *graphein* instaure une distance critique nouvelle entre le sujet et les objets intellectuels qu'il se propose de manipuler.

En quoi l'appropriation de l'écriture par les premiers prosateurs des cités grecques va-t-elle influer sur la mémoire du passé collectif, et instaurer un regard nouveau sur les traditions véhiculées par les poètes et déjà fixées par écrit, comme par exemple le *Catalogue des Femmes* attribué à Hésiode ? Comment passe-t-on de la théogonie et de l'épopée, inspirées par les Muses, à la mise en ordre et en prose des traditions, assumée par un sujet qui écrit ? Et à partir de quel moment s'affirme l'exigence d'une mémoire du passé proche, désormais distincte du savoir sur les temps très anciens ? La première écriture des traditions n'instaure pas un partage immédiat entre le champ du mythe et celui de l'histoire. L'émergence de l'histoire s'apparente à une série de glissements et de déplacements graduels plus qu'à une rupture nette avec les formes du mythe et de l'épopée, même si la complexité du processus n'exclut pas le geste inaugural, par exemple celui d'un Hérodote, dans la première moitié du Ve siècle. L'« écriture de l'histoire» ne surgit pas sur un horizon d'oralité, où elle déploierait la gamme des effets intellectuels de la «raison graphique»[2] : nous observons plutôt des changements de registres, l'émergence d'un regard réflexif et critique sur des traditions déjà mises en forme par l'écriture poétique.

Dans ce processus dont le moment crucial se situe aux VIe-Ve siècles, le schéma généalogique tient une place centrale et paradoxale[3]. Il est instrument de suprématie sociale, détour par les origines grâce auquel les familles aristocratiques de la cité affirment leur noblesse, exhibant quelque ancêtre héroïque, voire divin. La généalogie est ainsi un champ d'informations factuelles, un objet de savoir. Mais elle est aussi un modèle intellectuel, organisant une forme particulière de mémoire et d'écriture, dès lors que l'on ne se soucie plus seulement d'exhiber l'ancêtre divin ou héroïque, mais aussi de suivre la chaîne des générations, de déployer un récit dépassant les individus et leurs exploits pour rendre compte de leur insertion et de leur succession dans une lignée familiale, sous la forme contraignante d'une liste orientée, éventuellement arborescente. La généalogie impose en effet aux matériaux mythiques qu'elle réemploie une cohérence nouvelle. Elle invite à penser l'origine, la succession, le synchronisme, et à gérer la nécessaire linéarité du récit, pour préserver l'intelligibilité des ramifications de l'«arbre», qui se produisent à chaque génération, voire établir des liens entre des familles distinctes. L'écriture généalogique, poétique ou prosaïque, crée ainsi un espace balisé de liens, de reprises anaphoriques ou d'anticipations.

La généalogie, contenu d'un savoir traditionnel — maîtriser la nomenclature du who's who mythographique —, met aussi ce savoir en forme, puisqu'elle renferme virtuellement un principe abstrait d'organisation, voire de comput du temps, et peut devenir l'axe organisateur d'une chronique, où la succession des générations permet la datation relative des événements. Elle invite dès lors à penser des rapports abstraits de synchronie ou de diachronie, où des relations sont établies entre des faits et des personnages, dans des cités et des régions différentes, sur la base abstraite d'une relation temporelle. La généalogie n'est dès lors plus le seul instrument de la mémoire d'un lieu, d'une famille ou d'un groupe, mais le principe d'organisation arbitraire et conventionnel d'une mémoire plus large, permettant par exemple d'associer le nom d'une prêtresse d'Argos et un événement en Sicile, sur la seule base de leur synchronisme. La généalogie, dans ces dernières métamorphoses, prépare la chronologie et l'exposition des causes, c'est-à-dire la genèse des faits, et non plus seulement des hommes, constitutive de la nouvelle *historié*, celle d'Hérodote.

La généalogie se trouve ainsi au cœur d'une série de mutations dans la culture grecque de l'archaïsme et de l'orée du classicisme. De la poésie à la prose, du passé lointain au passé proche, du monde des dieux et des héros au monde des hommes et des cités, de la mémoire familiale à la mémoire collective, du contenu structuré à la forme structurante du savoir, la généalogie apparaît comme un genre discursif et un champ intellectuel qui, sous l'apparente perpétuation de motifs traditionnels, sont à la fois les objets et les instruments d'un ensemble de transitions et de déplacements : on y voit émerger un nouveau statut du sujet écrivant, un nouveau champ de savoir, collectif, agité de controverses, régi par des contraintes de cohérence, voire de rationalisation ; on y voit aussi s'esquisser des formes de mise en ordre des traditions du passé, désormais conçues comme un objet intellectuel problématique, dans un déplacement qui les soustrait à l'autorité des Muses pour les exposer à celle de la *doxa* humaine. Dans cette artificialisation de la mémoire, qui s'appuie sur l'écriture en prose, son art de la narration et sa discipline de l'échelonnement temporel, on voit poindre un intérêt nouveau pour les liens du passé lointain avec le présent, pour le mythe comme moyen étiologique de comprendre la situation actuelle, pour les relations des traditions locales et panhelléniques. Au milieu du Vᵉ siècle, l'œuvre hérodotéenne qui choisit pour champ d'enquête le passé proche, creuse un écart nouveau avec l'« archéologie », soucieuse du temps des origines et de la mémoire locale ou régionale. La généalogie, comme champ de savoir, restera le champ privilégié des grandes entreprises de mythographie, alors que comme forme structurante, elle a contribué à l'émergence d'une temporalité historique.

Écrire les récits des Grecs

À la fin du VIᵉ siècle, Hécatée de Milet est l'un des auteurs qui illustrent de la manière la plus spectaculaire les nouveaux champs d'application de l'écriture alphabétique. Double domaine d'investigations : la géographie et l'ethnographie, dans une *Périégèse* (ou *Circuit de la terre*) rendue pensable par la carte d'Anaximandre, un Milésien, lui aussi (vers le milieu du VIᵉ siècle) ; une œuvre mythographique en quatre livres que la tradition antique désigne sous plusieurs titres : *Histoires*, *Généalogies* ou *Hérologie*[4]. L'espace de l'œkoumène et les traditions du passé, deux champs offerts à une mise en ordre, un classement méthodique, une écriture qui juxtapose, harmonise, enchaîne.

Des *Généalogies*, nous avons conservé quelques fragments, dont un extrait de l'introduction[5] : «Hécatée de Milet s'exprime ainsi : J'écris ce qui suit [*tade graphô*], tel que cela me semble être vrai ; car les récits [*logoi*] des Grecs sont nombreux et risibles, tels qu'ils m'apparaissent à moi.» Prologue bref, chargé de sens dans sa nouveauté radicale : après Solon, le poète-législateur, Hécatée emploie le verbe «écrire» à la première personne. Il revendique la propriété de son texte en y inscrivant son nom, de même qu'un artisan signe l'objet qu'il fabrique. Il affirme son jugement par un rire ironique : seul contre tous, Hécatée contre tous les Grecs. Les Grecs ? La rectification d'Hécatée ne vise pas quelque généalogie familiale ou les traditions d'une région ou d'une cité particulières, mais un répertoire de récits circulant dans un espace culturel collectif, objet intellectuel autonome, que l'on peut abstraire de ses conditions d'énonciation. Dans les *logoi* des Grecs, évoqués par Hécatée, il est tentant de reconnaître une référence directe aux traditions de l'épopée[6]. Le prologue du généalogiste témoignerait de l'émergence d'un regard critique, d'une distance par rapport à des traditions poétiques désormais considérées du point de vue de la cohérence, la validité de leur contenu, des *logoi* qu'elles proposent.

Le poète prêtait sa voix à un chant inspiré par les Muses. Celles-ci étaient la source de son savoir sur ce qui fut, ce qui est et ce qui sera. La tradition épique délimitait l'horizon du passé collectif. Tradition plastique et évolutive, qui laissait place aux variantes, aux digressions, aux contradictions propres à des performances orales multiples et délocalisées, où la mémoire était indissociable du processus de création, avant que l'écriture ne vienne la figer. Hécatée de Milet se nomme[7], et inscrit à l'ouverture de son texte son geste d'écrivain, sa manière de voir et d'interpréter. Il définit un nouveau statut énonciatif en même temps qu'une position de pouvoir, en assumant la transcription de ces *logoi* multiples et risibles. Si les Muses, filles de Mémoire, étaient naguère les garantes de la vérité poétique, de l'*aléthéia*, Hécatée trouve dans l'affirmation de son jugement un critère de vérité : «ce qui me semble être vrai». L'écriture donne à l'*aléthéia*, cette vérité qui est, au sens littéral, un déni de l'oubli, un sens nouveau : loin d'être révélation divine et visionnaire, la vérité doit être établie par des procédures intellectuelles, une décision critique[8]. Elle est en fait indissociable de l'écriture même, qui, en sélectionnant et en reformulant les *logoi* des Grecs, selon les critères subjectifs de la *doxa*, établit un partage entre ce qui est vrai, et ce qui relève de la multiplicité et du risible. L'écriture fabrique une nouvelle mémoire, sélective, contrôlée. Elle est un instrument de pouvoir discrétionnaire sur la mémoire des autres, puisqu'elle occulte, sélectionne et remet en forme.

Hécatée de Milet est représentatif de ces auteurs de généalogies, d'archéologies et d'histoires locales, comme Akousilaos d'Argos, Phérécyde d'Athènes, Hellanikos de Lesbos, qui émergent dans le paysage intellectuel des cités grecques, entre le milieu du VIe et la fin du Ve siècle[9]. Ces individus sont dépourvus de tout statut officiel, de tout mandat. Ils ne s'autorisent que d'eux-mêmes et se définissent comme des individus ayant quelque chose de spécial à dire[10], intervenant pour donner leur opinion sur le passé lointain de la même manière que des citoyens participent au débat sur les affaires communes. L'écriture est pour eux le moyen de s'adresser à un public abstrait, indépendant d'un lieu ou d'un temps particuliers. La mémoire n'est pas privilège d'initiés. Le passé n'est pas objet de rétention ni de discours ésotérique. Il trouve au contraire une visibilité inédite dans le nouvel espace de publicité instauré par l'écriture en prose, même si celle-ci en restreint *de facto* la diffusion au cercle des lecteurs (sans doute encore très limité à la fin du VIe siècle) ou des auditeurs des lectures publiques. Ces premiers logographes grecs sont fort différents des historiographes de la Chine ancienne, scribes officiels au service exclusif d'un pouvoir unifié et centralisé dont ils enregistraient les dits et les gestes[11]. Nous ne sommes pas dans la situation de l'archipel indonésien, au XVIe siècle, où des spécialistes des écritures, le plus souvent anonymes, rédigent les journaux de palais[12]. Nous ne trouvons pas, dans ces cités grecques, d'annalistes scrupuleux qui exploiteraient des archives écrites précieusement conservées, malgré le scénario des origines de l'historiographie, proposé par Denys d'Halicarnasse, au Ier siècle av. J.-C., imaginant Hécatée et ses confrères comme les scribes et les relais aussi dévoués que transparents de la mémoire des indigènes et des archives écrites conservées dans les lieux sacrés et publics[13]. Contrairement à la situation de la Rome républicaine[14], en effet, il n'y a pas en Grèce de collèges sacerdotaux, encore moins de prêtres spécialisés qui auraient le monopole et le privilège de l'archivage[15]. Si un sanctuaire comme l'Héraion d'Argos conserve la mémoire des prêtresses qui se sont succédé au service de la déesse, rien n'indique que ces listes aient servi de canevas à la mémoire locale ou régionale : c'est un laïc et un étranger, Hellanikos de Lesbos, qui va utiliser cette liste pour organiser une des premières « chroniques universelles ». Il en va de même pour les listes de vainqueurs aux jeux musicaux, conservées dans le sanctuaire d'Apollon à Sparte. Zeus, Héra, Apollon ne sont pas des dieux chroniqueurs et n'emploient pas de chroniqueurs parmi le personnel de leurs sanctuaires[16]. Dans la Grèce du Ve siècle naissant, l'éclatement est de règle, avec une pluralité de cités autonomes, qui excluent un bureau central des historiens. Ces auteurs n'ont pas de statut, échappent à toute organisation corporative. Les médecins officient dans des confréries, exercent souvent leur art de père en fils, voient leur profession régulée par des inscriptions. Les philosophes et « physiciens » présocratiques sont associés par des liens de maître à élève, filiation intellectuelle qui témoigne de la constitution de formes de savoir transmissibles, comme la géométrie par exemple. Rien de tel parmi les premiers prosateurs qui fixent par écrit les récits de la tradition : ils ne se reconnaissent ni ancêtre commun ni organisation corporative. Ils apparaissent comme des individus isolés, ne créant un espace intellectuel commun que par la pratique de l'écriture et les débats différés et délocalisés qu'elle permet.

Le savoir sur le passé ne repose pas, comme dans l'ancien Israël, sur un texte unique et révélé, qui n'attendait que la profondeur de l'exégèse, mais il se diffracte en une multiplicité de *logoi* indépendants, qui prolifèrent hors de tout contrôle : la mémoire locale et familiale entre en concurrence avec les poèmes panhelléniques, les traditions des cités et des sanctuaires. Le sourire d'Hécatée devant ces *logoi* ne peut se dessiner qu'au moment où l'on prend conscience de l'existence de ces rumeurs tenaces, bavardes et inconséquentes, qui enveloppent les premières cités grecques sans qu'elles y prêtent attention.

Où réside la nouveauté du projet de ces premiers prosateurs grecs et en quoi leurs *logographies* témoignent-elles d'une évolution, sinon d'une rupture par rapport à la tradition poétique ? Qu'est-ce qui différencie, par exemple, les *Généalogies* d'Hécatée du *Catalogue des Femmes* d'Hésiode, ce poème du VIe siècle qui « a dû constituer le plus grand répertoire non homérique de noms mythologiques hérités de la période archaïque [17] » ? Et en quoi les *Trôika* d'un Hellanikos de Lesbos se démarquent-elles de l'*Iliade* d'Homère ? La question mérite d'être posée, elle le fut d'ailleurs dès l'Antiquité, tant les éléments de continuité semblaient évidents.

Bien des indices suggèrent en effet une étroite analogie entre la tradition poétique et les premiers prosateurs qui décident d'écrire les récits des Grecs [18]. Prenons par exemple ce fragment des *Généalogies* d'Akousilaos d'Argos, au milieu du VIe siècle : « Océan épouse Téthys sa sœur ; ils donnent naissance à trois mille fleuves. Parmi eux, Achéloos est l'aîné et le plus vénéré [19]. » Avons-nous ici autre chose que la traduction en prose du récit poétique d'Hésiode [20] : « Téthys à Océan enfanta les fleuves tourbillonnants... » ? Seule différence notable : alors qu'Hésiode se plaît à énumérer les noms propres des Océanides, Akousilaos se contente de les dénombrer et de nommer l'aîné. Le même auteur, toujours fidèle à la tradition hésiodique, affirme que

Chaos est le principe premier d'où sont issues toutes choses[21]. Platon convoque simultanément les autorités d'Hésiode et Akousilaos pour situer Éros parmi les dieux des commencements, suggérant que l'un et l'autre relèvent du même champ de savoir[22]. Hésiode et Akousilaos sont à nouveau cités conjointement pour décliner la descendance d'Echidna et de Typhon : Cerbère, le chien immortel et, entre autres monstres, l'aigle qui dévore le foie de Prométhée[23]. Comme pour la plupart des premiers historiens grecs, l'œuvre d'Akousilaos ne nous est connue que par la tradition indirecte : les citations fragmentaires sont autant de testimonia qui interviennent dans l'espace érudit et vertigineux de la collecte des variantes des mythes grecs. Akousilaos est une source parmi d'autres, Homère[24], Hésiode[25], Alcée[26], Musée[27], Épiménide[28], l'auteur de la Titanomachie[29], le poète de la Phoronide[30], Euripide[31], Panyassis[32], Pindare[33] ou encore Phérécyde[34], Andron[35], Hellanikos[36] et Hécatée[37], ses collègues « proto-historiens ». Mais peut-être sommes-nous victimes d'une illusion d'optique, tant nos fragments sont tributaires de l'érudition mythographique et littéraire alexandrine, qui ne voit dans la bibliothèque du passé qu'un vaste espace indifférencié de testimonia et d'informations factuelles, de variations infinies et d'alliances éphémères entre auteurs, recomposables en fonction des convergences ou divergences ponctuelles[38].

Alors, continuité ou rupture ? Simple adaptation en prose de la mythologie des poètes ou remaniement en profondeur de la tradition[39] ? Sans avoir valeur d'argument absolu, les hésitations de la tradition à qualifier les « généalogies » d'Hécatée et d'Akousilaos sont révélatrices : sont-ils les derniers des mythographes ? Ou les premiers des historiens ? Les successeurs des poètes ? Ou les prédécesseurs d'Hérodote ?

Aristote dans la *Poétique* affirme que, même traduit dans le langage poétique, Hérodote resterait un historien[40] : on pourrait ajouter que, bien que transcrite en prose, une généalogie de type hésiodique reste telle[41]. Au début de l'ère chrétienne, Strabon, défenseur de la valeur didactique de la poésie et de l'omniscience d'Homère, voit dans la première prose grecque une simple mimésis de la poésie : des auteurs comme Cadmos, Phérécyde, Hécatée et leurs semblables ont renoncé à la forme métrique mais ont conservé, pour tout le reste, ce qui était le propre de la poésie[42]. Clément d'Alexandrie, de même, n'hésite pas à affirmer que des « *historiographoi* comme Akousilaos et Eumélos ont traduit en prose les œuvres d'Hésiode et les ont publiées comme leurs œuvres personnelles[43] ». Aux origines de l'écriture de l'histoire, un plagiat honteux ?... Une continuité de discours que voilerait à peine un changement de registre linguistique ? Tout en voulant réduire la distance entre Akousilaos et Hésiode à un jeu d'écriture malhonnête, Clément souligne l'écart entre deux statuts, l'*historiographos* et le poète théologien : *theologos*, d'ailleurs, n'est jamais appliqué par la tradition à Akousilaos[44]. Soucieux de démontrer la concordance totale entre les généalogies et les mythes, Ménandre le Rhéteur cite comme témoins Akousilaos, Hésiode et Orphée, tous auteurs de *Théogonies*[45], sans que la forme choisie, prose ou poésie, ne constitue un trait distinctif.

De fait, on ne manquera pas de relever les nombreuses similitudes existant entre le *Catalogue des Femmes* attribué à Hésiode et les *Généalogies* d'Akousilaos, d'Hécatée et d'Hellanikos, si tant est que l'on puisse esquisser une comparaison entre des corpus aussi fragmentaires. Le *Catalogue des Femmes* est un poème mythographique qui témoigne déjà du projet intellectuel de dépasser le cadre de la narration épique, limitée à des cycles particuliers et autonomes, ne couvrant qu'une génération humaine (Thèbes, Troie, Héraklès, les Nostoi), pour déployer une structure d'ordre général, où les individus et les exploits héroïques sont insérés dans un système de relations fixes. La généalogie est ainsi un opérateur logique et discursif permettant de produire de la continuité et de réemployer dans un système homogène des informations provenant de sources multiples, discontinues et hétérogènes : traditions locales, cycles épiques[46]. La généalogie poétique implique la combinatoire de matériaux traditionnels, leur reformulation, et, le cas échéant, une part active d'interpolation et de création pour remédier aux incohérences et aux lacunes. L'ordre ainsi institué est complexe. Le *Catalogue* ne tente pas de résorber la multiplicité des lignées mythiques en une arborescence unique : ces généalogies ont des points de départ multiples — unions de femmes mortelles avec des dieux — et se déclinent parallèlement, avec la possibilité de synchronismes et de liens transversaux[47]. En prose ou versifiée, la généalogie se trouve confrontée au même défi : concilier le déroulement vertical et la cohérence synchronique. La narration des épisodes mythiques peut se greffer sur l'apparition des noms des grands protagonistes.

L'ensemble de ces traits formels et génériques se retrouve dans les généalogies en prose. Celles-ci, du reste, empruntent l'essentiel de leurs matériaux, voire de leurs subdivisions internes, à la tradition poétique. L'union d'un dieu et d'une femme mortelle reste l'un des motifs récurrents, chez le poète comme chez les prosateurs, pour créer une lignée héroïque[48]. Les cinq livres du *Catalogue des Femmes* étaient consacrés aux grandes lignées familiales dans les traditions régionales du monde grec : descendants de Deucalion, Bélides, Agénorides, généalogie arcadienne, Atlantides, Pélopides[49]. Les généalogistes en prose sont les héritiers de ce travail de récapitulation et de formalisation et ces lignées constituent des rubriques de leurs propres ouvrages, alors même qu'ils s'écartent des poètes dans le détail de la déclinaison des générations. Si l'on accepte la datation récemment proposée par M.L. West pour la rédaction du *Catalogue* hésiodique — entre 580 et 520, ou peut-être même entre 540 et 520[50], il apparaîtrait que ce poème n'est guère antérieur aux premières généalogies en prose, voire leur est presque contemporain.

Pour bien comprendre le lien ambigu qu'entretiennent les premiers prosateurs grecs avec la poésie mythographique et théogonique — Hésiode, Épiménide, Musaios, Linos — nous disposons d'un témoin particulièrement intéressant, Phérécyde de Syros, au milieu du VIe siècle, contemporain de Thalès, Anaximandre et Pythagore[51]. Dans la tradition grecque, il est reconnu comme le premier auteur à avoir écrit sur la nature et sur les dieux, *peri phuseôs kai theôn*[52]. Selon les sources, son œuvre a pour titre *Theokrasia, Theogonia* ou encore *Theologia*[53]. Son ouvrage commençait probablement ainsi : « Zas et Chronos furent toujours, ainsi que Chthonié ; et Chthonié prit le nom de Gê quand Zas lui donna la terre en présent honorifique[54]. » Malgré les liens étroits qui l'associent au projet théogonique d'Hésiode, malgré l'absence probable d'une *sphragis*, à l'image de celle d'Hécatée, qui affirmerait la position singulière du scripteur face aux *logoi* de la tradition, l'œuvre de Phérécyde, bien que désarticulée en fragments, semble offrir une alternative aux poèmes hésiodiques en proposant une autre version des origines du monde. Si l'on repère des éléments de continuité avec les thèmes de la poésie — la Gigantomachie, la hiérogamie de Zas et Chtonié, la succession de différentes générations divines après les entités primordiales et la répartition des *timai* parmi les dieux, la *Théogonie* de Phérécyde appartient à un univers intellectuel différent de celui d'Hésiode. Elle prépare et annonce la « physique » de Thalès et d'Anaximandre, en privilégiant la dimension explicative et étiologique, en posant à l'origine des dieux un mélange des trois éléments primordiaux nés de la semence de Chronos : le feu, le souffle, l'eau. L'œuvre de Phérécyde apparaît ainsi comme une « rectification » d'Hésiode, substituant une nouvelle version des origines à celle du poète, et jouant sur la forme même des noms propres (Zeus/Zas, Chthonié/Gê, Chronos/Kronos), mais elle introduit aussi un nouveau langage et de nouveaux concepts (le temps, l'espace, l'ordre), proches de ceux de la première pensée scientifique grecque, qui émerge lentement au cours d'un processus de reformulation, de simplification, d'abstraction des catégories mythicoreligieuses. Phérécyde est ainsi l'un des témoins privilégiés du processus de transformation, de réécriture des récits traditionnels, inspiré par les nouvelles préoccupations philosophiques et eschatologiques (l'immortalité de l'âme) comme par les modèles religieux de l'Orphisme, qui conduit de la théogonie à la cosmogonie[55]. Il appartient à la catégorie des *memigmenoi theologoi*, des « théologiens mixtes », évoquée par Aristote[56], qui ne s'expriment pas toujours en ayant recours aux mythes.

On observe un processus similaire dans l'œuvre d'Akousilaos[57]. Le choix de la prose contribue d'emblée à le différencier de la tradition homérique et hésiodique, à situer ses récits dans un registre différent. Akousilaos rompt avec la poésie, mais adapte à la prose la langue ionienne de l'épopée, au lieu d'utiliser le dialecte dorien en usage dans le Péloponnèse[58]. Son œuvre se définit moins par la nouveauté de son objet que par un nouveau rapport à la tradition. Ses *Généalogies* englobent la création du monde et la théogonie, le temps des héros et celui des hommes. D'où, peut-être, le découpage en trois livres opéré à l'époque alexandrine. Mais du Chaos primordial au temps de la guerre de Troie[59], puis à celui du *genos* des Homérides à Chios[60], se déploie un grand récit qui, autant que nous puissions en juger d'après les fragments conservés, n'explicitait pas des seuils ou des passages entre des phases du passé relevant de procédures intellectuelles, de degrés de croyance spécifiques. C'est la syntaxe généalogique qui assure la cohérence, l'unité de l'œuvre. Et Akousilaos recompose en un récit unique ce que le corpus hésiodique scindait probablement en deux ouvrages distincts — la *Théogonie* et le *Catalogue des Femmes*.

Malgré leur proximité avec l'épopée et les poèmes théogoniques, qui a pu suggérer une simple adaptation en prose des mythes versifiés, les œuvres d'Akousilaos, d'Hécatée et de leurs successeurs n'en marquent pas moins un changement de perspective. D'abord par la nouveauté même de ce retour sur la tradition, à travers l'exercice réfléchi et laïcisé d'un *graphein* qui ne peut s'accommoder d'une répétition, d'une continuité pure et simple avec la poésie. Le préambule d'Hécatée affirmait l'émergence d'un sujet écrivant, assumant un rôle inédit et explicite dans le choix, la critique, la formulation des *logoi*. Si Akousilaos d'Argos est cité à une quinzaine de reprises par la tradition comme une autorité en matière d'érudition mythographique, au même titre qu'Hésiode, c'est que précisément, il s'écartait de ce dernier sur tout un ensemble de points et proposait des variantes aux versions poétiques du mythe. Cette pratique de la variante apparaît indissociable de la « première interprétation[61] » des textes littéraires, et tel pourrait être un second élément de rupture entre ces écrivains prosateurs et les poètes. Les *Généalogies* d'Hécatée et d'Akousilaos présupposent l'existence de la *Théogonie* d'Hésiode et du *Catalogue des Femmes*, comme du reste des poèmes homériques : textes à lire, à interpréter, à rectifier, à compléter. Telle pourrait être l'une des différences majeures entre le poème hésiodique et les généalogies en prose : alors que le premier rassemble des matériaux disparates en un tout cohérent, les secondes se trouvent déjà confrontées à un texte écrit, systématique, qui propose une première mise en forme des traditions grecques.

Flavius Josèphe, soucieux de souligner ce qui différencie Akousilaos d'Hésiode, nous précise que le premier « rectifie » (*diorthoûtai*) le second[62]. Et nous avons conservé au moins un fragment où il le complète, quand il fait naître du sang de Typhon « toutes les bêtes qui mordent », ce qu'Hésiode ne précisait pas[63]. Tel autre fragment porte sur l'interprétation littérale d'un passage de la *Théogonie* d'Hésiode : Aurore et Astraios ont donné naissance à trois vents, Zéphyr, Borée et Notos, et non à quatre, puisque *argestès* doit être compris comme l'épithète de Zéphyr[64]. Phérécyde d'Athènes interprète de la même manière un vers d'Homère, dans le *Catalogue des Vaisseaux* du chant II de l'*Iliade* : *euktiton aipu* est composé de deux adjectifs : lequel des deux est un nom de cité ? Si la leçon admise à l'époque alexandrine est « Aipu la bien construite », le scholiaste rappelle l'interprétation de Phérécyde : « Euktitos haut perchée[65] ». La matière première du généalogiste, noms propres, toponymes ou anthroponymes, dérive ainsi directement de la lecture des poètes et présuppose des décisions critiques sur l'établissement même du texte, témoignant de l'importance de la lecture et du *graphein* dans ce rapport à la tradition littéraire.

Mais ce regard ne se limite pas à la littéralité du texte. Dans l'un des fragments portant sur la guerre de Troie, Akousilaos s'appuie sur Homère tout en proposant une interprétation plus générale du cours de ces événements. Il tente de dégager les causes cachées du conflit, sa motivation véritable : effort de rationalisation, sans doute, mais qui a ses limites, puisqu'il met en avant les desseins d'Aphrodite en faveur du fils qu'Anchise lui a donné[66]. Une déesse, certes, mais à laquelle Akousilaos prête « un calcul opportuniste et politique[67] », des passions bien humaines, ouvrant ainsi un débat sur l'interprétation des événements rapportés par Homère, débat dans lequel Hérodote lui-même interviendra : pourquoi les Troyens n'ont-ils pas rendu Hélène aux Grecs, pour mettre fin à la guerre et épargner leur cité[68] ? On comprend dès lors la facilité avec laquelle les scholiastes ultérieurs d'Hésiode, d'Homère ou d'Apollonios de Rhodes mobiliseront les premiers « historiens » pour éclairer la lecture des textes canoniques de la poésie grecque. Il y aurait ainsi une analogie frappante entre ces prosateurs et les poètes comme Simonide, Alcée, Sappho, qui, dans leur évocation des traditions mythiques, proposent souvent des variantes par rapport à l'autorité des grands poèmes archaïques[69].

La généalogie en prose substitue une autorité à une autre. Lorsque la tradition antique cite des fragments d'Akousilaos, rien ne suggère en effet que ce dernier ait déployé la pluralité des variantes en concurrence, cette multiplicité de *logoi* qui faisait sourire Hécatée et que l'on retrouve, en aval, dans les notices des scholiastes tardifs. On cite en revanche Akousilaos pour une variante particulière, qu'il a choisi de transcrire au détriment des autres, exerçant ainsi son pouvoir critique sur la tradition. Par exemple, lorsqu'il explique la mort d'Actéon déchiré par ses chiens non par l'épisode traditionnel d'Artémis surprise au bain, mais parce que le héros a courtisé Sémélé et déclenché la colère de Zeus[70].

Cette première écriture des mythes conteste et déstabilise la tradition, puisqu'elle met sur le même plan les textes canoniques de la poésie et l'opinion d'un simple particulier, qui s'exprime dans une prose ordinaire et laïcisée, et récrit les mythes en se fiant à sa conception du vraisemblable. Il serait pourtant réducteur de ne voir dans ce jeu de variantes que les altérations mineures et purement formelles d'une tradition mythique dominante qui serait globalement préservée. Les informations rassemblées par les généalogies sont une matière première malléable. Les contraintes formelles d'un genre qui requiert cohérence et continuité expliquent la plasticité de ces données. Elles délimitent un domaine de savoir conjectural, non empirique, où les critères de cohérence interne et l'autorité de l'énonciation même sont gages de vérité.

Les poètes sont une source essentielle pour les prosateurs-généalogistes. Ils peuvent en extraire une information brute, dépourvue des ornements et de l'exagération poétique : lorsque Akousilaos évoque l'union et la descendance d'Océan et de Thétys, il simplifie notablement la formulation hésiodique. Alors que le récit hésiodique est au passé (*teke*), Akousilaos adopte le présent (*gameî, ginontai*), plus factuel. Ce « présent historique », que l'on rencontre aussi dans la théogonie en prose de Phérécyde de Syros, devient l'un des signes distinctifs du style des premiers « historiens » grecs[71]. Les épithètes ont disparu : les fleuves ne sont plus « tourbillonnants », Achéloos n'est plus le fleuve « au tourbillon d'argent ». Évoquant l'union d'Océan et de Téthys, il précise encore, pour plus de clarté, que

Téthys est la sœur de son époux, ce qui ne figure pas dans le texte hésiodique[72]. Et enfin, il introduit un ordre, une temporalité dans l'énumération, en signalant qu'Achéloos est le plus vieux des trois mille fleuves[73].

« Harmonie, une nymphe naïade. D'elle et d'Arès sont nées les Amazones, comme le dit Phérécyde, que suit Apollonios[74]. » Les fondements de ce savoir ne sont pas précisés. C'est une opinion, fondée sur l'autorité du sujet qui la revendique. Akousilaos d'Argos, lui, s'appuie sur un texte antérieur, si l'on en croit la notice de la Souda[75] : « Il écrivit des *Généalogies* à partir de tablettes en bronze, que, dit-on, son père découvrit en creusant dans un certain endroit de sa maison. » Cette anecdote remonte-t-elle à l'œuvre d'Akousilaos ? N'est-elle pas une forgerie ultérieure ? Aucun argument décisif ne permet de conclure dans un sens ou dans l'autre. On peut, au mieux, réfléchir à ce que signifierait cet épisode s'il figurait dans le prologue authentique des *Généalogies* d'Akousilaos. L'œuvre situerait son origine dans une écriture antérieure, elle s'appuierait sur des sources écrites, gage de son antiquité comme de sa vérité, et les circonstances de cette découverte offrent d'ailleurs une étrange mise en abyme de la généalogie elle-même. C'est le père qui découvre l'écrit, dans la maison qui est le lieu de la continuité familiale et de l'enracinement de la mémoire[76]. Mais les tablettes enfouies ne sont pas seulement la mémoire d'un *genos* particulier, elles contiennent des généalogies qui remontent aux origines mêmes du monde, au Chaos. L'anecdote marque, *a posteriori* ou non, la première transcription des traditions du sceau de l'intertextualité et lui impose les contraintes de la fidélité à une écriture qui lui préexiste, garante de sa vérité. Alors qu'Hésiode fondait sa théogonie sur la parole de vérité des Muses de l'Hélikon, c'est-à-dire sur une révélation divine, Akousilaos situerait à la source de ses *Généalogies* des tablettes écrites de main humaine — les dieux grecs n'ont pas appris l'écriture aux hommes et ne leur transmettent pas de messages. Encore conviendrait-il de s'interroger sur ce que contiennent effectivement ces tablettes, sur la raison pour laquelle Akousilaos a pu les invoquer comme des autorités[77] : leur valeur réside peut-être moins dans l'information factuelle qu'elles apportent que dans les choix, la *taxis*, la syntaxe qu'elles imposent aux matériaux de la tradition, déjà assemblés et unifiés. Si le récit de cette « découverte épigraphique » remonte bien à Akousilaos, il souligne le rôle essentiel de l'écriture et de la lecture, horizon de production de nouveaux textes, à partir d'opérations critiques et d'une réécriture. Le projet généalogique s'appuie sur l'autorité d'un écrit qui lui préexiste, métaphore objectivée et graphique de la mémoire familiale enfouie dans l'*oikos*, et déterrée par le père. Les tablettes dessinent en négatif la place des poètes eux-mêmes, et d'Hésiode en particulier, dont la tradition a montré les liens étroits avec l'œuvre d'Akousilaos.

Les traités de généalogies, toutefois, ne se limitent pas à répéter le déjà dit (ou le déjà écrit). La transcription comporte une dimension critique essentielle, puisque l'auteur intervient activement sur la tradition et la modifie selon le critère de sa *doxa*. Le préambule d'Hécatée, en faisant état de la pluralité et du caractère risible des récits des Grecs, se proposait en fait un double programme intellectuel : résorber la pluralité des variantes en une version unique et cohérente avec elle-même ; atténuer les composantes merveilleuses des récits selon le critère du vraisemblable, « de ce qui m'apparaît vrai ». Alors qu'Akousilaos d'Argos s'accorde avec Hésiode pour voir en Cerbère un chien immortel, fils de Typhon et d'Échidna[78], Hécatée de Milet, pour sa part, considère que le « chien d'Hadès » n'était qu'un serpent au venin mortel, vivant sur le mont Ténare[79]. Encore conviendrait-il de ne pas exagérer la portée de ce rationalisme : Hécatée admet encore que « Zeus s'unit à Danaé[80] » ou que le bélier de Phrixos avait le don de la parole[81]. De même, si Akousilaos se sépare de la tradition unanime sur la « toison d'or », objet de la quête des Argonautes, et explique que cette toison a été teinte en couleur pourpre par la mer[82], il affirme, dans un autre fragment, que les cailloux jetés par Pyrrha et Deucalion se transformèrent en hommes[83]. La rationalisation porte peut-être moins sur le contenu du récit mythique que sur la mise en forme — traitement des contradictions, assujetissement à l'ordre du temps. Et il est remarquable que ce travail critique ne se manifeste que comme un nouvel art du récit, sans distance explicite ni rupture : « l'opinion n'incite jamais le modeste "fabricant de récits" à se couper d'une tradition que son écriture habite continûment, tout en la façonnant à sa manière[84] ».

La généalogie écrite est reproductible, peut être lue, relue, comparée à d'autres textes, enrichie, rectifiée par ses lecteurs. Elle ouvre un espace intellectuel de comparaison et de critique, de controverses, où il est essentiel d'affirmer sa différence par rapport aux poètes. Ce fragment d'Hécatée en témoigne[85] : « Aigyptos lui-même n'est pas venu à Argos, mais ce sont ses fils, au nombre de cinquante, comme l'a imaginé Hésiode, mais pour moi, pas même une vingtaine. » Opposition de l'imagination du poète et du savoir tranquillement affirmé du prosateur. Le sujet qui écrit a le dernier mot. Même s'il se contente de substituer un chiffre à l'autre, sans autre justification apparente que le critère de son jugement. Critique rationaliste de la poésie hésiodique ? Sans doute. Mais ce faisant, il ne remet pas en cause l'existence d'Aigyptos et sa position de chef de lignée : la poésie reste la source, même déformée, d'une information véridique sur des personnages et des événements appartenant à un passé lointain[86]. Il s'agit moins de substituer un savoir du passé à un autre, l'histoire au mythe, en proposant une alternative globale aux traditions véhiculées par les poètes (les sagas familiales, la guerre de Troie, Héraklès...) que de procéder à un travail de re-narration, de re-mise en ordre et de restructuration formelle à l'intérieur même de ces récits : l'enjeu n'est pas de contester la réalité de la guerre de Troie, mais d'en recadrer le récit, en le soustrayant à la clôture du poème épique pour l'articuler en une évolution plus générale qui l'englobe, entre un passé et un devenir.

Les généalogistes sont conduits à se lire entre eux et à affirmer leurs divergences en proposant de nouvelles versions des récits de la tradition : Flavius Josèphe souligne par exemple l'ampleur des désaccords entre Hellanikos et Akousilaos sur le terrain des généalogies[87]. Cette première écriture des traditions déploie un espace de variantes et d'opinions assumées par des individus, un espace d'indécision, de contradiction, de permutation, là où l'inspiration divine du poète ne laissait place qu'à une parole de vérité dont la source lui échappait. La pluralité même des généalogies écrites fonde une tradition faite de citation, de critique, d'autoréférence, de dénigrement indirect. Si Hécatée croyait mettre fin, par son *graphein*, à la cacophonie des *logoi*, la multiplication des mytho-graphies est à son tour génératrice d'un nouveau désordre, et réintroduit l'incertitude, le doute, le débat dans la tradition. Ces auteurs témoignent d'un partage complexe entre ce qui relève d'un savoir commun et ce qui se prête aux conjectures personnelles. Ces dernières sont avant tout une reformulation narrative. On pourrait appliquer à l'ensemble des « généalogistes » du VIe-Ve siècle la remarque de Félix Jacoby sur les Atthidographes du IVe siècle : si tous s'accordent à admettre le voyage de Thésée en Crète, aucun n'en donne un récit identique[88].

De l'épopée homérique aux traités des premiers prosateurs grecs, nous assistons à l'émergence d'un regard, d'un discours nouveaux sur une certaine dimension du passé collectif. Ou peut-être, plus exactement, des prémisses qui les rendent possibles. Le chaînon, manquant mais central, est constitué par des poèmes généalogiques comme le *Catalogue des Femmes* d'Hésiode, ou encore les ouvrages d'Asios de Samos et de Cinéthon de Lacédémone, auxquels Pausanias, au IIe siècle de notre ère, avait encore accès[89]. Des auteurs comme Hécatée ou Akousilaos ne procèdent pas à une rupture radicale et spectaculaire. Rien ne permet de supposer qu'Hécatée de Milet « ait tracé une frontière entre "temps héroïque" et "temps historique" [90] ». L'œuvre des généalogistes, au contraire, montre l'inadéquation des catégories modernes du mythe et de l'histoire. Car ces auteurs s'approprient un ensemble de traditions dont ils ont trouvé le récit systématisé chez les poètes généalogistes. Aux plaisirs du récit et aux charmes de la poésie, ils substituent un regard critique et des opérations intellectuelles portant sur un corpus de récits dont il s'agit de reformuler la narration, en en résorbant les incohérences et, le cas échéant, les invraisemblances. La généalogie apparaît comme un opérateur intellectuel qui permet de générer un nouveau type de discours, redistribuant les matériaux de la tradition selon un ordre de succession temporelle, déconstruisant la logique narrative pour l'assujettir à un ensemble de relations de parenté s'échelonnant dans le temps, depuis les origines du monde jusqu'au retour des héros de la guerre de Troie. Le fameux prologue d'Hécatée annoncerait moins le projet de rationaliser les *logoi* des Grecs en les épurant de leurs composantes fabuleuses que celui de les reformuler dans un espace de cohérence interne et formelle, de non-contradiction.

Les prosateurs se sont approprié le modèle généalogique en déployant ainsi une profondeur temporelle dans le passé, avec un éloignement extrême et une proximité relative. Mais alors que le *Catalogue des Femmes* s'interrompait vraisemblablement avec la génération des héros de la guerre de Troie, les généalogies des prosateurs vont parfois tenter d'instaurer une continuité avec le présent, et de relier ce passé lointain au temps des cités. Là réside la première tentative pour déployer une temporalité continue, scandée par la succession des générations qui relie le monde des dieux, le monde des héros et le monde des hommes.

Un savoir sur les noms et une mémoire des origines

Si les œuvres d'Hécatée, d'Akousilaos, de Phérécyde, d'Hellanikos et de leurs collègues nous apparaissent liées aux traditions poétiques, dans un curieux rapport de proximité et de distance critique, il nous faut cependant réfléchir sur la nature du savoir ainsi constitué, sur ce qu'il permettait de penser, sur son efficacité sociale, politique, symbolique dans le monde des cités du Ve siècle : à quelle attente, à quelles questions répondaient ces traités ? Quel était le statut du passé ainsi organisé par l'ordre généalogique et quels liens entretenait-il avec le présent de la cité ?

Lorsque les premiers prosateurs prennent le relais des poètes pour transcrire ces traditions, il est clair qu'ils considèrent cet ensemble de récits comme un champ problématique et autonome, offrant un intérêt intellectuel en soi, autant par le détail des lignées héroïques et des récits qui leur sont rattachés que pour la structure d'ensemble ainsi proposée, portant à la fois sur la totalité de l'espace grec, voire au-delà, et sur la continuité temporelle, depuis les origines, jusqu'à une époque plus ou moins proche des temps présents. Il y a dans l'écriture généalogique, dès le *Catalogue* hésiodique, un effort de décontextualisation, où les différentes lignées familiales se trouvent insérées dans une syntaxe englobante et donc dans un rapport d'équivalence, alors que, dans l'épopée homérique, par exemple, la généalogie est un instrument de distinction sociale, une machine à produire des différences et une hiérarchie parmi les guerriers. En résorbant ces singularités dans un ordre général, quasi cartographique dans ses manifestations, les généalogistes en prose invitent à penser autant les relations horizontales que l'ascendance, dans un modèle où la déclinaison temporelle est indissociable de l'espace de l'hellénisme, de ses régions, de ses cités, telle qu'il apparaît constitué au Ve siècle.

Du temps des dieux au temps des héros, se déploie ce que les Grecs considèrent comme l'une des dimensions de leur passé lointain. Cette mémoire est préservée et véhiculée d'abord par les traditions poétiques. Il est significatif qu'Hécatée de Milet, dans son prologue, se réfère aux *logoi* des Grecs, et non aux *epè* des poètes : ces derniers sont les porte-parole des premiers, et non des auteurs de fictions. Ils perpétuent la mémoire d'un ensemble de noms propres, d'événements, de rapports de parenté considérés globalement comme des informations factuelles et véridiques, mêmes si elles nécessitent une remise en ordre et en forme. Les poètes sont ainsi la source privilégiée du savoir que les Grecs ont de leur propre passé, ils leur offrent une mémoire déjà constituée, ne se prêtant à aucune vérification empirique, écran de *logoi* qui masque l'effondrement du monde mycénien, l'oubli de son système d'écriture, la période des « siècles obscurs » qui s'ensuivirent.

La *Théogonie* et le mythe des races, dans *Les Travaux et les Jours*, offrent un récit général des origines du monde et de l'enchaînement des différentes générations qui conduisent aux temps présents. De même, le cycle de la guerre de Troie implique-t-il une génération entière de héros, originaires de toutes les régions du monde grec. Quelles que soient leurs appartenances civiques ou régionales, les auditeurs pouvaient reconnaître dans ces récits un schéma plausible, panhellénique tout en étant relié à la mémoire locale, un passé commun auquel leurs ancêtres étaient associés. En revanche, dès lors qu'il s'agit de détailler la continuité entre le monde des dieux, celui des héros et celui des hommes à travers l'écriture généalogique, le *logopoios* se trouve confronté à un défi : préserver la cohérence de l'enchaînement synchronique des générations dans toutes les régions du monde grec tout en respectant les contraintes propres à des commencements multiples, ancrés régionalement.

Les *Généalogies* d'Akousilaos s'ouvraient sur le Chaos, père de toutes choses : ce temps des origines lointaines inaugure le récit théogonique, conformément au modèle hésiodique. Mais dès lors qu'il s'agit de penser l'apparition du premier homme, il n'y a pas de tradition unique et officielle, pas de bible qui délimiterait, par l'autorité de son écriture, l'espace du dicible et du pensable. Les commencements sont multiples et délocalisés, et répètent dans les grandes régions du monde grec le même scénario primordial : l'apparition du premier homme, autochtone sortant du sol comme une plante, ou fils d'un fleuve; l'invention progressive de la civilisation humaine, de ses techniques essentielles, de la cité.

Akousilaos d'Argos voyait ainsi en Phoroneus, fils du fleuve argien Inachos, le premier de tous les hommes, le premier roi d'Argos[91]. Sa fille, Niobé, est la première mortelle à s'être unie à Zeus, et elle donna naissance à Argos et à Pelasgos, éponyme des Pélasges, les premiers habitants du Péloponnèse[92]. Akousilaos déclinait sans doute ensuite la descendance : Mycénès est le fils de Sparton, fils de Phoroneus[93], etc. Le généalogiste se situait ainsi dans la tradition du *Catalogue des Femmes* hésiodique, qui déployait également la lignée issue du fleuve Inachos en Argolide[94]. Toutefois, alors que le poète évoquait la lignée de Deucalion (fils de Prométhée et de Pandora) avant celle d'Inachos, privilégiant ainsi des traditions de la Grèce du Nord et de la Locride orientale et suggérant qu'Hellèn et ses trois fils, Doros, Xouthos et Aiolos, sont les ancêtres de toute la nation[95], Akousilaos met au premier plan les traditions de sa cité, Argos, à laquelle il confère ainsi le privilège de la plus grande ancienneté. Hécatée de Milet, Hellanikos de Lesbos remontaient aussi à ces chefs de lignée primordiaux.

Si l'historien contemporain peut retrouver, dans les fragments du *Catalogue* hésiodique, la trace en négatif de ces traditions concurrentes et de leurs enjeux politiques, ce n'est que par le biais d'une patiente archéologie qui interprète la logique spatiale des différentes générations. Le poème lui-même, tout en témoignant dans le détail de ses matériaux de ces stratégies locales, les réorganise dans une structure d'ensemble qui privilégie la dimension panhellénique ou, du moins, articule les différents points de vue régionaux en un tout, voire se préoccupe d'établir des liens transversaux d'un genos à l'autre. Mais il semble qu'avec les prosateurs du Vᵉ siècle, cette dimension idéologique devienne plus consciente et systématique.

L'écriture des premiers prosateurs grecs pouvait en effet être mobilisée dans les rivalités politiques entre cités, et la reconstitution du passé lointain, la conjonction de l'antériorité temporelle (une mémoire remontant aux origines mêmes de la civilisation humaine dans la région concernée) et du caractère englobant de la généalogie constituait sans doute un facteur important dans la constitution d'une identité collective comme dans la légitimation des prétentions territoriales. Par caractère englobant, il faut entendre à la fois la continuité de l'arborescence généalogique et son extension géographique, les liens d'ascendance ou d'alliance qu'elle noue avec d'autres lignages, les héros éponymes qu'elle répartit dans sa sphère d'influence, les ramifications lointaines et prestigieuses qu'elle étend jusqu'aux régions périphériques du monde grec, bref, son aptitude onomastique et narrative à se greffer sur des lieux, à s'approprier des territoires. Le généalogiste est avant tout un spécialiste des noms, et il se préoccupe moins de la réalité des *logoi* qu'il assemble que du sens de ces noms, de leur pouvoir motivateur et étiologique[96].

L'arborescence de la généalogie, en aval, n'est pas sans conséquences sur la représentation que les Grecs peuvent avoir de leur identité, de leurs appartenances ethniques, régionales, civiques, des rapports d'alliances ou de conflits tissés entre leurs cités. Dès le *Catalogue* hésiodique, la généalogie offre un modèle de l'origine des grandes ethnies du monde grec, à travers son ancêtre commun, Hellénos, et de sa descendance, Dorieus, Ion, Éole... Au fil des générations surviennent les éponymes des cités ou des peuples, et le découpage de l'espace en régions et lieux nommés, dans le monde grec comme dans le monde barbare. Le *Catalogue* hésiodique comme la *Phoronide* d'Hellanikos permettaient ainsi de décliner la liste de tous les peuples de la Méditerranée orientale. Le développement exponentiel de la généalogie, qui multiplie les ramifications au fil de la descendance, aboutit en aval à une certaine universalité : toutes les cités de la Grèce, tous les peuples barbares peuvent se trouver réunis dans une synchronie quasi cartographique[97]. La généalogie apparaît ainsi comme un opérateur intellectuel expliquant l'état du monde contemporain, ses divisions politiques et ethniques, l'origine de sa toponymie. Elle permet d'inscrire la constitution de l'espace politique dans le temps. Elle est un facteur d'intelligibilité et de mise en ordre du monde actuel, éclairé par le recours aux origines, et pourrait relever d'un mode de pensée allégorique, où un système complexe de rapports de parenté justifierait des liens de subordination ou d'alliance politique entre cités.

La généalogie a valeur de preuve pour fixer les bornes entre des cités voisines, ou décider de l'ancrage d'une cité dans telle zone d'influence. Le *Catalogue des Femmes* atteste déjà de ces significations politiques : le fait que Sikyon soit un fils d'Érechthée, alors qu'Ibycus le considère comme le fils de Pélops, n'est pas sans conséquences. Dans un cas, la ville de Sicyone est dans la sphère d'influence d'Athènes, dans l'autre, dans celle du Péloponnèse[98]. De même, Akousilaos d'Argos, par le biais de la généalogie, offre une certaine représentation des rapports de pouvoir entre Argos, Mycènes et Sparte : le fait que Mycénès soit le fils de Sparton reflète la dépendance de Mycènes à l'égard de Sparte et constitue l'explication par les origines du conflit qui oppose Argos et Mycènes tout au long du VIe siècle[99]. Il ne semble pas toutefois que la généalogie mythique soit un moyen de régler le conflit : elle en est comme l'expression métaphorique. C'est donc la situation politique contemporaine qui influe de manière rétrospective sur la construction de la généalogie, qui doit refléter dans un récit d'émergence la définition, les étapes de constitution et l'organisation d'un territoire, avec ses zones d'influence périphériques, rappelées par un jeu subtil d'alliances matrimoniales[100]. La généalogie est ainsi la « représentation raisonnée d'un espace[101] », qu'il s'agisse de la zone d'influence d'une cité, d'une région, voire de l'œkoumène, comme dans le cas des écrits d'Hécatée et d'Hellanikos. La diachronie de la généalogie présuppose la synchronie de la géographie.

On voit ici le paradoxe inhérent au projet d'Hécatée : écrire les récits des Grecs en résorbant leurs contradictions et divergences, ainsi que leur caractère « risible ». Il s'agissait sans doute pour lui d'élaborer une synthèse cohérente des traditions locales ou régionales, sur le modèle du *Catalogue* hésiodique, et de subordonner les significations idéologiques et politiques à un ordre plus général, cartographique dans sa prétention à englober toutes les traditions. Mais loin d'échapper aux intérêts immédiats et aux rivalités politiques, cette reformulation va alimenter le processus de création de versions concurrentes, qui trouveront à leur tour des auteurs pour les fixer par écrit, adapter les schémas généalogiques aux circonstances. Cette valeur instrumentale du passé suggère en effet que les généalogistes, loin d'être les scribes scrupuleux d'une mémoire déjà fixée, pouvaient avoir un rôle actif dans la reconstruction des ascendances et l'insertion des héros éponymes dans les lignées, et les remanier en fonction des intérêts en jeu ou des conflits en cours, en inventant, le cas échéant, les ancêtres légitimateurs ou en interpolant des générations intermédiaires. On peut d'ailleurs supposer que l'un des moteurs de la tradition généalogique, dès ses premières mises en forme poétiques, réside dans la transposition systématique des noms de cités, de peuples et de régions dans l'ordre de l'anthroponymie : il fallait inventer un éponyme pour chacune de ces unités territoriales et politiques, puis le situer dans une arborescence où les rapports de parenté justifieraient les rapports d'« amitié » entre les cités de l'époque historique.

La motivation des toponymes par le biais des fondateurs mythiques est donc une manière de situer l'origine des cités grecques dans des temps très anciens, entre la tradition locale et l'espace panhellénique. Cette origine échappe à la collectivité et à l'initiative humaines, et le processus de fondation, dans l'écriture des généalogistes, devient un simple transfert onomastique. Cette référence aux fondateurs mythiques n'implique pas la déclinaison de la généalogie jusqu'aux temps présents, c'est-à-dire n'implique pas la un déroulement continu du temps. La mention du héros éponyme suffit à marquer l'émergence de la cité — ou encore du pays — sans que la nature du lien ainsi institué soit précisée (fondation ?). Un simple syntagme, le lien qui relie le héros éponyme à ses ascendants, suffit à affirmer un lien de dépendance local. Lorsque l'on remonte les générations, le champ spatial s'élargit aux dimensions d'une région entière, voire de l'un des grands peuples du monde grec (Ioniens, Doriens, Éoliens). La généalogie invite à penser l'ascendance du personnage éponyme, son ancrage dans des lignages rivalisant d'ancienneté et de prestige : en revanche, il n'y a pas de lien généalogique explicite entre ce héros et la communauté des hommes qui habitent la cité. Les généalogies ne permettent pas de penser l'histoire des cités grecques : elles en fixent l'origine, le *terminus post quem*. On ne peut s'empêcher d'établir un lien entre les constructions des généalogistes et l'une des pratiques fondatrices des cités grecques dès le VIIIe siècle, le culte d'un héros local, parfois associé à la découverte fortuite d'une sépulture mycénienne[102]. Mais alors que la cité s'efforce d'inventer ses origines à travers la figure d'un héros fondateur et civilisateur qui lui appartient en propre, les auteurs de généalogies dépassent cet ancrage dans le sol civique pour tisser des correspondances plus larges, qui combinent le point de vue spécifiquement local et une vision régionale, voire panhellénique, dès lors que l'on s'efforce d'appréhender la coexistence synchronique des héros éponymes.

En revanche, il est des situations où le déroulement continu des générations depuis les ancêtres héroïques jusqu'au présent de la cité pouvait s'imposer : c'est le cas des généalogies familiales, enjeu de pouvoir et de prestige pour les grands *genè* de la cité. Certes, il importait avant tout de pouvoir exhiber un ancêtre héroïque, voire divin, et cette ascendance illustre suffisait à valoriser l'ensemble de la lignée, sans qu'il soit nécessaire de détailler les générations intermédiaires. La tradition orale des familles aristocratiques privilégiait ainsi la mémoire des ascendants les plus anciens, si possible appartenant à la génération des héros de la guerre de Troie [103]. Les sources antiques ne nous ont conservé que très peu de généalogies complètes, détaillant toutes les étapes intermédiaires.

Les premiers prosateurs grecs qui avaient réorganisé les traditions du passé lointain utilisèrent dans certains cas leur maîtrise de l'écriture pour ordonner cette mémoire familiale incomplète, lorsque des enjeux politiques en rendaient urgente la mise en forme. Hellanikos de Lesbos fait remonter la lignée de l'orateur Andocide à Télémaque et Ulysse, et la rattache ainsi au dieu Hermès [104]. De même, Phérécyde d'Athènes rappelle que la famille d'Hippocrate remonte à Héraklès et à Asklépios [105]. L'exemple le plus connu est la généalogie des Philaides, l'une des grandes familles athéniennes de la première moitié du Ve siècle, rapportée par Phérécyde et Hellanikos [106] : elle déclinait toute la descendance d'un ancêtre héroïque, Philaios, le fils d'Ajax, jusqu'à Miltiade, le fondateur de la colonie de Chersonnèse — et l'oncle du stratège qui commanda les Athéniens à Marathon. La généalogie se déroulait sur un mode linéaire, explicitant les rapports de filiation directe sur treize générations. L'écriture donnait une cohérence, une stabilité et une publicité nouvelles aux traditions orales de la famille. Grâce à l'intervention d'un professionnel de l'écriture, extérieur à la famille, qui déployait la continuité athénienne du lignage, depuis le fils d'Ajax, le clan des Philaides venait justifier les revendications contemporaines d'Athènes sur l'île de Salamine, puisque Philaios aurait fait don de l'île à la cité avant de s'établir sur son territoire [107]. La généalogie rappelait aussi les titres de gloire de la famille et les services éminents qu'elle avait rendus à la cité d'Athènes. De tels enjeux motivaient l'intervention active du généalogiste, appelé à donner une cohérence à des noms propres inscrits dans la mémoire du *genos* sans être nécessairement assignés à une position précise dans le lignage. Il pouvait, le cas échéant, intercaler de nouvelles générations, et par conséquent des ascendants fictifs, pour combler les lacunes de la tradition familiale ou justifier les significations que l'on voulait en retenir. La généalogie écrite réorganise ainsi la mémoire familiale selon une cohérence artificielle, un ordre schématique, qui implique une distorsion de la tradition. Le principe strict de la généalogie patrilinéaire semble en effet avoir conduit Phérécyde à intégrer dans ce schéma des noms propres qui appartenaient aux branches collatérales de la famille, c'est-à-dire à considérer comme des générations successives des personnages qui appartenaient à la même génération. L'auteur a ainsi ajouté deux générations à la famille des Philaides, peut-être pour restaurer un écart temporel vraisemblable entre l'époque des héros de la guerre de Troie et la cité du Ve siècle, ce qui témoignerait des liens entre la généalogie et une première forme de chronologie historique.

Entre les généalogies des familles historiques et celles des familles héroïques, il y a un lien de dérivation plus qu'une correspondance parfaite. Les premières privilégient la continuité entre l'ancêtre divin ou héroïque et ses descendants, sous la forme, le cas échéant, d'un simple comput de générations, de père en fils. Les secondes se présentent comme des arborescences complexes, chaque génération créant de multiples embranchements, et posant ainsi des problèmes de synchronisme et de raccord d'une famille à l'autre. Mais la différence essentielle nous semble résider dans le fait que les généalogies héroïques, comme celles d'Akousilaos ou d'Hécatée, ne se proposent pas de déployer une continuité avec les temps présents. Elles ne reconstruisent pas le passé dans sa totalité, mais seulement un temps reculé, celui des origines. En revanche, les généalogies familiales doivent répondre à l'attente de *genè* aristocratiques désireux de tirer du passé héroïque des bénéfices symboliques, des motifs de suprématie sociale et politique. C'est l'affirmation d'un lien de filiation, et d'une continuité ininterrompue entre l'origine et le présent, gage de véridicité, qui constitue l'élément de valorisation, alors que, pour les cités et les régions, le rapport éponymique entre un héros lointain et le présent suffit à doter le territoire considéré d'une identité, d'un ancrage dans le passé. Hécatée de Milet illustre bien cette différence de perspective. Dans les propos que nous rapporte Hérodote [108], et où il compte entre lui et son ancêtre divin quinze générations, le temps n'est pas partagé entretemps du mythe et temps de l'histoire, deux dimensions qui ne relèveraient pas des mêmes sphères de réalité. Au contraire, il n'y a pas de solution de continuité entre le temps des dieux et le temps d'Hécatée, qui peut mesurer l'écart qui le sépare de son ancêtre. Toutefois, ce lien entre le passé et le présent n'est établi que lorsqu'il s'agit d'identifier l'ancêtre d'Hécatée, de déployer sa généalogie personnelle. Mais dans les *Généalogies* proprement dites, rien ne suggère qu'Hécatée se soit soucié d'établir une continuité entre le temps des *logoi* des Grecs et son époque. Les *Généalogies* traitaient d'un ensemble de récits concernant le passé, sans que soit posée, autrement que par l'éponymie, la question du lien avec le présent.

À bien des égards, le déploiement de cette mythographie et de ces techniques laborieuses de reformulation et de cadrage des traditions les plus anciennes, avec, le cas échéant, l'invention de héros fondateurs et éponymes, est symptomatique : seul un passé très reculé, échappant à la vérification et à la mémoire humaines, forge l'identité de la cité, de la région, de l'ethnos. Tout suggère, dans la diffusion des généalogies et des histoires locales, au Vᵉ siècle, une réaction à la situation des cités de la diaspora, fondées au fil des vagues de la colonisation. Du VIIIᵉ au VIᵉ siècle, les Grecs organisent de multiples expéditions de colonisation, vers les terres vierges de l'Occident ou les rivages de la mer Noire. Fort de l'investiture donnée par l'oracle de Delphes, le fondateur, l'*oikiste*, guide ses compagnons de voyage vers un lieu désigné par Apollon, où sont à accomplir tous les gestes du commencement : fondations religieuses, délimitation de l'espace religieux, politique et privé, écriture des lois [109]. Pas d'origines perdues dans les temps théogoniques, pas de généalogie qui, en amont, relierait la cité à ses voisines dans la grande famille panhellénique. Nous trouvons en revanche l'affirmation d'une identité irréductible, d'une indépendance et d'une originalité jalousement affirmées : à chaque cité son propre récit de fondation, sa *ktisis*. Les habitants gardent le souvenir de leurs commencements, en célébrant le culte de leur fondateur, dont le tombeau se trouve sur l'agora, centre et symbole de l'espace politique [110]. Culte public, échappant aux descendants du fondateur pour être l'affaire de tous, puisqu'il fonde l'identité de la cité. Dès la fin du VIIᵉ siècle, Cyrène en Libye, Zancle et Géla, Megara Hyblaeae en Grande Grèce témoignent de ce culte, organisé par la première génération des colons, autour du tombeau de leur fondateur. Il n'y a plus de solution de continuité entre le temps des commencements et le temps des hommes, et le fondateur de la cité est pensé comme l'ancêtre de toute la communauté. On pourrait même ajouter que la mort de l'*oikiste*, si elle met fin au processus de fondation, est peut-être la condition requise pour les débuts de l'histoire.

Il est tentant, comme le suggère I. Malkin, de mettre en rapport l'absence de traditions mythiques et héroïques dans les cités de la colonisation, souvent des terres vierges de toute mémoire, si l'on excepte les inévitables traces d'Héraklès en Sicile ou de quelque Argonaute sur les bords de la mer Noire, avec le développement de cette mémoire collective de l'origine et de la fondation. Et, corrélativement, c'est peut-être l'incapacité, pour les antiques cités de la Grèce, Thèbes, Argos, Sparte, de se représenter des commencements aussi radicaux et si proches, qui a permis le développement des généalogies qui devaient enraciner le présent dans un passé divin et héroïque reculé.

De la généalogie à l'histoire

La reformulation des traditions poétiques selon le principe de la succession des générations héroïques équivaut, dans ses formes les plus systématiques, à l'instauration d'une forme de chronologie traversant les temps les plus anciens. Ce n'est pas tant la succession linéaire d'une descendance que la nécessité de corréler, par des synchronismes approximatifs, différents lignages, en fonction des cycles mythiques qui impliquent des acteurs de même génération. Des liens transversaux sont alors établis entre des cycles mythiques. Ainsi, Akousilaos identifie-t-il le taureau Crétois, qu'Héraklès doit maîtriser, et le taureau qui enlève Europe sur l'ordre de Zeus[111]. Une telle notation témoigne d'un effort pour renforcer l'architectonique de l'édifice mythographique, en offrant au lecteur une visibilité structurelle sur la datation relative de grands épisodes emblématiques — ici l'un des travaux d'Héraklès et l'enlèvement d'Europe. Le lecteur pouvait ensuite, le cas échéant, se livrer à son propre comput de générations, à partir de ces repères fixes.

Ces généalogies écrites se prêtaient seules au calcul et surtout à la confrontation critique, à la vérification de leur cohérence mutuelle. La vérification des synchronismes révélait les absurdités de la tradition et contraignait parfois à la « rectification » des poètes, soit en ajoutant une génération, soit en inventant un personnage homonyme. Hellanikos, par exemple, est confronté à un tel problème : comment Thésée a-t-il pu enlever Hélène de Troie ? Il était âgé de cinquante ans, alors qu'Hélène était encore une enfant. Pour résoudre cette aporie, Hellanikos postule l'existence de deux Hélène différentes[112]. Strabon, au début de l'ère chrétienne, critique encore une généalogie mythique sur la base de cet argument chronologique[113].

Les premiers mythographes grecs ont ainsi contribué à organiser une certaine forme de représentation du passé. Loin de se situer dans un temps indifférencié, marqué seulement par son ancienneté et son antériorité, le monde héroïque s'étage désormais en générations, dont la succession même est l'un des moteurs de la narration mythique, depuis la *Théogonie* d'Hésiode. Mais les mythographes sont contraints d'harmoniser les traditions qu'ils réemploient, sur la base des synchronismes. L'organisation temporelle devient ainsi un principe d'ordre et d'exposition des traditions mythiques. Et les premiers prosateurs peuvent évaluer l'écart qui sépare leur époque de ce lointain passé, alors même qu'ils ne se préoccupent pas nécessairement de relier ces deux pôles temporels par un récit continu. Hécatée de Milet, entre son ancêtre divin et lui, compte quinze générations [114]. Selon Phérécyde, Hippocrate faisait remonter son *genos* à Héraklès (vingtième génération) et à Asklépios (dix-neuvième génération) [115]. Dans la généalogie des Philaides, établie par le même Phérécyde, entre le fils d'Ajax et Miltiade, l'*oekiste* de la Chersonnèse, il y a treize générations.

Mais cette chronologie des temps mythiques reste le plus souvent implicite : ce n'est qu'en explicitant le décompte des générations, indépendamment des personnages qui s'y succèdent, que l'on peut abstraire un mode de découpage du temps tenant lieu de référence. L'ordre généalogique a une dimension autoréférentielle. C'est un processus tout différent que nous rencontrons lorsque le principe d'organisation du temps est extrinsèque, objectivé, et permet une datation non plus relative, mais absolue. Ce n'est que progressivement que les événements vont être situés par rapport à des repères fixes. Cela présuppose un type de découpage du temps suffisamment régulier et objectif pour s'imposer comme une référence unique : ce sera le découpage quadriennal des Olympiades, qui permet de manière rétrospective, à Ératosthène de Cyrène, bibliothécaire d'Alexandrie de 245 à la fin du IIIe siècle av. J.-C., de reconstruire un cadre chronologique pour l'ensemble de l'histoire grecque, depuis la date de fondation des jeux Olympiques et en s'appuyant sur la liste des rois spartiates.

L'une des étapes entre la chronologie relative des premiers prosateurs grecs et la chronologie absolue d'Ératosthène est le choix de généalogies locales, s'étendant sur une très longue période, et permettant de construire une continuité entre les temps les plus anciens et le contemporain. Encore faut-il disposer des archives écrites qui déploient, sur la longue durée, une telle succession. Hellanikos de Lesbos est aussi l'auteur d'un traité sur *Les Prêtresses d'Héra à Argos* [116]. Ce sont vraisemblablement les archives de l'Héraion d'Argos qui fournissent cette liste. La succession de ces prêtresses, nommées à vie depuis leur plus jeune âge, offrait un principe de découpage de la durée depuis les temps héroïques jusqu'à l'histoire la plus contemporaine, les premières années de la guerre du Péloponnèse, en 423. Thucydide se réfère à ce système, qu'il s'efforce de concilier avec la succession des éphores à Sparte et des archontes à Athènes [117]. La période d'exercice de chaque prêtresse pouvait être découpée en années. Thucydide date ainsi le coup de main des Thébains contre la cité de Platées de la quarante-huitième année de la prêtrise de Chrysis.

Le caractère abstrait et artificiel de cette « généalogie » de l'Héraion est remarquable : la liste des prêtresses invite à penser un découpage du temps en générations humaines indépendant de la lignée familiale. Le principe d'organisation du temps est désormais extérieur aux événements qu'il rapporte. La généalogie générait, par sa propre logique taxinomique, noms propres et événements, dont seule la succession était créatrice de temporalité. Avec Hellanikos, la liste n'est plus le contenu du savoir, mais son principe structurant. Le temps est devenu le principe de classement d'objets dissociés, qui n'ont d'autre lien que leur synchronisme ou leur succession. La nouveauté intellectuelle de ce type de chronique est d'utiliser une généalogie locale comme principe d'organisation d'événements survenus dans les pays les plus divers, indépendamment les uns des autres. L'ordre généalogique se trouve affranchi des contraintes d'une grande saga familiale, et les fragments conservés suggèrent que la succession des prêtresses de l'Héra argienne offrait le fil conducteur d'une chronique permettant de mentionner des événements survenus en Macédoine, en Grèce, en Phrygie, à Corfou, en Ambracie, en Sicile et en Italie [118]. La liste des prêtresses, utilisée par Hellanikos, n'est donc par l'axe organisateur d'une histoire du sanctuaire d'Héra ou de la cité d'Argos [119]. Le plus important n'est plus la liste elle-même, comme dans le cas des généalogies, mais ce qu'elle permet de corréler, sur le plan horizontal. Il n'est plus nécessaire d'étalonner des généalogies mythiques diverses en établissant des synchronismes ponctuels et problématiques entre elles : ici le principe de comput du temps est unitaire et cohérent, car localisé dans un seul lieu et reposant sur une source unique et continue.

La chronique interne du sanctuaire devient ainsi le principe organisateur de l'histoire du monde grec, et peut d'ailleurs être superposée aux schémas généalogiques habituels : « La race sicilienne quitta ainsi l'Italie, comme le dit Hellanikos de Lesbos, trois générations avant la guerre de Troie, alors qu'Alkyoné était dans la vingt-sixième année de sa prêtrise à Argos [120]. » Cette tentative pour corréler la temporalité d'un grand sanctuaire grec et des événements intervenus notamment en Occident témoigne d'un effort d'abstraction nouveau, qui vise à imposer une équivalence dans les modes de comput du temps, à les rendre compatibles. Un autre ouvrage d'Hellanikos, *Les Vainqueurs des Carnéennes*, repose aussi sur le même principe : c'est la liste des poètes victorieux lors de la grande fête spartiate en l'honneur d'Apollon qui organise à présent la chronologie. Loin de remonter aux temps très anciens, cette liste commence avec le poète Terpandre, le premier à remporter la victoire lors de ce concours [121]. Elle permet, ici encore, d'établir des synchronismes entre monde grec et barbare : par exemple Terpandre est contemporain de Midas [122]. La liste archivée dans le sanctuaire d'Apollon n'offre pas le principe organisateur d'une histoire de Sparte : les fragments conservés suggèrent davantage une histoire musicale de la Grèce [123].

Ce n'est sans doute pas un hasard si le même Hellanikos emploie ce principe de la chronique pour reconstituer l'histoire d'Athènes, dans un ouvrage écrit vers 400 av. J.-.C, qui ouvre la série des *Atthis*, rédigées à partir du milieu du IVe siècle, soit une cinquantaine d'années plus tard. C'est donc un étranger qui inaugure ce « genre » historiographique qui sera ensuite perpétué par des citoyens athéniens. Athènes et l'Attique échappaient en effet à la mémoire panhellénique [124], reposant sur l'épopée, et dont la reformulation par les généalogistes permettait de déployer la profondeur de plusieurs générations, depuis les grands chefs de lignée fondateurs des ethnies du monde grec jusqu'à l'espace des cités, unies ou divisées par les ramifications de la parenté de leurs éponymes. Hellanikos est le premier auteur auquel on attribue des histoires régionales, *Argolika, Arcadika, Boiotika, Thessalika* : on peut supposer que, dans la plupart des cas, il s'agissait de la redistribution régionale des traditions véhiculées par les généalogies panhelléniques. Mais la pauvreté des traditions athéniennes impliquait d'autres méthodes, et Hellanikos, comme principe organisateur de son ouvrage, entreprit de reconstituer la liste des rois d'Athènes, pour les temps les plus anciens, et s'appuya sur la liste des archontes athéniens, pour la période qui commence en 683/2 av. J.-C. Son *Atthis*, pour déployer la continuité de l'histoire d'Athènes, depuis le roi Kékrops jusqu'à la fin de la guerre du Péloponnèse, était organisée autour de deux listes hétérogènes, dont il fallut assurer le raccord, en intercalant Médon et sa descendance, à la suite du roi Kodros [125]. Le nom de l'archonte éponyme permettait d'identifier chaque année de l'époque historique. Hellanikos a rendu possibles les œuvres des Atthidographes en se chargeant de construire le cadre de la chronique, d'allonger la liste des rois et des fonctionnaires éponymes lorsque cela était nécessaire [126].

La première histoire de l'Attique nécessitait moins un auteur athénien, s'appuyant sur une chronique antérieure et anonyme, élaborée dans le milieu des exégètes eupatrides, pieux gardiens de la mémoire des traditions, qu'un spécialiste venu de l'extérieur pour mettre de l'ordre dans le passé de la cité, en appliquant des méthodes objectives qui avaient déjà fait leurs preuves dans d'autres régions du monde grec. Originaire de l'île de Lesbos, dont les révoltes contre la domination athénienne avaient été durement réprimées, Hellanikos ne semble pas avoir montré de parti pris anti-athénien ou antidémocratique dans la rédaction de son *Atthis*. Le fait même qu'il soit un étranger, et qu'il ait exercé ses talents pour des régions du monde grec, voire dans des chroniques universelles, était un gage de distanciation par rapport aux enjeux politiques [127]. Ce ne sera plus le cas, lorsque, au milieu du IVe siècle, des citoyens athéniens reprendront la forme de l'*Atthis*, sans dissimuler leurs engagements politiques dans les débats contemporains [128].

Certes, d'Hécatée à Hellanikos de Lesbos, nous voyons émerger une nouvelle conception du temps, un élargissement du champ d'investigation des généalogistes et des chroniqueurs, qui ne se limitent plus à mettre de l'ordre dans les *logoi* des Grecs, mais développent une continuité depuis les temps anciens jusqu'aux événements présents. Toutefois Hellanikos reste largement tributaire de ce courant mythographique, malgré ses intérêts pour l'ethnographie et les chroniques régionales. La véritable rupture se produit avec Hérodote, son contemporain, dont les *Histoires* témoignent d'un nouveau regard et d'un nouvel objet : « Hérodote d'Halicarnasse présente ici les résultats de son enquête, afin que le temps n'abolisse pas les travaux des hommes et que les grands exploits accomplis soit par les Grecs, soit par les Barbares, ne tombent pas dans l'oubli ; et il donne en particulier la raison du conflit qui mit ces deux peuples aux prises. » Préambule fameux, où s'entrechoquent paradoxalement les éléments de continuité et de nouveauté radicale : affirmation de l'individu écrivant, nom-signature, comme Hécatée de Milet ; mais aussi réminiscence des prologues homériques, et nouveau type d'épopée où il faut préserver les *erga* de l'oubli, exploits récents, mais précaires. Non plus exploits d'Achille et d'Hector, mais exploits des hommes, Grecs et Barbares. Il s'agit de rechercher les causes d'une querelle, non plus celle d'Achille et d'Agamemnon, mais des Perses et des Grecs. Hérodote écrit le récit argumenté et circonstancié des causes du conflit, qui rompt avec le modèle généalogique pour rendre intelligible un grand événement du passé récent : les guerres médiques. Mais ne s'agit-il pas de substituer à l'enchaînement des générations l'enchaînement des causes et de faire de cette première histoire la généalogie des faits ? Il est notable qu'Hérodote ne choisisse pas entre les explications mythiques du conflit, avancées par les Perses et les Phéniciens. Hécatée de Milet se serait fixé comme objectif de déterminer le vrai du faux parmi ces *logoi*. Hérodote, lui, choisit un point de départ proche, avec l'histoire de Crésus, ce qui témoigne aussi d'un nouveau regard sur l'information et le savoir : Crésus est le premier à avoir agressé les Grecs. Comme le souligne François Hartog, « on change d'univers de discours, de régime de vérité et d'échelle chronologique [129] ». L'historien se fixe désormais ses propres commencements, son point de départ, sur la base d'une décision intellectuelle, et en s'affranchissant de la pesanteur des traditions des origines. Hérodote veut doter les Grecs d'un nouveau type de mémoire, celle de leur histoire récente, plus difficile à préserver de l'oubli que les traditions du passé ancien qui ont eu leurs poètes. On voit se creuser un écart entre deux champs de savoir désormais disjoints, entre lesquels Hérodote a opéré un choix en lui-même historique. Par exemple, lorsqu'il s'agit de rappeler quel fut le premier des Grecs à avoir des ambitions thalassocratiques, Hérodote nomme Polycratès, et met à part Minos de Cnossos et ses éventuels prédécesseurs. Polycratès est le premier, dans la lignée des hommes, à avoir nourri l'espoir de régner sur l'Ionie et les îles : il entre dans le champ de savoir d'Hérodote (« le premier des Grecs à notre connaissance[130]... »). Contrairement à Hécatée, Hérodote n'assimile pas son champ d'activité intellectuelle à l'ensemble des *logoi* des Grecs. L'*historié* hérodotéenne fonde un nouveau mode d'énonciation, qui repose sur une confrontation des récits de la tradition, grecs ou barbares : le sujet doit confirmer la légitimité de l'un ou l'autre, leur droit à être publiquement soutenus, et s'en porter garant, en rassemblant tous les indices qui suggèrent la vérité probable de l'un ou l'autre énoncé[131].

L'œuvre d'Hérodote se caractérise par l'ampleur du champ qu'elle englobe : l'horizon des chroniques locales s'est élargi et couvre désormais l'ensemble du monde grec et barbare, avec l'émergence, dès le prologue, d'un sujet collectif, panhellénique, *hoi Hellènes*, les Grecs. L'œuvre échappe aux clivages des cités grecques, aux enjeux idéologiques régionaux pour englober la genèse et le déroulement d'un conflit qui a concerné la Grèce et l'Orient. Elle n'est pas régie par les strictes contraintes thématiques du genre des chroniques locales et des généalogies, qui délimitaient un cadre spatial particulier. Comme Hécatée de Milet, Hérodote s'adresse à tous les Grecs, mais loin de remettre en ordre leurs traditions très anciennes, il leur propose un récit du passé récent et une tentative d'explication des processus profonds qui ont entraîné ces événements. En ce sens, Hérodote annonce Thucydide davantage qu'il ne perpétue Hécatée de Milet.

Au temps des origines, où la mémoire des hommes se greffe sur le monde des dieux et des héros, Hérodote substitue le récit d'un passé proche, du milieu du VIe siècle au premier tiers du Ve siècle. Il inaugure ainsi un nouveau type de tradition, où l'historien se focalise sur une période délimitée, organisée autour d'un ensemble d'événements qui en fondent la cohérence intellectuelle. Chaque historien s'attachera ainsi à poursuivre l'œuvre de son prédécesseur, en reprenant le récit là où il s'est arrêté : Thucydide commence son œuvre par la conquête athénienne de Sestos en 478, qui marquait le terme des

Histoires d'Hérodote. Le genre même de la généalogie implique que tout nouvel auteur remonte aux origines et redéploie la continuité du temps théologique et héroïque : Hécatée, Akousilaos, Hellanikos ne se continuent pas les uns les autres, mais proposent autant d'œuvres parallèles, prises dans un jeu inextricable d'échos et de divergences. En revanche, Thucydide « continue » Hérodote, de même que Théopompe et Xénophon « continuent » l'histoire de la guerre du Péloponnèse[132]. Le principe de la « suite » met en lumière un aspect essentiel de l'historiographie grecque classique : elle est avant tout histoire du contemporain, de ce qui s'offre le plus directement au savoir et à la vérification. Si Hérodote tente de préserver de l'oubli des événements dont il ne fut pas lui-même le contemporain, Thucydide écrit l'histoire vécue. La confrontation des *logoi* s'efface devant le primat de l'autopsie historienne. Les généalogistes s'avéraient incapables de se libérer de la fascination des commencements absolus. On ne pouvait expliquer le présent, les partages politiques, les clivages familiaux, la toponymie, qu'en remontant aux origines. L'historien post-hérodotéen s'assigne à lui-même ses propres commencements, par une décision intellectuelle, le découpage d'une période, en référence à l'œuvre de ses prédécesseurs, aux événements contemporains[133]. Comme le souligne Polybe, il s'agit d'une histoire dont la matière se renouvelle sans cesse et qui exige un traitement original, du fait qu'il n'a pas été donné à nos devanciers de nous révéler ce qui allait se passer après eux ». L'auteur de généalogies, en revanche, se proposant de remonter aux commencements, se trouve désormais confronté à une telle masse de textes préexistants, qu'« il ne lui resterait qu'à présenter le bien d'autrui en le faisant passer pour le sien propre, procédé peu honorable s'il en fut[134] ». L'ombre du plagiat, que Clément décelait dès les *Généalogies* d'Akisoulaos, plane encore...

L'une des conséquences de cette redéfinition temporelle est de préciser la focalisation de l'historien classique sur le monde grec. Le genre des généalogies, qui accompagnait le développement d'une première littérature ethno-géographique, avait une vocation œcuménique, puisque la motivation éponymique s'exerçait aussi pour des noms de lieux et de peuples barbares. Hérodote, toujours sous l'influence du genre des périégèses, offre lui aussi un cadre œcuménique. En revanche, avec Thucydide, l'horizon historiographique se restreint à la politique des États grecs[135]. Lorsque des auteurs renoueront avec le projet des histoires universelles remontant aux origines, par exemple Diodore de Sicile, les peuples non grecs seront essentiellement traités dans les livres mythographiques, c'est-à-dire selon l'ancien schéma du discours sur les origines.

Conclusion

D'Hécatée de Milet à Hérodote, nous observons une évolution dans la représentation du passé comme dans les modalités de sa fixation. Le temps change en effet de statut. Pour les généalogistes, le passé est temps des origines, cosmologique ou héroïque. Il est référence lointaine et enjeu idéologique, titre de gloire des familles aristocratiques, espace-temps où se décident les grands découpages ethniques, régionaux et politiques, où émergent la race et la civilisation humaines, où se fondent les cités grecques, à l'initiative des héros. Les généalogistes ne se soucient que très rarement de déployer une continuité entre ce passé lointain et le passé proche de la cité, voire son présent. La temporalité, ici, est relative, elle est l'effet de la succession des générations, de la déclinaison progressive des filiations : la corrélation synchronique des différentes branches de l'arborescence crée une cohérence nouvelle, à l'intérieur d'un corpus de récits et de traditions déjà fixés par les cycles épiques. En multipliant les héros éponymes (de cités, de régions) et les chefs de lignée, les auteurs de généalogies ne font pas œuvre d'historiens et ne reconstituent pas le passé d'une communauté. En revanche, ils permettent à un groupe (famille aristocratique ou cité) de se rattacher au monde épique, univers valorisant, référence panhellénique qui constitue un enjeu idéologique, un facteur de distinction sociale.

Avec Hérodote, mais aussi la littérature des fondations, nous avons l'émergence d'un passé proche, disjoint du temps des origines lointaines, où les cités des hommes se dotent de la mémoire de leurs propres commencements, lorsqu'elles ont été fondées par un personnage bien identifié, venu d'ailleurs, sur une terre nouvelle. À la sécheresse de la syntaxe généalogique, Hérodote renoue avec l'art du récit développé, qu'il enrichit de longs exposés ethnographiques. Aux horizons lointains de la guerre de Troie, il préfère ceux d'une guerre plus récente, qui mérite d'entrer dans les mémoires. Non pas d'une cité particulière, mais dans la mémoire de tous les Grecs, comme la trace d'exploits menés en commun dont il ne faut pas oublier la genèse proche.

Le clivage désormais instauré entre l'*historiê* hérodotéenne et les généalogies ne recouvre pas celui de l'histoire et de la fiction, ni celui de l'histoire et du mythe. Il correspond à deux degrés différents d'éloignement dans le passé, qui ne relèvent pas du même traitement intellectuel et littéraire. La généalogie reste l'instrument le plus adéquat pour organiser les traditions du passé lointain, les exposer dans un ordre systématique, en les assujettissant à une cohérence temporelle. Il s'agit d'un passé désormais inaccessible à toute forme de vérification, connu seulement par la tradition. Exemplaire de cette efficacité intellectuelle est le récit sur les temps très anciens que Platon prête à Solon, dans le *Timée*, devant des prêtres égyptiens[136] : « Il raconta les mythes de Phoronée, qu'on dit être le premier homme, et de Niobé ; et ceux qui décrivent comment Deucalion et Pyrrha survécurent au déluge. Il fit aussi la généalogie de leurs descendants, et il essaya de calculer à combien d'années remontaient les choses qu'il racontait en se remettant en mémoire leurs âges. »

Le développement d'une histoire du temps des hommes n'a pas mis fin à cette réécriture incessante des traditions sur les origines, et au plaisir durable qu'elles exercèrent sur leurs auditeurs. Le sophiste Hippias est tout fier de se faire applaudir par les Spartiates en racontant les généalogies des héros et des hommes, les fondations antiques des cités. La prouesse mnémotechnique de la performance orale n'explique pas tout, et Platon suggère la fascination du public pour l'*archaiologia*, semblable à la fascination des enfants pour les vieilles femmes qui content les mythes[137]. Pour Polybe, la généalogie est la forme la plus rudimentaire de l'historiographie : elle a la faveur des lecteurs, en leur proposant un récit immédiatement distrayant. À l'autre extrémité se trouve l'histoire pragmatique prônée par Polybe, qui ne s'occupe que des actions des nations, des cités et des chefs d'État, et n'intéresse par conséquent que les esprits politiques[138]. Thucydide avait déjà dénoncé le discours des logographes, visant l'agrément de leur auditoire en se cantonnant au récit des temps très anciens, échappant à tout contrôle[139].

Si l'histoire a conquis son autonomie en s'imposant des limites, en se fixant ses commencements et en s'inscrivant à l'intérieur de la tradition qu'elle a elle-même créée, le monde des dieux, des demi-dieux et des héros, demeure présent dans l'iconographie comme dans la littérature : poèmes, œuvres dramatiques, allusions de philosophes ou d'orateurs témoignent de sa survivance dans l'imaginaire et le savoir grecs, comme horizon du très ancien, de ce qui a précédé le temps des cités. Le projet de réunir ces traditions et de formaliser ce savoir insaisissable reste vivace. L'un des aboutissements, et la synthèse, de l'œuvre des premiers généalogistes grecs est constitué par la Bibliothèque mythographique du Ps. Apollodore, au IIe siècle ap. J.-C. : la généalogie fait désormais de la mythologie un champ de savoir autonome, avec son corpus de noms propres et de récits, ouvert aux variantes, à la critique des sources, à l'invention éponymique et à la quête de la complétude, travail lettré et érudit qui applique les méthodes de la compilation livresque développées avec la bibliothèque d'Alexandrie [140].

Christian JACOB

11.

Écriture de l'histoire géorgienne, ou la mythologie travestie*

Les deux plus vieilles chroniques géorgiennes

Royaume païen, polythéiste, la Géorgie centrale et orientale (l'Ibérie des anciens) s'est faite chrétienne au IVe siècle. Elle qui avait ignoré jusqu'alors toute forme d'écriture se dote d'un alphabet remarquable, inspiré d'un modèle grec très habilement travesti[1]. En dépit d'une littérature religieuse abondante, ce n'est que six ou sept cents ans plus tard qu'elle se confectionne une histoire. Au XIe siècle, en effet, les monarques de ce royaume devenu fort et libre découvrent, conçoivent, formulent leur propre souveraineté. Reste alors à dire ou à inventer un passé : d'où la composition d'une chronique géorgienne en plusieurs livres.

Pour les rois de l'époque comme pour les politiques d'aujourd'hui, tout le passé de la Géorgie s'organise autour de la mutation décisive que représente la conversion au christianisme : l'histoire ne commence vraiment qu'aux alentours de l'an 300. Bien sûr, le processus a dû se dérouler sur des dizaines d'années, mais la mémoire « partagée » d'un peuple exige un seuil, une sorte d'acte de naissance situé et repéré dans le temps (comme pour Constantin ou Clovis). Choix politique en faveur de Byzance et contre la Perse mazdéenne, la conversion officielle n'a pu se faire qu'entre 325, protectorat romain sur l'Ibérie, et 361, reprise de la guerre contre l'Empire sassanide. Les érudits ont choisi 337 ; je préfère, quant à moi, 338 : les vieux annalistes, pourtant avares de dates, donnent celle-là avec insistance, pourquoi ne pas les croire ?

L'histoire des origines ne pouvait se construire qu'autour de ce repère. Ainsi s'organisent les deux premières chroniques, « La vie des rois » et « La conversion de la Géorgie », manifestement écrites par le même auteur, Leont'i Mroveli. La première retrace la formation de l'Ibérie préchrétienne, la geste des rois et la fondation des sanctuaires païens ; la seconde raconte comment le roi Mirian abandonne le culte des idoles pour adopter la foi chrétienne. Dans ce diptyque fortement structuré, les cultes païens figurent à deux reprises : lors de leur institution dans le livre I, de leur destruction dans le livre II.

Formation des cultes préchrétiens selon la première chronique médiévale

La première chronique se compose donc en fait d'une longue suite de fondations politiques et religieuses[2]. Tout commence, ainsi qu'il se doit, avec l'Ancien Testament, juste après le Déluge. Les futurs Ibères sont en effet les descendants de Japhet. Targamos (le Togarmes de la Bible, fils de Gomer), l'un des arrière-petits-fils de Noé, s'installe au Caucase : il est à pied d'œuvre, puisque l'arche s'est échouée sur l'Ararat. Son fils Kartlos fonde le royaume de Kartli — nom que les Géorgiens se donnaient à eux-mêmes. Son héritier, Mtskhetos, bâtit une métropole, qu'il baptise Mtskheta : ce sera la capitale de la Géorgie jusqu'au VIe siècle. Cette prise de possession n'est que politique et territoriale, hors de toute préoccupation religieuse. Les premiers Ibères ont alors leur religion, celle de Yahwé : nul besoin donc d'en créer une nouvelle ni de fonder un culte.

Tout au contraire, il est indispensable de procéder à une contre-fondation : afin d'être un jour, des siècles plus tard, aptes à se convertir au christianisme, il faut bien que les Ibères abandonnent la religion hébraïque et se fassent païens. En effet, on n'évangélise pas les Juifs, ce n'est pas dans le modèle canonique de la conversion des peuples. D'où une inévitable apostasie : oubliant Dieu, ils se prennent à adorer les astres.

Mais une autre opération s'impose encore : la perte et l'oubli de ce qui fait d'un groupe humain une société et une culture. En conséquence, « à l'époque de Nabuchodonosor », les Ibères, déjà sur la mauvaise pente, « s'adonnèrent à la pire des religions : ignorant le mariage, ils se livraient à la fornication ; ils mangeaient de tout être vivant, dévorant même les cadavres, tels des fauves et des bêtes. La conduite de ces peuples affreusement païens est impossible à énoncer[3] ». Ainsi soustraits à l'univers des règles, ils sont prêts désormais pour des cultes nouveaux, qui ne s'implantent que dans un désert social et culturel : la série des fondations peut s'ouvrir.

Elle est inaugurée par l'empereur Alexandre en personne, qui, passant par là, civilise ces sauvages, et les décide à « révérer le soleil, la lune et les cinq étoiles, et à célébrer le Dieu invisible ». Avant de partir, il installe comme « roi » Azo, venu du Daghestan. Celui-ci retourne dans son pays d'origine, « au-delà du Caucase », et en revient avec de nombreuses tribus étrangères. Il ramène aussi les idoles de leurs dieux Ga et Gaïm. Rentré à Mtskheta, la capitale de l'Ibérie, Azo bâtit des forteresses, un sanctuaire, dresse les idoles sur la montagne et institue leur culte[4].

Il faut s'arrêter un instant à ce scénario et à son schéma, car tous les récits de fondation narrés dans la chronique s'y conforment. On y retrouve immanquablement quatre articulations.

1. Un chef ou un roi s'en vient d'un pays étranger dont il ramène un ou plusieurs dieux et leur(s) idole(s).
2. Il bâtit un fort et une enceinte.
3. Il y installe les idoles des nouvelles divinités.
4. Il en institue le culte.

Voici comment se déroulent les fondations suivantes :

1. Fuyant le roi de Géorgie devenu massacreur de ses propres sujets, le prince Parnavaz se réfugie en Perse, dont il est originaire. Il en revient, avec des guerriers étrangers, et conquiert le royaume, chassant le monarque dément et « sa race monstrueuse » d'assassins.
2. Une fois roi, il bâtit deux forts.
3. Il érige une grande idole du dieu Armaz, qu'il a ramené de Perse.
4. Il institue les solennités religieuses en l'honneur d'Armaz, le plus grand dieu de la Géorgie païenne, dont la capitale portera désormais le nom, Armaz(i)[5].

Son successeur, Saurmag, à la suite d'une insurrection des nobles, doit s'exiler à l'étranger, chez les Durdzuk, peuple du Nord-Caucase. Il en revient avec des guerriers durdzuk et ossètes, ramenant les idoles de deux divinités nouvelles, Aïnina et Danina. Fortifiant la capitale, il y installe les idoles et fonde le culte[6].

Et les fondations se succèdent, sur le même modèle, jusqu'à ce que l'ensemble des cultes de la Géorgie préchrétienne ait été mis en place. Naturellement, plusieurs de ces scénarios présentent des variantes souvent significatives, mais dont aucune n'altère le schéma canonique à quatre composantes.

C'est donc une structure répétitive qui informe l'histoire des cultes païens : le polythéisme ibère se constitue en application d'un principe purement cumulatif. Aucun système théologique ou même simplement conceptuel n'organise le groupement final des sept dieux de la Géorgie païenne : il n'est que l'aboutissement de migrations successives sans lien entre elles, dont les résultats additionnés ne représentent nullement un panthéon, mais bien un simple agglomérat, une collection amorphe.

Les mythes de fondation selon le paganisme géorgien d'aujourd'hui

D'où peuvent bien provenir ces dispositifs très particuliers ? Le chroniqueur ne les a sûrement pas inventés : à quelles sources a-t-il donc puisé ?

Trois ordres de faits sont à expliquer : la structure proprement dite de ces fondations en cascade ; le principe même de la répétition, sa raison d'être ; enfin, les variations annoncées plus haut et leur système.

Les structures de base. La formulation commune à tous ces récits ne laisse pas d'être saisissante : la reproduction du schéma dans les mêmes conditions et les mêmes termes, quels que soient le règne et le culte considérés, amène à penser qu'il s'agit là d'un véritable stéréotype.

Stéréotype que l'on retrouve, trait pour trait, au premier plan d'un système religieux encore bien vivant, en 1992 même : le polythéisme des montagnards de Géorgie orientale (sur une partie du territoire de l'ancienne Ibérie). Ce scénario si caractéristique est celui des mythes de fondation de la société et de la religion, tels que les conçoit et les formule le paganisme contemporain. Voici comment les choses se passent dans les récits de fondation qui se chantent en ce moment même sur les pentes du Caucase :

1. Un homme hors du commun, possédé des dieux et parlant leur langue, s'en vient d'un pays lointain, hors des frontières de Géorgie : la Perse, par exemple, ou l'Arménie, ou encore le Daghestan. Il est accompagné d'un dieu nouveau, dont l'effigie matérielle ne le quitte pas dans ses voyages. Comme dans la chronique médiévale, le fondateur est obligatoirement un étranger ou un exilé revenant d'un pays étranger : tous les récits sans exception marquent fortement cette qualité.

2. Sitôt parvenu à destination, le fondateur édifie une tour clanique : à la fois forteresse et demeure, ce type d'édifice marque l'implantation spatiale de la société et en incarne l'essence politique et religieuse.

3. Il y introduit le symbole concret de la divinité, sous forme d'un étendard à pointe de lance, dressé le long de l'enceinte : « Il (le fondateur) édifia une petite tour. L'étendard pénétra de lui-même dans le bâtiment et disparut à la vue des hommes. »

4. Enfin, il institue le culte sous tous ses aspects : « Il fit offrir par les villageois tous les objets nécessaires à la célébration : des coupes, des cuves, des chaînes de foyer. En un mot, il prescrivit tout ce qui était nécessaire à l'accomplissement des offices[7]. »

Tel est le schéma de l'institution d'un culte païen chez les Géorgiens de la montagne en plein XXe siècle : il correspond fidèlement à celui qui ordonne toutes les fondations relatées dans la chronique. Il n'y manque aucune des articulations essentielles auxquelles on reconnait un mythe d'origine. Certes, des accessoires et des images diffèrent ici et là ; mais le déroulement des actes demeure le même, ainsi que restent inchangés le poids et la finalité de chacun d'eux.

Polythéismes cumulatifs : le système soumis à l'histoire

Que penser maintenant du principe même de la répétition ? Elle rend compte, on le sait, de la formation du polythéisme selon la chronique : l'histoire des origines païennes est cumulative. Or c'est justement ce principe-là qui régit la constitution des cultes païens de la Géorgie contemporaine.

En effet, chaque tribu, voire chaque clan, compte un certain nombre de sanctuaires consacrés à des divinités de rang très inégal, mais toutes également révérées et célébrées : il n'y a pas de dieu mineur. Tel est l'état final de la religion géorgienne. L'ensemble ainsi constitué n'est pas tenu pour un groupe homogène, structuré à la manière d'un panthéon. L'explication de son origine n'est pas d'ordre théologique, répondant à une nécessité interne, à un système. Il s'agit tout au contraire d'une simple accumulation de divinités, sans lien conceptuel explicite, dont la réunion en un même lieu n'est due, pour l'essentiel, qu'aux vicissitudes de l'histoire. L'agglomérat des dieux s'est ainsi formé, au gré de migrations successives, chaque nouvel arrivant introduisant sur son futur territoire une entité divine qui auparavant y était inconnue.

Les mythologues d'aujourd'hui et les auteurs médiévaux professent donc bien la même théorie sur la manière dont se sont formés sinon leurs panthéons respectifs, du moins l'ensemble des cultes qu'ils décrivent ou qu'ils pratiquent. En somme, pour les uns comme pour les autres, aux deux extrémités du paganisme géorgien, le système se voit subordonné à l'histoire. C'est pourquoi la configuration religieuse de la capitale géorgienne avant l'évangélisation, telle que la conçoit la chronique, est exactement superposable à celle d'une région ou d'un village montagnards du XXe siècle : le territoire contient plusieurs sanctuaires et cultes qui se sont trouvés réunis à la suite de fondations successives. Structurellement et formellement, une communauté rurale de maintenant ne diffère en rien de la métropole préchrétienne.

D'où un caractère singulier commun à ces deux religions, et qui y tient une place considérable : la configuration des cultes aussi bien que le système des dieux se définissent pour l'essentiel au moyen des entrelacs et des réseaux d'itinéraires qui ont permis de les fonder. Le septuor des divinités préchrétiennes, dans l'Ibérie de la chronique, n'a d'autre structure que l'ensemble des voyages qui ont assuré sa propre formation. De son côté, le paganisme géorgien actuel compte une centaine de dieux : leur réunion n'a d'autre raison d'être que l'ensemble des déplacements qui l'ont constitué. C'est pourquoi, aujourd'hui encore, la célébration d'un culte consiste pour une large part à définir le dieu concerné en chantant le mythe répétant le voyage fondateur et en traçant des itinéraires reproduisant les migrations des origines.

Système des différences : typologie des fondations

Reste à rendre compte des variantes. Si elles sont pertinentes — et on verra qu'elles le sont —, comment s'organisent-elles dans chacun des polythéismes confrontés ? Le parallèle, qui s'est révélé jusqu'à maintenant saisissant, peut-il, doit-il être mené plus loin ?

Dans la chronique, d'abord. Le schéma de base donne lieu à des variations qui portent sur les rapports entre fondateurs étrangers et population autochtone. Elles s'organisent selon quatre types :

Type I : le fondateur arrive dans un désert social et religieux, le dieu et le culte qu'il importe sont aussitôt acceptés par les gens du cru. Modèle : Alexandre le Grand et sa religion astrale.

Type II : les autochtones vivent en société, mais sans religion, et ils adoptent spontanément le culte nouveau. Modèle : le roi Azo, avec les dieux Ga et Gaïm.

Type III : une race d'êtres malfaisants occupe les lieux, opprimant et massacrant la population locale ; le fondateur, aidé de plusieurs alliés, doit les exterminer ou les chasser pour pouvoir instaurer le nouveau culte. Modèle : le roi Parnavaz et le grand dieu Armaz.

Type IV : le fondateur fait partir les habitants et les remplace par un autre groupe humain, qui révère le dieu nouveau venu. Modèle : le roi Saurmag, qui chasse les nobles géorgiens pour leur substituer d'autres Caucasiens, avec les idoles Aïnina et Danana.

Ces quatre types épuisent les variétés de fondations que comporte la chronique. Or tous ont leurs répondants dans la mythologie géorgienne restée vivante au XXe siècle. Chacun d'eux est attesté en de nombreuses légendes, car ce grand répertoire poétique demeure très productif maintenant encore. Ces récits se répartissent en quatre groupes de variantes.

Groupe I : le fondateur venu d'ailleurs trouve des humains dépourvus de tout ce qui fait une société et une religion, sans organisation, sans culture, sans appareil symbolique. Ainsi, à Goudani, le futur sacrificateur institue, avec la première religion, l'agriculture, la cuisine et inaugure même le langage articulé (que lui a révélé le dieu qui le possède).

Groupe II : une société déjà organisée accepte sur-le-champ la religion qu'un étranger lui apporte. C'est l'un des modèles le plus fréquemment reproduits.

Groupe III : un dieu venu du dehors, aidé de plusieurs de ses congénères, massacre la race des géants ou des démons qui se trouvaient sur place et opprimaient les humains, les exterminant et les dévorant. Il occupe le territoire ainsi libéré et y instaure ses propres cultes. Ces récits très populaires tiennent une grande place dans le légendaire montagnard.

Groupe IV : un dieu déloge un groupe d'hommes de leur territoire et y installe à leur place ses propres fidèles, avec leur chaman et leurs prêtres. Ce répertoire connaît lui aussi un grand succès [8].

C'est donc bien le même système qui organise les variantes des mythes de fondation dans le paganisme de la chronique comme dans celui de la montagne géorgienne.

À une réserve près, toutefois, mais qui est d'importance : *La religion païenne vivante comporte deux types de fondation qu'ignore la première chronique médiévale.* Les voici. Ce seront donc les groupes V et VI.

Groupe V : plusieurs cultes ont été institués *par des femmes.* Une bergère reçoit du ciel l'effigie animée d'un dieu. Celui-ci prend possession de l'âme de la jeune fille et l'accompagne dans tous ses déplacements. D'abord incomprise ou persécutée, elle doit se cacher, avec son icône, errant à l'écart et à l'insu de la religion alors en vigueur. Enfin, inspirée, en transe, elle proclame la parole divine, bâtit un sanctuaire, institue fêtes et rites. Mais, fondatrice, il ne lui est pas donné d'officier : ce sera l'affaire d'un homme, qui, instruit par ses soins, deviendra sacrificateur. Quant à elle, il ne lui reste plus qu'à disparaître. Cette histoire est la source d'un véritable cycle de littérature orale [9].

Groupe VI : c'est le mythe d'origine d'un grand nombre de sanctuaires. La fortune de ce type de récit s'explique aisément : il est le seul à mettre en scène et à légitimer la dépossession d'un territoire sacré et d'un culte par un dieu au détriment d'un autre. Le dieu nouveau venu fait savoir à une communauté humaine, par la voix de son chaman, qu'elle doit adopter son culte à lui ou s'en aller. Les hommes refusent. Alors, le dieu squatter fait surgir un arbre dans le foyer du sanctuaire : les récalcitrants se résignent soit à la soumission, soit au départ, et le nouveau culte peut s'implanter [10].

Histoire de la conversion au christianisme selon la deuxième chronique médiévale

Or, ces deux variétés de fondation, qui manquent au premier livre de la chronique, la « Vie des Rois », servent en revanche de modèle à la « Conversion de la Géorgie », que raconte le second livre de la chronique [11]. Ce sont en effet ces deux structures narratives qui ont été combinées avec le schéma fondateur de base pour composer le récit de la conversion des Ibères au christianisme, telle que la raconte la deuxième chronique médiévale [12]. On dispose de cinq versions géorgiennes, XIe-XIIe siècle [13] ; d'une en arménien, VIIIe siècle ; d'une, enfin, en latin, la plus ancienne, vers l'an 400 [14]. Voici l'essentiel de cette histoire, dont les grandes articulations et les traits pertinents sont communs à toutes les versions.

Une « captive » — *captiva*, dit le texte latin, « une prisonnière », selon la chronique géorgienne —, venue de Cappadoce, une étrangère, par conséquent, importe en Géorgie sa foi et son dieu, le Christ, qui l'inspire et « la fait parler »». Vivant d'abord parmi les bergers, elle révèle la religion nouvelle et finit par convertir les souverains et une partie du peuple. Elle fait construire une église, y place une croix (ou trois, selon les variantes) confectionnée avec deux branches encore munies de leurs feuilles ; enfin, elle institue le culte. Pour officier et assurer la marche normale du culte, il est fait appel à des prêtres. Cette partie du récit historique correspond très exactement à notre « groupe V » des mythes païens contemporains : la fondatrice vient de l'étranger, amenant à la fois son dieu et le symbole qui le représente ; c'est une possédée, « captive » du dieu qui l'habite, elle en révèle le nom, bâtit le sanctuaire, enfin s'efface pour laisser le champ libre aux prêtres.

Notez que la conversion s'accomplit en deux temps : bien que converti, le peuple hésitait encore à accepter le dieu nouveau, d'autant plus qu'un prodige l'inquiétait et l'incitait à rester fidèle à ses dieux ancestraux. En effet, la troisième colonne du temple, faite d'un arbre immense, avec ses ramures et ses feuilles, n'avait pu en aucune façon être dressée comme les autres. Or, la nuit, elle s'élève d'elle-même au-dessus du sol et se met en place au milieu du sanctuaire. Seul le prodige de la « colonne vivante » achève de convaincre les hommes, soit de renoncer à leur ancien culte, en acceptant celui du dieu nouveau venu, soit de partir, pour révérer ailleurs les divinités écartées : il faut qu'un « arbre » vienne de lui-même s'élever en plein milieu du sanctuaire. C'est le pendant médiéval du « groupe VI » : on peut encore voir, au village de Gogolauri, dans la montagne géorgienne, un frêne multiséculaire dressé au milieu du sanctuaire. À sa branche maîtresse est suspendue la cloche sacrée, dont le tintement fait résonner la voix même du dieu. Voici comment l'« arbre-clocher » (tel est son nom) s'est trouvé là :

« Car il n'a pas été planté, non plus qu'il n'a poussé de lui-même. Soudain, ne voilà-t-il pas qu'en une nuit, il poussa. Ils le coupèrent. Le lendemain, il poussa encore, et ils le coupèrent. Quand il eut poussé pour la troisième fois, le devin dit qu'il fallait partir et abandonner l'ancien culte. Ce qu'ils firent : là fut fondé le culte de Dedaghvtishobel. » Commentaire général des montagnards : quand un arbre s'est dressé ainsi en une nuit au milieu du sanctuaire, cela signifie qu'un dieu a pris possession des lieux, à la place de l'ancien titulaire, et l'on doit céder[15]. Noter qu'en l'occurrence, l'arbre prodigieux devient partie intégrante des édifices du culte : chez les Géorgiens d'aujourd'hui, c'est le « clocher », pièce indispensable à l'exercice du culte, chez les Ibères des temps lointains, la colonne maîtresse du temple. Aucun doute : le récit de la conversion dérive bel et bien des mythes de fondation païens, ce que confirme l'analyse contrastive minutieuse des deux ensembles narratifs, histoire médiévale et mythologie orale contemporaine. L'examen des moindres détails vient conforter le parallèle. Et l'on constate que la part du hasard reste négligeable : les choix, les modulations, les lacunes mêmes se révèlent motivées, et s'expliquent par référence au système polythéiste dans son ensemble. Cela concerne aussi bien les faits de structure que les accessoires du récit.

Du côté de la structure, par exemple : pourquoi avoir utilisé ces deux types de fondation pour représenter la conversion au christianisme ? Laissons la qualité d'étranger : on sait que c'est là un invariant incontournable. La raison est ailleurs. En effet, les mythes de la bergère possédée d'un dieu inconnu sont les seuls, dans le paganisme montagnard, où l'on voit les fondateurs, humain et divin, se cacher un certain temps, les seuls aussi où la religion nouvelle reste dans l'ombre, à côté des cultes officiels. Or telle a été la situation du christianime et de ses apôtres dans la Géorgie du IVe siècle : le mythe païen de la bergère fondatrice, et nul autre, convenait donc parfaitement pour mettre en drame le processus même de la conversion.

Quant au second scénario, avec l'arbre qui se dresse de lui-même au milieu du foyer ou du sanctuaire, il s'est imposé en la circonstance, parce qu'il est le seul mythe de fondation païen qui rende compte très exactement des données brutes de tout changement de religion : un dieu nouveau venu substitue son propre culte à celui qui occupait le terrain auparavant.

Pour les accessoires, maintenant : un exemple parmi d'autres. Une des versions géorgiennes de la conversion précise que la « captive » illuminatrice, sainte Nino, a introduit dans la première église non pas *une*, mais *trois* croix, faites de branches. Or, tout temple païen de la montagne géorgienne, aujourd'hui encore, possède obligatoirement *trois étendards cruciformes* ; c'est là une donnée incontournable de la religion polythéiste, qui est donc motivée au sein de ce système, alors qu'elle ne l'est nullement dans le cadre chrétien de la conversion [16].

Neutralisation des clichés bibliques

Même si en apparence on quitte tout à fait le monde païen autochtone, en s'attachant à des composantes de la chronique qui en paraissent bien éloignées, on s'y voit très vite ramené. Car nombre d'éléments étrangers eux-mêmes, y compris parmi les plus anciens, sont traités par les vieux historiens comme s'ils s'ingéniaient à mettre en relief, par ce moyen même, des aspects du paganisme indigène tel qu'il se pratique aujourd'hui encore dans la montagne.

Le récit de la conversion a surtout utilisé deux séries de sources étrangères, qu'il a combinées avec le modèle païen autochtone : les textes bibliques, aisément reconnaissables, et l'onomastique mazdéenne, qui l'est beaucoup moins.

Les stéréotypes chrétiens, d'abord ; qu'il suffise d'en signaler l'existence et d'en préciser quelques composantes, car ils ne servent pas au travestissement proprement dit, tel qu'il est ici compris : ce sont les *topoi*, les poncifs, même, que l'on retrouve, dans ce genre littéraire, de l'Irlande au monde slave et à l'Orient. Les idoles d'or et d'argent qu'il faut abattre, les enfants égorgés sur les autels, etc. : on serait étonné de ne point les trouver là. La plupart des chroniqueurs mentionnent l'érection ou la présence de statues, généralement en or et en argent, représentant les divinités païennes introduites par les fondateurs successifs. Les idoles de Gac et Ga(ïm) sont en argent, selon les uns, respectivement en or et en argent, selon d'autres. Celle du grand dieu Armaz, en cuivre recouvert d'or. Le roi Saurmag érige les idoles d'Aïnina et de Danana, sur la route de Mtskheta, la capitale. Pharnadzhom dresse une statue de Zaden, sur la montagne du même nom [17]. Cette profusion d'idoles est suspecte. D'abord parce que, depuis deux mille ans, on n'en a jamais trouvé la moindre trace. Ensuite, parce que le paganisme géorgien *ne représente pas ses dieux*, du moins de cette façon-là. Enfin, et c'est l'argument décisif, ce goût immodéré des vieux annalistes pour les statues précieuses relève à l'évidence de traditions inspirées par les écrits bibliques sur le « culte des idoles », que décrivent et condamnent tant de textes de l'Ancien Testament. Que l'on songe aux passages célèbres, qui sont dans toutes les mémoires : « Leurs idoles sont de l'argent et de l'or... » (Psaumes 115, 4-5 [18].) Ces idoles, celles des dieux cananéens, en particulier, sont avides de victimes humaines, et les païens de la Bible leur immolent des enfants en grand nombre, avec une préférence pour les premiers-nés. C'est, là aussi, un lieu commun des Écritures : « Ils répandirent le sang innocent, le sang de leurs fils et de leurs filles, qu'ils sacrifièrent aux idoles de Canaan, et le pays fut pollué par leur sang [19]. » Ces deux clichés se sont faits les composantes, obligées et indissociables, de toute destruction d'une religion païenne, quelle qu'elle soit, où qu'elle sévisse et à tout âge de l'histoire. Le canon de ce genre littéraire exige des récits de conversion qu'ils usent à l'envi de l'un et l'autre stéréotype : idoles précieuses et immolations d'enfants. Le triomphe de la vraie Foi se reconnaît à la destruction des effigies impies et à la suppression des sacrifices humains. Ainsi les deux clichés vont-ils de pair dans la conversion du prince de Kiev, Vladimir. En 980, il avait « érigé des idoles sur la colline », notamment celle du dieu du tonnerre, « avec une tête d'argent et des moustaches en or ». Le peuple leur « sacrifiait ses fils et ses filles », « et la terre russe et la colline se souillèrent par le sang [20] ». Le modèle des Psaumes n'est pas loin. Mêmes stéréotypes en Irlande, par exemple, où saint Patrick met fin aux sacrifices d'enfants premiers-nés (*primgéne cacha cloinde*) en l'honneur d'une idole d'or et d'argent nommée *Cenn* ou *Crom Cruaich* [21]. Naturellement, sur le chapitre des sacrifices humains comme sur celui des idoles, les auteurs de la « Conversion de la Géorgie » ne sont pas en reste : ils se conforment à la tradition, en des termes s'inspirant à l'évidence, eux aussi, des écrits bibliques. Ils font dire à Mirian, le roi nouvellement converti : « Pour les horribles idoles, nos pères exterminèrent leurs enfants... Et spécialement sur ces deux monts d'Armaz et de Zaden, dont les pierres sont encore imprégnées du sang des petits enfants[22]. »

On reconnaît là, ainsi que dans bien d'autres passages, les deux clichés chers à la tradition littéraire « chrétienne ». Réduites à de tels stéréotypes, les composantes d'origine biblique ou hagiographique qui parsèment les chroniques médiévales ne nous apprennent donc rien : ni sur la religion païenne elle-même, bien sûr, ni sur les représentations dont elle pouvait faire l'objet, même longtemps après son effacement devant le christianisme. Leur caractère éminemment conventionnel leur ôte toute pertinence.

Détournement du système mazdéen

La composante mazdéenne, en revanche, est beaucoup plus intéressante, bien qu'elle n'intervienne qu'à un seul niveau, apparemment superficiel : le nombre des divinités et leurs noms. Le faux panthéon cumulatif de l'Ibérie préchrétienne compte sept « dieux ». Or, les Immortels Bienfaisants de la religion perse, sous l'autorité et le garant d'Ahura Mazda, le Seigneur Sage, sont au nombre de six : au total, donc, sept entités divines. Ce que confirment les noms dont le chroniqueur a affublé les « idoles » du paganisme ibère : tous évoquent une divinité, un concept divinisé, une fonction ou un titre du monde religieux de Zoroastre. Ainsi, Armazd, l'un des dieux ibères le plus souvent nommés, renvoie évidemment à Ahura Mazda ; il est d'ailleurs le plus grand des dieux ibères, ainsi que le précisent à plusieurs reprises chroniques et récits de conversion. Placé le plus souvent à ses côtés, et revêtu d'une dignité presque égale, Zaden fait lui aussi figure de grand dieu. Il se rattache à l'un des termes fondamentaux de la religion iranienne, *yazata* (dans l'Avesta) « divinité[23] ». Dana/Danana ne saurait être séparé du *daênâ*, la « Religion (personnifiée) », concept fondamental de la théologie zoroastrienne, d'un usage constant, et qui a connu une grande diffusion autour de l'Iran[24]. De même, le Ga/Gaya/Gaïm géorgien, ou ibère, est sûrement formé à partir du vocable avestique gaya signifiant « vie », si important dans le canon mazdéen, où il revient sans cesse[25]. Ou encore le dieu Badagon, cité lui aussi en compagnie d'Armaz, dont l'origine iranienne ne fait pas de doute, et qui devait désigner un titre[26]. Autrement dit, les chroniqueurs médiévaux, ou leurs sources, ont baptisé les sept idoles en utilisant des noms divins ou des théologèmes pris au mazdéisme, mais dont le sens et la valeur, manifestement, leur échappaient. Ce quasi-vide sémantique explique la disparité et le dénivellement des termes religieux iraniens sélectionnés par les adaptateurs ibères ou géorgiens pour constituer une sorte de panthéon païen, ou du moins dresser une liste de dieux. Il faut bien comprendre ce processus de transposition que la pensée caucasienne met volontiers en pratique. Le prélèvement ne porte pas sur les divinités elles-mêmes ou leur personnalité respective, mais uniquement sur leurs dénominations : le répertoire où l'on puise se limite à celui des *signifiants*, la matière phonique des mots empruntés étant seule en jeu. Ces *signifiants* sont certes distincts les uns des autres, non homonymes, sinon l'opération serait manquée ; mais ils restent privés de leurs *signifiés* respectifs, car la quelque dizaine de vocables ainsi extraits de la théologie mazdéenne ont en commun une valeur et une seule : ils appartiennent au lexique religieux. Tous, en fait, ont le même signifié : leur aptitude à désigner un concept religieux quelconque, en usage dans le système d'où ils sont transférés.

On ne s'étonnera plus de voir réunis, pour servir d'étiquettes mazdéennes aux dieux géorgiens, tantôt le nom d'une divinité, tantôt un terme générique, signifiant lui-même « entité divine », ou le vocable désignant la « religion » ou encore un concept théologique, « vie », voire un titre socio-politique, etc. Car ce sont les mots qui reviennent sans cesse dans la pratique religieuse que l'ouïe et l'attention des emprunteurs saisissent le plus aisément. On sait les Caucasiens coutumiers du fait. Ainsi, les montagnards géorgiens polythéistes ont-ils emprunté à la théologie chrétienne de leurs compatriotes de la plaine le mot *sam-eba*, la « Trinité » (de *sam-* « trois »), qu'ils ont doublement métamorphosé : d'abord, ils en ont déformé la substance phonique, devenue chez eux *saneba*, ce qui n'a plus aucun sens ; ensuite, ils en ont fait le dieu du brigandage, ceint d'une épée « toujours dégouttante de sang », et aujourd'hui encore journellement invoqué. Comme dans la captation du lexique mazdéen, la sélection est sans doute liée à la fréquence d'emploi du mot emprunté, affecté ensuite à une entité divine quelconque [27].

Cette opération onomastique, apparemment bien anodine, fournit pourtant des indications précieuses. D'ordre historique, d'abord : le recours au système religieux perse correspond en effet à une réalité. Le christianisme s'est imposé en Géorgie aux dépens de deux religions solidement, mais inégalement, implantées en Géorgie : le polythéisme autochtone pour la masse de la population, le mazdéisme pour les rois, les nobles et les fonctionnaires [28]. Le chroniqueur, ou sa source, a donc pris bien soin de combiner les deux composantes historiques de la vie religieuse géorgienne à la veille de la conversion, et il l'a fait en dosant parfaitement leur importance respective : fondamentale pour l'un, superficielle pour l'autre.

Enfin, et c'est pour nous l'essentiel, celui qui a composé la chronique n'a utilisé les termes mazdéens qu'à titre de *noms vides de sens.* Ce qui revient, en fait, *à ne pas nommer* les dieux géorgiens, qui ne sont donc pas différenciés au moyen de leurs noms, mais uniquement à raison du mode de fondation de leur culte[29]. État de faits étrange et incompréhensible, si le recours au polythéisme actuel ne l'expliquait entièrement. En effet, les dieux païens d'aujourd'hui, dans leur grande masse, ne sont individués ni par leur dénomination ni même par leurs fonctions : ils tiennent leur personnalité propre du réseau des déplacements et des tracés rendant compte du territoire sacré tel qu'il est. Ce sont donc des figures dans l'espace et des entrelacs d'itinéraires qui seuls différencient les dieux : nullement leur nom ou, en tout cas, insuffisamment. Tel est le sens du recours à l'onomastique mazdéenne, étiquetage anonyme sous la plume du chroniqueur médiéval : autre manière de se conformer à l'original païen.

Les fondations de cultes : itinéraires et contournements

Voilà encore mis en relief le rôle décisif des voyages et des chemins dans la fondation et l'exercice des cultes — sous leurs deux formes, mythologique et rituelle. Cela vaut tout à la fois pour le paganisme vu par la chronique médiévale et pour celui que pratiquent aujourd'hui les montagnards géorgiens. Le filmage d'un grand rituel complet, réalisé en 1991, est à cet égard saisissant : il est fait pour l'essentiel de déambulations, de va-et-vient, d'ascensions renouvelées, de longs cheminements de sanctuaire à sanctuaire[30].

Même lorsqu'on s'écarte des sources géorgiennes proprement dites, on ne tarde pas à voir s'imposer à nouveau l'obsession de ces tracés dans l'espace qui organisent la mémoire religieuse des Géorgiens de tous les temps. Prenons la version arménienne de la « Conversion de l'Ibérie » : elle est antérieure d'environ trois ou quatre cents ans (VIIIe siècle) aux rédactions géorgiennes (XIe-XIIe siècle)[31]. Elle n'en diffère que très peu, sauf sur un point : l'itinéraire attribué à l'illuminatrice, sainte Nino. Celui que décrit l'historien arménien, Moïse de Khorène, a toujours paru invraisemblable, à tel point qu'on a suspecté le passage, le tenant pour déformé, interpolé, voire même falsifié. Et assurément, il paraît bien étrange : la sainte arrive de Cappadoce, mais, au lieu de pénétrer en Géorgie, elle en fait le tour complet[32]. Ce n'est que plus tard qu'elle gagne la capitale du pays. Le tracé de son voyage dessine un quadrilatère dans lequel le territoire de la Géorgie est entièrement inscrit[33]. Ce qui semble absurde, même pour une légende hagiographique.

Or c'est tout le contraire : car on a là, à n'en pas douter, la fidèle réplique d'une pratique de fondation encore en vigueur au XXe siècle chez les montagnards géorgiens, ceux qui se sont fixés dans la plaine de Kakhétie, la Bourgogne du Caucase (et une partie de l'ancienne Ibérie). Pour fonder un nouveau sanctuaire, une femme, possédée par le dieu, délimite le territoire sacré en faisant le tour complet d'une aire déterminée[34]. L'itinéraire circulaire de l'illuminatrice tel que le décrit l'historien arménien n'a donc rien de suspect ni d'irrationnel; il correspond bel et bien à une nécessité mythologique et rituelle qui exerce ses effets à travers les siècles : le territoire à fonder ne peut être dessiné qu'en en faisant le tour, et non en le parcourant. Impératif tout à fait conforme au système religieux géorgien, puisqu'en ce domaine seuls les itinéraires sont aptes à définir et à spécifier.

On remarquera qu'il ne s'agit plus ici de phénomènes relevant uniquement de l'imaginaire ou de la pensée religieuse, tels que mythes et théologèmes, mais bien de pratiques effectives : ce sont des faits matériels, encore observables à notre époque, qui cautionnent et authentifient le texte arménien du VIIIe siècle.

Mais on constatera aussi que cette précision dans l'ajustement entre réalité vécue et réalitée conçue ou inventée pose en fin de compte plus de questions qu'elle n'en résout. Le comparatiste devrait pourtant s'estimer comblé : au lieu des incertitudes qui font son ordinaire, le voilà convié à une démarche d'une efficacité redoutable, qui le conduit de l'imaginaire à l'historique. Mais elle l'amène également à sortir de ses itinéraires fléchés : en principe, depuis les excès de la mythologie réaliste à obsession historicisante, nous nous défions de ces chemins de traverse, qui ont mauvaise réputation épistémologique. Qu'importe, après tout : puisque la comparaison entreprise ici nous conduit à mettre en rapport la mythologie et la religion géorgiennes avec une réalité historique vieille de quinze siècles, poursuivons-la jusqu'au bout.

La tradition orale, exégète de l'histoire écrite ?

Voici un autre exemple de cet ajustement entre des ordres de faits que nos analyses tiennent d'habitude soigneusement séparées. Le cas est particulièrement frappant, car il concerne cette fois l'architecture et l'utilisation des temples païens à l'époque de la conversion : or ce sont, là encore, les données de la religion actuelle qui fournissent une solution aux énigmes des premiers temps de la chrétienté géorgienne, vers le milieu du IVe siècle. Plusieurs versions de la chronique mentionnent l'embarras du roi Mirian, au lendemain de sa conversion : dans une lettre à l'empereur Constantin, il déplore que ses sujets bâtissent des églises trop petites pour en permettre l'accès aux fidèles eux-mêmes. Seuls les membres du clergé parviennent donc à pénétrer dans le sanctuaire, le « peuple » restant dehors. Le roi attribue cette curieuse parcimonie architecturale à la crainte qu'inspire encore à la foule le prodige de « la colonne vivante ». En somme, si les Géorgiens construisent des églises trop petites, c'est pour être bien sûrs de ne pas pouvoir y entrer ! Le lecteur occidental ne peut imaginer les polémiques issues de ce simple constat : des centaines de pages y sont consacrées depuis plusieurs années, dans la presse de grande diffusion comme dans les revues scientifiques et littéraires. L'information donnée par le chroniqueur est communément rejetée, pour des raisons de prestige national : comment une « grande chrétienté » telle que la Géorgie aurait pu se satisfaire d'églises ridiculement petites[35] ?

Laissons là ces jeux, hélas dangereux, et d'autant plus vains que l'archéologie a depuis longtemps donné raison aux vieux chroniqueurs. On a retrouvé, dégagé, étudié les vestiges matériels de plusieurs des premières églises chrétiennes, des IVe et V siècles : leurs dimensions très réduites correspondent sans doute possible aux données de la chronique[36]. Ces temples n'avaient guère plus de douze ou seize mètres carrés : il est donc matériellement impossible que les fidèles aient jamais pu y pénétrer pour participer au service. Ce privilège était forcément réservé aux prêtres : ceux-ci officiaient à l'intérieur de l'édifice, tandis que le « peuple » était bien obligé, lui, de rester à l'extérieur.

Pourquoi ? Le paganisme vivant des montagnards géorgiens apporte la réponse complète, aux deux niveaux concernés, matériel et théologique.

Niveau matériel, d'abord. Les sanctuaires païens encore fréquentés, ou seulement observables, aujourd'hui même (ils sont encore plus d'une centaine...) évoquent avec une étonnante précision les premières églises chrétiennes telles que l'archéologie les a restituées, ou telles, parfois, que les ruines nous les montrent directement (celle de Nek'resi, entre autres). La forme — quadrangulaire — et les dimensions — moins de vingt mètres carrés — sont identiques : là non plus, il n'est pas question que les fidèles puissent pénétrer dans le sanctuaire, seuls les sacrificateurs et leurs assistants le font[37].

Niveau théologique, ensuite. Ainsi qu'en font foi des centaines de textes religieux païens notés du siècle dernier à 1991, tous les montagnards sont absolument formels sur l'interdiction de pénétrer dans le sanctuaire : seuls les sacrificateurs et leurs adjoints en ont le droit, les autres assistent au culte du dehors. Les dieux puniraient d'une mort instantanée qui se risquerait à seulement mettre le pied à l'intérieur de l'édifice sacré, et nul ne s'est jamais avisé de tenter l'expérience.

Le paganisme d'aujourd'hui confirme donc entièrement les deux notations de la chronique médiévale : si les sanctuaires sont de petites dimensions, c'est parce que des raisons religieuses l'imposent. On remarquera qu'il s'agit dans les deux cas d'interdits entièrement intériorisés : au IVe siècle, les Géorgiens convertis déclarent « avoir peur de la colonne animée », les montagnards païens de notre temps craignent la colère des dieux.

Nous disposions de deux ordres de témoignages sur les premiers sanctuaires chrétiens, matériels, ceux de l'architecture, littéraires, ceux de la chronique : complémentaires et concordants, ils n'en restaient pas moins radicalement séparés. Or la religion païenne d'aujourd'hui réunit ces deux composantes : la montagne géorgienne fournit à la fois les édifices matériels du culte et les interdits théologiques qui en règlent l'accès. D'où ces deux conclusions, l'une et l'autre incontournables :

Un : la religion chrétienne, à ses débuts, s'est construite en se conformant pour une large part au modèle païen d'alors, tant dans la pratique matérielle et rituelle (les temples et leur mode d'emploi) que dans la mise au point de l'imaginaire (les mythes de fondation).

Deux : le système religieux dont s'est inspiré le christianisme naissant devait être très proche de celui qui est encore maintenant en vigueur dans la montagne géorgienne. Une précision sur ce dernier point : nul ne prétend que le système religieux préchrétien se soit « conservé » intact entre 338 et 1991. On constate simplement qu'un même schème générateur est à l'œuvre dans les deux cas, administrant les mutations, les bouleversements et les refontes : tous les processus du changement, avec leurs innovations et leurs repentirs.

L'élaboration orale du mythe précède et conditionne l'écriture de l'histoire

Cela étant admis — et pourquoi, comment, surtout, ne pas l'admettre ? —, l'énigme fondamentale de l'histoire géorgienne et de son écriture ne s'en fait que plus embarrassante. Comment l'historien du XIe siècle a-t-il échafaudé sa chronique ? On sait qu' à côté des stéréotypes chrétiens habituels, de quelques figures mazdéennes déstructurées et de plusieurs événements authentiques, l'auteur, Leont'i Mroveli (ou ses sources), a utilisé des séquences légendaires puisées dans le répertoire épique ou folklorique. On pourrait penser qu'il a procédé de la même manière pour confectionner ses deux récits : la formation du polythéisme (première chronique) et la conversion au christianisme (deuxième chronique). N'aurait-il pas édifié son œuvre à partir de traditions orales transformées et adaptées à ses fins ? Autrement dit, les récits de la chronique portant sur la religion ont-ils été composés et, surtout, définitivement élaborés à l'époque médiévale, lors même de leur rédaction ou peu de temps auparavant ? Ou bien s'agit-il au contraire d'un dispositif mythologique déjà entièrement formé bien longtemps avant, aux alentours de la conversion, et que les historiens géorgiens du XIe siècle auraient utilisé tel quel, au même titre que toutes les autres sources ?

La réponse est claire et ne fait aucun doute : l'état même de la documentation impose la seconde hypothèse. L'ensemble légendaire d'origine païenne qui a servi de modèle à tout le reste était déjà constitué et entièrement élaboré bien avant la rédaction finale de la chronique (XIe siècle). À cela, deux preuves décisives.

D'abord, l'existence d'une version arménienne pareillement structurée, mais antérieure de trois cents ans à la chronique géorgienne[4]. L'historien arménien du VIIIe siècle a donc disposé d'une leçon du mythe d'origine déjà complètement formée, car il est évidemment exclu qu'il ait eu par lui-même accès à des sources orales géorgiennes non encore mises en système.

D'autre part, et c'est là l'essentiel, le récit de la conversion tel qu'on le retrouve dans la chronique avait déjà été noté, et publié en latin, à la fin du IVe siècle, puis bientôt traduit en grec pour être intégré à l'*Histoire ecclésiastique* de Gélase[5]. C'est Rufin, l'évêque d'Aquilée, qui l'avait rédigé en 402. Il le tenait lui-même d'un Géorgien, Bacurius, rencontré vers 380 en Palestine, et qui allait devenir plus tard roi d'Ibérie (peut-être le petit-fils du premier monarque chrétien, Mirian). Or cette histoire, contée par un prince ibère lui-même converti, et qui avait dû être le témoin presque direct des événements rapportés, a très exactement la même structure que le récit de la chronique médiévale géorgienne. De surcroît, ce que raconte Rufin correspond trait pour trait aux mythes de fondation païens encore vivants aujourd'hui[6].

Le récit complet de la conversion était donc déjà formé et définitivement élaboré dès le IVe siècle, au moment même où l'événement s'est accompli, ou juste après.

Quiproquo entre écriture de l'histoire et transmission orale de la mythologie

Curieux entrelacs d'histoire et de mythologie : la conversion au christianisme, bien réelle, a sur-le-champ été transposée en récit légendaire à structure préchrétienne. Les témoins, peut-être aussi certains des acteurs mêmes de ces événements historiques bien réels, les ont reçus sous une forme immédiatement travestie et sous celle-là seulement. En outre, non contents d'accepter un scénario forcément différent de ce que leur enseignaient leur propre expérience et leur propre mémoire, ils ont pris soin de le diffuser et de le transmettre — comme l'a fait le futur roi d'Ibérie, Bacurius, instruisant l'évêque d'Aquilée, quelques années seulement après l'évangélisation effective.

Il faut s'arrêter à cette invention de l'histoire à chaud, réalisée presque en même temps que l'événement. Elle signifie que le processus réellement vécu ne se suffit pas à lui-même : il faut aussi, simultanément, le raconter, c'est-à-dire le formuler en le mythologisant. En ce domaine, *faire* n'est pas l'essentiel, car il ne va pas sans *dire* : c'est le dire qui seul confère existence à ce qui s'est effectivement produit. Dès le départ, il importe de légitimer la mutation, et donc de la penser, la concevoir, l'imaginer : *il faut inventer ce que l'on vient de vivre.*

Mais, très curieusement, le dispositif historique ainsi recomposé n'avait pas à être écrit, et sans doute ne le pouvait-il pas : car il est clair que sa transmission, pendant des siècles, est demeurée purement orale. Et pourtant, les Ibères avaient connu l'habituelle double mutation : en même temps qu'une religion nouvelle, ils s'étaient donné un alphabet, dont ils n'ont pas tardé à user généreusement, adaptant, composant et créant toute une littérature chrétienne. Néanmoins, en dépit de sa richesse et de sa variété, elle est dépourvue de tout récit proprement historique : on sait qu'il faut attendre pour cela le XIe siècle et l'essor de la royauté.

En contrepartie, l'histoire non écrite s'est perpétuée avec une remarquable constance. En effet, le récit travesti de la conversion, déjà entièrement constitué en 380, moins d'un demi-siècle après la date officielle de l'événement, 338, a été transmis uniquement de bouche à oreille durant plusieurs centaines d'années. C'est sans doute cette prédilection pour l'orature qui explique l'étonnant pouvoir de reproduction dont le polythéisme géorgien a fait preuve à travers les âges.

Il s'est produit une sorte de chassé-croisé entre l'écriture de l'histoire et la transmission non écrite de la mythologie. La tradition orale vivante renvoie à la réalité historique d'un passé bien éloigné : car le légendaire d'aujourd'hui témoigne sur l'histoire religieuse des siècles révolus. En échange, si l'on peut dire, l'histoire écrite de la conversion témoigne sur l'histoire non écrite du polythéisme géorgien : le récit médiéval de l'évangélisation survenue au IVe siècle décrit les fondations païennes telles qu'elles devaient être conçues à l'aube de notre ère — et telles qu'elles le sont encore à l'approche de l'an 2000.

Ultimes hypothèses

Force est bien d'accepter ces quiproquos, en même temps que les travestissements dont on ne saurait les séparer.

Toutefois, un phénomène lancinant reste à expliquer : la tenace prééminence du parlé en regard de l'écrit, attestée à travers plusieurs siècles de tradition, alors même que l'écriture s'était déjà imposée depuis longtemps et devenait chose presque commune. « Prédilection pour l'orature », soit. Mais pourquoi ?

J'y vois trois ordres de raisons : matérielle, circonstantielle, fondamentale, combinées en proportion inégale, mais chacune tenant sa partie.

La raison que je nomme matérielle tient aux conditions mêmes de l'histoire politique et culturelle de l'Ibérie. La production écrite, jusqu'au XIe siècle, s'était limitée à une littérature purement religieuse et chrétienne. Les récits historiques proprement dits n'y avaient pas leur place, encore moins s'il s'agissait d'un paganisme révolu, ou prétendu tel : il eût été tout simplement inconcevable d'en raconter la formation et le devenir. Il fallait auparavant lui distribuer un rôle : cela ne devint possible qu'à partir du moment où la royauté géorgienne se mit en quête d'un passé qui lançât ses racines très loin, pardessus la chrétienté et sa tradition.

L'autre raison, que je dis circonstancielle, se réfère au seul mode de communication écrite en vigueur en Ibérie tout au long de son passé préchrétien, ainsi, sans doute, qu'aux usages diplomatiques de l'époque. Loin d'avoir le monopole de ces pratiques, elle les partageait avec la plupart de ces États où l'écrit demeurait un simple support et un auxiliaire de la communication orale.

Jusqu'à l'invention de l'aphabet géorgien, au Ve siècle, les Ibères, comme d'autres peuples d'Orient, utilisaient l'un ou l'autre des deux grands idiomes internationaux d'alors, *araméen* et *grec* (les deux ensemble en Ibérie). On connaît la procédure et ses méthodes, bien assurées dans le cas de l'Ibérie : un texte étranger, quelle qu'en soit la provenance, est *écrit en araméen* (ou en grec), pour ensuite *être lu à haute voix en langue géorgienne* au roi d'Ibérie ou à ses dignitaires. À leur tour ou pour leur part, les Ibères énoncent leur message *en géorgien*, et un scribe, un expert, le *transcrit* à mesure *en araméen*; à l'arrivée, il sera *lu*, *en perse*, par exemple, si telle est la langue du cru (en l'occurrence, notre « vieux perse »)[7].

En somme, pour les Ibères des premiers siècles de notre ère, écriture et lecture passaient obligatoirement par l'énonciation orale, dans un sens comme dans l'autre. D'autre part, le texte écrit final restait totalement étranger à l'élaboration orale préalable, puisque l'un et l'autre se faisaient respectivement dans des langues différentes : araméen ou grec pour l'écrit, géorgien pour l'oral. Durant des centaines d'années (la grande langue bilingue araméenne-grecque d'Ibérie date du Ier siècle après J.-C.), les spécialistes géorgiens de la parole ont dû plier leur pratique et sans doute leur mode de pensée à ces deux impératifs.

D'où les conséquences suivantes : d'abord, la production du discours reste exclusivement phonique et précède l'écriture, qui met en jeu, quant à elle, un tout autre mécanisme. On élabore un texte oral, puis il est livré au processus de la scripture. Ensuite, le texte écrit ne peut être autre chose qu'un travestissement du message produit oralement. Enfin, le recours à l'écrit, dans un sens ou l'autre, repose toujours sur la communication phonique, et elle seule. Pensée et expression relèvent du monde de la parole, sans jamais interférer avec celui de l'écriture. Par là même, il a dû s'établir une relation quasi ontologique entre énonciation orale et tradition géorgienne authentique : la production phonique est autochtone, son adaptation écrite devient forcément étrangère.

Le maintien de ces dispositifs durant des siècles n'a pu manquer d'agir sur le mode de production des textes fondamentaux. C'est ainsi que je propose d'expliquer, en partie, cette « prédilection » des Géorgiens d'autrefois pour l'orature, ainsi que l'écriture différée de l'histoire. Ce n'est là, bien sûr, qu'une hypothèse; mais je la crois fondée.

Voici maintenant la raison fondamentale, en rapport avec l'être même du paganisme ibéro-caucasien : l'activité religieuse se fonde tout entière sur une révélation continue de la parole divine. L'exercice du sacerdoce n'est concevable qu'au prix d'une intervention permanente des dieux, qui, à travers la possession, parlent et parlent sans fin : les prêtres, ibères puis géorgiens, ont été, toujours et partout, et sont encore, des inspirés. Le déroulement du culte ne saurait se concevoir sans une fondation à chaque fois renouvelée. Tout cela implique une manifestation permanente de la parole : puisqu'il lui faut être neuve à tout instant, elle ne peut agir à travers la tradition écrite, quelle qu'en soit la nature. Pour cette religion, comme le montrent à la fois le polythéisme d'aujourd'hui et celui d'autrefois, seule la transmission orale a pouvoir de fonder : l'écrit ne vient qu'ensuite, et demeure accessoire, même s'il a conquis toutes les autres provinces de la communication. Il est clair, de surcroît, que l'efficacité de la parole divine est liée au mouvement et au déplacement : ce que les Géorgiens ne gravent ni dans la pierre ni sur le papier, ne l'écrivent-ils pas, tout simplement, sur le sol ? Mais ceci est une autre histoire.

Georges CHARACHIDZÉ

Notes

OUVERTURE

1. En même temps que Giuseppe Sinopoli, qui nous a fait l'honneur de nous inviter personnellement pour ces rencontres entre « musique et mythologie », nous voulons remercier M. G. Lanza-Tomasi, directeur de Taormina-Arte, ainsi que Christiane Garnero Morena, coordinateur. Le colloque a eu lieu du 10 au 12 septembre 1992. Y ont également apporté leur contribution Giulia Sissa avec une communication sur « Électre, virginité et vengeance », ainsi que Dominique Jameux, en intervenant sur l'*Electra* de Richard Strauss (« Mythe, histoire, chant »). Ces deux communications dont nous remercions vivement les auteurs avaient permis de faire le lien avec l'une des œuvres musicales dirigées par Giuseppe Sinopoli, une des soirées au cours de ce colloque. C'est à Alexandra Dimou que revient de mérite de l'index et des notes bibliographiques.

2. Rival chrétien, tardif et combien (1619), en la personne de San Pancrazio effectuant un signe destiné à déséquilibrer l'Apollon Archégète, le dieu fondateur de Naxos arrivé aux alentours de 730 av. notre ère. La base de la statue de San Pancrazio se trouve dans les Giardini de Taormina.

3. Cf. M. Detienne, *L'Invention de la mythologie*, 1981, Paris, Gallimard, coll. Tel, 1992.

4. François Macé (Inalco) venait de publier un ouvrage sur « la structure des mythes du *Kojiki* », *Kojiki Shinwa no kózó*, Chûôkôron, 1989.

5. C'est Alban Bensa qui nous a fait connaître le monde canaque et les entreprises d'écriture de la mythologie en Nouvelle-Calédonie : « Vers Kanaky, tradition orale et idéologie nationaliste en Nouvelle-Calédonie », in *Kalevala et traditions orales du Monde*, éd. Jocelyne Fernández-Vest, Paris, CNRS, 1987, p. 423-438.

6. Cf. e. g. C. Beaune, *Naissance de la nation France*, Paris, Gallimard, 1985, p. 19-54 ; B. Guénée, *Politique et Histoire au Moyen Age*, Paris, PUF, 1987.

7. Cf. A. Paul, *Le Judaïsme ancien et la Bible*, Paris, 1987.

8. Y. Yerushalmi, *Zakhor. Histoire juive et mémoire juive*, Paris, La Découverte, 1984.

9. Cas de figure sumérien et minoen : L. Godart, *Le Pouvoir de l'écrit. Au pays des premières écritures*, Paris, A. Colin, 1990.

10. Cf. *Les Savoirs de l'écriture. En Grèce ancienne*, éd. M. Detienne, Lille, PUL (1988), 1992.

11. Riche enquête publiée sous le titre : *La Création dans l'Orient ancien*, Paris, Le Cerf, 1988. Nous avons explicité cette confrontation dans « Fondare, creare, pensare l'inizio tra la Grecia e Israele », in *La Narrazione delle Origini*, éd. L. Preta, Bari-Roma, Laterza, 1991, p. 109-116.

12. Cf. e. g. J. Gabriel, « Die Kainitengenealogie », *Biblica*, 40, 1959, p. 409-427 ; J. M. Miller, « The Descendants of Cain. Notes on *Genesis* 4 », *Zeitschrift für die altestamentliche Wissenschaft*, 86, 1974, p. 164-174. Sergio Ribichini m'a donné ces indications, je l'en remercie. Mais, sur cette question, l'ouvrage le plus incisif est l'œuvre de J. Ellul, *Sans feu ni lieu. Signification biblique de la Grande Ville*, Paris, Gallimard, 1976.

13. Nous avons et nous continuons à donner à Hécatée une position stratégique (cf. *L'Invention de la mythologie*, *op. cit.*, 134-135). Nuances et questions dans F. Hartog, « Écritures, généalogies, archives, histoire en Grèce », dans *Mélanges Pierre Lévêque*, Besançon, 1991, t. V, p. 181-183.

14. G. Dumézil, *La Religion romaine archaïque*[2], Paris, (1966) 1974, p. 118.

15. Cl. Lévi-Strauss, *L'Origine des manières de table*, Paris, 1968, p. 355, qui fait fond sur l'analyse de Salomon Reinach (« Une prédiction accomplie ») comme J. Hubaux, *Les Grands Mythes de Rome*, Paris, 1945, si neuf dans sa lecture des relations établies par les Romains entre une durée limitée et un *lieu stable*.

16. L. Vandermeersch, « Vérité historique et langage de l'histoire en Chine » in *La vérité est-elle scientifique ?*, A. Lichnerovicz et G. Gadoffre, éd., Paris, éd. universitaires, 1989, p. 72.

17. *Ibid.*

18. *Ibid.*, p. 73-75.

19. M. Detienne, « L'espace de la publicité : ses opérateurs intellectuels dans la cité », in *Les Savoirs de l'écriture. En Grèce ancienne*, éd. M. Detienne, Lille, PUL, (1988) 1992, p. 67-70.

DE LA TRADITION

1. Qu'est-ce que la tradition ?

1. Voir référence complète dans la Bibliographie, p. 250.

2. Leach écrit : « Mythes et rites sont un langage de signes (...) mais c'est un langage pour discuter, ce n'est pas un chœur harmonieux » (*op. cit.*, p. 78).

2. Paroles durables, écritures perdues

1. P. Martire, *De Rebus oceanicis et novo orbe, decades tres, Petri Martiris ab Angleria Mediolanensis*, Cologne 1577.

2. À ce propos, cf. A. Pagden, *The Fall of the Natural Man - The American Indian and the Origins of Comparative Ethnology*, Cambridge, Cambridge University Press, 1982, p. 58.

3. Voir C. Sauer, *The Early Spanish Main*, Berkeley, University of California Press, 1969, et L.E. Elliot Joyce, « Early Spanish Colonies in the Darien », *in* L. Wafer, *A New Description of the Isthmus of America*, Oxford, Hakluyt Society, 1934, p. 196 sqq.

4. L.E. Elliot Joyce, « Early Spanish Colonies in the Darien », *op. cit.*, p. 191.

5. *Ibid.*, p. 198.

6. P. Martire, *De rebus oceanicis et novo orbe*, *op. cit.*, Cf. en particulier le chap. 10, p. 316 (cité *in E. Nordenskiöld, Picture-Writings and Other Documents*, Comparative Ethnographical Studies 1928, vol. I, p. 13 sqq.). On lit un résumé légèrement modifié de cet épisode dans l'ouvrage de l'humaniste vénitien Ramusio dont on consultera l'édition moderne *in G.B. Ramusio, Navigazioni e viaggi*, Turin, Einaudi, 1985, vol. V, p. 181-182.

7. Voici le texte de Galilée : « *Ma sopra tutte le invenzioni stupende, qual eminenza di mente fu quella di colui che s'immagino' di trovar modo di comunicare i suoi più reconditi pensieri a qualsivoglia altra persona, benché distante per lunghissimo intervallo di luogo e di tempo ? Parlare con quelli che sono nelle Indie, parlare a quelli che non sono ancora nati né saranno se non di qua a mille e diecimila anni ? e con qual facilità ? con i vari accozzamenti di venti caratteruzzi sopra una carta.* » *Dialogo sopra i due massimi sistemi*, in *Opere*, Ed. Nationale, vol. VII, p. 130-131 (cité *in* D. Diringer, *L'alfabeto nella storia della civiltà*, Florence, Barbera, 1937).

8. M. Fernandez de Enciso, *Descripción de las islas occidentales* (première édition 1519), Santiago du Chili, 1857, p. 30 : « *Hay en esta mar de la parte del sur muchas islas adonde hay mucho oro y perlas, segun dicho de Indios, e tambien hay tierra adonde los Indios dicen que hay gente que tiene libros y que escriben y leen como nosotros* » (cité *in* Nordenskiöld, 1928, *op. cit.*).

9. W. Lehmann, *Zentral-Amerika*, vol. I, fasc. 1, Berlin, 1920, qui essaye d'identifier l'Indien de Pietro Martire comme un Mangue du Nicaragua.

10. Parmi les chroniqueurs du XVIe siècle, rappelons Oviedo (G. Fernandez de Oviedo y Valdes, *Historia general y natural de las Indias*, Madrid, 1851-1855, t. IV, p. 36) qui parlait de « parchemins faits de cuir d'animaux, recouverts de figures peintes en rouge et noir » chez les Nicarao ; ou Pedro Simon qui décrit les « manteaux couverts de hiéroglyphes » des Catio (*Noticias historiales de las conquistas de Tierra Firme*, Bogota, 1882, t. IV, p. 326 : « *eran los Catias gente vestida, y de mas espabilado entendimiento ; escribian sus historias en geroglificos pintados en mantas...* »). Ces deux sources sont citées par Nordenskiöld, 1928, *op. cit.*

11. Pour un exemple de la perspective adoptée au XVIIIe siècle sur les écritures américaines, cf. Raimondo di Sangro, *Parole Maestre*, in *Tauma* 3, 1982 (sur les quipu péruviens) Naples, éd. OR., 1750. Un exemple géographiquement proche est celui des écritures chibcha, dont on a quelques témoignages dans l'ouvrage de Miguel Triana, *La civilisación Chibcha*, Bogota, 1921, où tout un chapitre est consacré aux traces de l'écriture perdue de ces anciennes civilisations de Colombie (p. 205-222). Les interprétations de Triana sont discutées par D. Diringer, *op. cit.*, p. 559-561.

12. Cf. Leonardo Gasso, P.S.J., « La Mision de San José de Nargana entre los Karibes », série d'articles publiés sous ce titre dans la revue *Las Misiones Catolicas*, t. XVIII-XXII, Barcelone, 1910-1914. Sur les pictographies, Leonardo écrit : « *Antes escribian estos*

indios sus escrituras de jeroglifico en unas tablillas que hacian de la madera blanda que llamamos balsa, grabando con una especie de estilete las figuritas : unas les representaban palabras o idéas, y otras, notas musicales». L. Gassó, *op. cit.*, t. XX, p. 253.

13. Je ne parlerai pas ici de la découverte des pictographies maya ou nahua, ce qui nous mènerait trop loin de notre propos.

14. De Schoolcraft, voir ses *Historical and Statistical Information Respecting the History, Condition and Prospects of the Indian Tribes of the United States* (6 volumes), première partie, Philadelphia, Lippincott, 1851. De G. Mallery, *Picture Writing of the American Indians*, Washington, 1886-1893 (2 volumes). On se gardera d'oublier, toutefois, au moins en ce qui concerne les pictographies des Ojibwa, les travaux de W. James Hoffmann. Cf. p. ex. « Pictography and Shamanistic Rites of the Ojibwa », *American Anthropologist*, I, p. 209-229.

15. Signalons parmi ces jeunes collaborateurs cuna l'infatigable Ruben Perez, véritable premier ethnologue cuna, bientôt suivi par Guillermo Hayans.

16. E. Nordenskiöld, 1928, *op. cit.*

17. E. Nordenskiöld, *An Historical and Ethnological Survey of the Cuna Indians*, Comparative Ethnographical Studies, vol. 10, Göteborg Ethnological Museum, Göteborg, 1938.

18. Selon Elliot Joyce, Martire avait vanté leur valeur guerrière, ainsi que leur attachement à la liberté. Cf. J. Elliot Joyce, « Lionel Wafer and his Times », *in* L. Wafer, *op. cit.*, p. XXVI.

19. E. Nordenskiöld, *Picture Writing*, op. cit., p. 30 sqq. (planche VII en particulier).

20. *Ibid.*, p. 53-75, repris et corrigé in *An Historical and Ethnological...*, *op. cit.*, p. 559-592.

21. E. Nordenskiöld, *An Historical and Ethnological...*, *op. cit.*, p. 622-656.

22. Voir les planches de balsa peintes du musée de Göteborg (N.27271431), reproduites *in* E. Nordenskiöld, *Picture Writing*, *op. cit.*, planches V, VI et VII.

23. D. Diringer, *op. cit.*

24. *Ibid.*, p. 4 : « *Sarà forse paradossale se affermero' che la via dell'alfabeto coincide con quella della religione del Cristo ? Nata nella Terra Santa, evolutasi nell'Ellade, divenne quasi universale per il tramite di Roma.* »

25. *Ibid.*, p. 605.

26. Le mot est de Miguel Triana, *op. cit.*, à propos des Chibcha.

27. Cf. M. Cohen, *La Grande Invention de l'écriture*, Paris, CNRS, 1958, t. I, p. 30 et t. II, p. 45 sqq.

28. Cf. p. ex. N. Holmer et H. Wassen, *The Complete Mu Ikala*, Göteborg, 1953, et *Nia ikala, canto magico para curar la locura*, Göteborg, 1958.

29. N. Holmer, Cuna Chrestomathy, Göteborg, 1951, pp. 29 et 134-137.

30. I.J. Gelb, *A Study of Writing*, Londres, 1952 (éd. française *Théorie de l'écriture*, Flammarion, Paris, 1958). Voir aussi, du même auteur, l'entrée « Writing » dans l'*Encyclopædia Britannica*, 1979, p. 1033-1045, qui contient le bilan de ses recherches.

31. I.J. Gelb, « Writing », *op. cit.*, p. 1035.

32. *Ibid.*, p. 1036.

33. *Ibid.*

34. *Ibid.*, p. 1045.

35. Ces faits sont rappelés d'entrée de jeu par M. Detienne, *in* M. Detienne, éd., *Les Savoirs de l'écriture en Grèce ancienne*, « L'écriture et ses nouveaux objets intellectuels en Grèce », p. 10 sqq. Il faut bien comprendre cette position de Gelb, parce qu'elle a un

aspect extrême qui la différencie de celle des historiens de l'écriture. Une chose est chercher en quoi la pratique de l'écriture est constitutive d'un certain savoir, qui se développe en tant que tradition écrite. Tout autre chose est exclure ce qui n'est pas écrit non seulement du domaine des savoirs dignes de ces noms (*magical purposes*), mais de celui de la communication. Il y a dans ce jugement, qui confond des contextes sociolinguistiques profondément différents, non seulement, comme on va le voir, de l'ethnocentrisme, mais aussi de l'anachronisme.

36. J. Defrancis, *Visible Speech - The Diverse Oneness of Writing*, Hawai University Press, 1990.

37. *Ibid.*, p. 58.

38. Sur ce point, voir C. Severi, « Talking about Souls - The Pragmatic Construction of Meaning in the Cuna Shamanistic Chants », *in* P. Boyer, *Cognitive Aspects of Religious Symbolism*, Cambridge, Cambridge University Press, 1993 : 165-181, et « Protée ou la propagation d'une forme - Art primitif et mémoire », in *Actes du Colloque International d'Histoire de l'art*, Berlin Akademie Verlag, 1994 : 121-138.

39. J. Vansina, *La Tradition orale.* J'ai utilisé l'édition italienne (Rome, 1976), p. 61 et 275.

40. J. Goody et J. Watt, *Literacy in Traditional Societies*, Cambridge, Cambridge University Press, 1968.

41. *Ibid.*, p. 1-68.

42. Cf. J. Vansina, *op. cit.*, p. 295-296, et *The Tio Kingdoms of the Middle Congo*, Londres, 1973, p. 53 et 445.

43. J. Vansina, *op. cit.*, p. 48 sqq.

44. R. Lowie, « Oral Tradition and History. Discussion and Correspondence », *American Anthropologist*, 17 (1915), p. 597-599 et « Oral Tradition and History », *Journal of American Folklore*, 30 (1917), p. 161-167.

45. Sur ce point, voir. A. Christine Taylor, « Remembering to Forget », in *Man*, 28, 1993.

46. Sur ce point, voir C. Severi, *La Mémoire rituelle - Expérience, tradition, historicité*, *in* A. Monod, A. Molinié, *Mémoires de la tradition*, Paris, Société d'ethnologie-Nanterre, 1993 : 347-364.

47. M. Detienne, *L'Invention de la mythologie*, Gallimard, Paris, 1981, p. 242.

48. J. Goody, *The Interface Between the Oral and the Written*, Cambridge, Cambridge University Press 1987, p. 16-17.

49. *Ibid.*, p. 15.

50. J. Goody, « Mémoire et apprentissage dans les sociétés avec et sans écriture ; la transmission du Bagré », *L'Homme*, 1977, p. 29-52. Cette mémoire de l'oral n'est pas seulement, chez Goody, une pure notion technique. Par cette notion, il entend plutôt une condition générale que la culture impose à l'exercice des facultés mentales présidant la catégorisation et la conservation des informations. Comme on verra, il peut y avoir selon lui des mémorisations orales du point de vue strictement technique, mais en réalité propres d'une culture de l'écrit.

51. Pour les Zuni, voir surtout D. Tedlock, *The Spoken Word and the Work of Interpretation*, University of Pensylvania Press, Philadelphia, 1983. Pour les Pima : R. Bahr, *Pima Shamanism*, University of Arizona Press, Tucson, 1974. Plus en général, voir D. Hymes, *In Vain I Have Tried to Tell You. Essays in American Indian Ethnopoetics*, University of Pensylvania Press, Philadelphie, 1981.

52. Sur ce point, C. Severi, « Talking about Souls », *op. cit.*

53. « *In the performance of magical chants for curing and disease prevention,* écrit Sherzer, *slight variations of an essentially nonreferential nature occur. [...] The magical chants performed for Kuna girl's puberty rites by contrast are completely fixed. Not the slightest variation is tolerated. The degree to which are fixed in form are reflected in a personal experience. In 1970 I made a tape recording of a puberty rites specialist teaching a chant to several students. Between 1970 and 1978 I never discussed this chant with him. In March 1979, nine years after the recording, I brought him a transcription in order to translate it in ordinary cuna, from which it differs considerably. Since he does not read or write, he asked me to read him the text. I did so [...] typically I barely began a line and he finished it, never missing a morpheme or even a phoneme from my transcription.* » J. Sherzer, *Verbal Art in San Blas*, Cambridge, Cambridge University Press, 1990, p. 240. Sherzer ajoute aussi, comme Tedlock et pratiquement tous les anthropologues qui se sont occupés de littérature amérindienne, que « *the Kuna* [comme bien des cultures amérindiennes] *provide still another counter example to the view that there is no pure, verbatim memorization of fixed texts in nonliterate, oral societies* ». Sur ce point, voir, *supra*, la discussion des thèses de J. Goody. À propos de l'usage de la pictographie à ces occasions, voir A. Prestan, *El uso de la chicha y la sociedad cuna*, Instituto Indigenista Interamericano, Mexico, 1975.

54. À ce propos, C. Severi, « The Invisible Path — On the Ritual Representation of Suffering in Cuna Shamanistic Tradition ». *Res - Anthropology and Aesthetics*, 14, 1987.

55. Les modalités de l'énonciation sont souvent verbalisées dans le ikala lui-même. Sur ce point, C. Severi, « Cristallizzazione e dispersione del sapere nella tradizione cuna », *in* G. Cardona, éd., *La Trasmissione del Sapere*, Roma, 1990.

56. Cette typologie, stricte dans ses catégories générales, ne devient plus tolérante qu'à l'intérieur du répertoire de tel ou tel spécialiste. Remarquons encore la situation particulière du chef : face à la parole en principe immobile des chamans et des chanteurs rituels, celui-ci peut choisir de parler (*sunmakke*) ou de chanter (*namakke*). Lorsque ce choix est fait, et il doit l'être pour toute référence à la tradition, la variété linguistique, le style paralléliste, l'absence de référence à l'expérience personnelle s'imposent. C'est ainsi qu'il est explicitement interdit aux chefs de relater leurs rêves au cours de ces séances (ce qui est par contre demandé aux voyants).

57. D. Tedlock, *The Spoken Word and the Work of Interpretation*, University of Pensylvania Press, Philadelphia, 1983.

58. *Ibid.*, p. 234.

59. La grande majorité des textes que j'étudie ici (souvent d'inspiration cosmologique) fait partie de l'univers de la tradition chamanique, qui est peut-être aujourd'hui le domaine préférentiel, mais non exclusif, de la tradition pictographique. F. Kramer, dans son catalogue de textes cuna conservés à Göteborg, mentionne un nombre « exceptionnellement élevé de *saila ikalas* pictographiés ». Il s'agit de textes relatant l'origine d'animaux, plantes médicinales, etc. F. Kramer, *Literature Among the Cuna Indians*, Göteborg, 1970, p. 150-151.

60. E. Nordenskiöld, *Picture Writing, op. cit.*, vol. II, p. 54.

61. Dans ce cas Nordenskiöld lui-même émet des réserves sur le style pictographique de son informateur.

62. À ce propos, voir C. Severi, « Penser par séquences, penser par territoires - Cosmologie et art de la mémoire dans la pictographie des Indiens Cuna », *Communications*, 41, 1985, p. 169-190.

63. J. Sherzer, J. Howe, *Mitos y cantos de la tradición cuna*, Université de Panamá, Panamá, 1989.

64. À propos des Zuni, D. Tedlock, *op. cit.*, p. 235. L'apprentissage du saila est complètement analogue à celui du chaman (J. Howe, *The Kuna Gathering*, Texas University Press, Austin, 1986, p. 83 sqq.).

65. D. Tedlock,, *ibid.*, p. 236.

66. À propos de la mémorisation des chants thérapeutiques, mon expérience confirme point par point celle de Sherzer (cf. note 56). À distance de plusieurs années, le texte du Nia Ikala que j'ai récolté sur le terrain était chanté exactement de la même manière.

67. Voir, C. Severi et E. Gomez, « Nia Ikala, Los pueblos del camino de la locura. Texto cuna y traducción española », *Amerindia - Revue d'ethnolinguistique amérindienne*, 8, 1983, et C. Severi, « Le chemin des métamorphoses - Un modèle de connaissance de la folie dans un chant chamanique cuna », *Res*, 3, printemps 1982.

68. F. Kramer, *op. cit.*, p. 115 sqq.

69. Sur les représentations les plus anciennes de ces villages d'esprits, cf. *supra*, note 22.

70. C. Severi, « Le chemin des métamorphoses », *op. cit.*, p. 49.

71. N. Holmer, *A Critical and Comparative Grammar of the Cuna Language*, Göteborg, 1947.

72. C. Severi, « Le chemin des métamorphoses », *op. cit.*, p. 50-59.

73. E. Nordenskiöld, *An Historical and Ethnological...*, *op. cit.*, p. 559 sqq.

74. N. Holmer et H. Wassen, *The Complete Mu Ikala*, *op. cit.*

75. Tout en corrigeant certaines des traductions de Nordenskiöld, je reprends sa numérotation des pictogrammes.

76. Trois noms propres de voyants « incarnés » par les trois cristaux.

77. À ce propos, C. Severi, « Penser par séquences », *op. cit.* John Scheid m'a fait remarquer qu'on pourrait dire la même chose des *gestes* d'une liturgie.

78. C. Severi, « Penser par séquences », *op. cit.*

79. *Ibid.*, p. 183-189.

80. R. Girard, *Popol-Vuh. Histoire culturelle des Maya-Quiché*, Paris, Payot, p. 32 sqq.

81. À ce propos, voir le recueil très riche de M. Chapin, *Pap-Ikala*, Quito, 1990.

82. E. Viveiros de Castro, dans son livre sur les Araweté, analyse de très beaux exemples de parole chantée en tant que parole venant d'ailleurs, où le locuteur réel ne fait que prêter sa voix à une présence surnaturelle. Cf. E. Viveiros de Castro, *From the Enemy of View*, Chicago University Press, 1991 : 215-251. En ce qui concerne la métamorphose du chanteur cuna, cf. C. Severi, « Talking about Souls », *op. cit.*

83. Cf. les articles de E. Stradelli sur les pétroglyphes colombiens (Società Geografica Italiana, 1890, 1900), M. Triana, *op. cit.* pour les Chibcha, etc. Des versions pictographiques du catéchisme (provenant du Pérou et de Bolivie) sont conservées au musée du Tropique d'Amsterdam. A. Monod et J. Galarza en ont publié des versions mexicaines (*Doctrina Christiana*, Paris, Société d'ethnographie, Nanterre, 1977). Le cas des peintures corporelles des Waunana, voisins des Cuna dans le Darién, et récemment étudiés par A. Ulloa (*Kyparà. Dibujo y pintura, dos maneras waunana de ver el mundo*, Bogota, 1992) méritera une étude à part.

84. Cité *in* J. Defrancis, *Visible Speech*, *op. cit.*, p. 35.

85. Cf. Hoffmann, *op. cit.* Taylor cite aussi d'autres cas amérindiens, étudiés par Hewitt et Fenton, « Some Mnemonic Pictographs Relating to the Iroquois Condolence Council », *Journal of the Washington Academy of Sciences*, 35 : 10, p. 301-315, ainsi que par V. Kinietz, « Birch Bark Records Among the Chippewa », *Proceedings of the Indiana Academy of Science*, 49, p. 38-40.

86. A.R. Taylor, « Nonverbal Communication Systems in Native North America » *Semiotica*, 1975, 13, 4, p. 354.

87. Voir, par exemple, F. Staal (*Nambudiri Veda Recitation*, La Haye, 1961, p. 14-15) à Ch. Malamoud (« Hiérarchie et technique », *in* P. Achard, éd., *Histoire et linguistique*, Maison des Sciences de l'Homme, Paris, 1983, p. 115-123).

88. J. Goody, *The Interface*, *op. cit.*, p. 117.

89. Dans la littérature sur l'art de la mémoire, aujourd'hui devenue très importante, les travaux de Rossi (P. Rossi, *Clavis Universalis. Arte della memoria da Lullo a Cartesio*, Bologne, 1990, 2e éd., et *La Memoria e l'oblio*, Bologne, 1992) ainsi que ceux de F. Yates (*The Art of Memory*, Londres, 1966) restent fondamentaux.

90. Voir T. Cummins, « From Lies to Truth : Colonial Ekphrasis and the Act of Cross-Cultural Translation », présenté au Colloque « Recreating the World : An Interdisciplinary Approach to the American Indians Art », Londres, 1993.

ÉCRIRE LA TRADITION, FAIRE DE L'HISTOIRE ENTRE LE JAPON ET LA CHINE

3. La double écriture des traditions dans la Japon du VIIIe siècle

1. *Nihonshoki*, 3e mois 10e année du règne de l'empereur Tenmu.

2. Nom sinisé, le *Nihonshoki* n'avait pas encore adopté l'usage des noms d'empereur à la chinoise en deux caractères, le processus de sinisation du passé va se poursuivre tout le long de la période classique. Tous les empereurs recevront un nom à la chinoise au cours de la seconde moitié du VIIIe siècle. Les dieux indigènes eux-mêmes seront souvent dotés d'appellation sinisée. Si, par la suite, les dieux vont retrouver leur nom japonais, l'appellation sino-japonaise des souverains perdurera jusqu'à nos jours.

3. Comme toutes les dates de l'époque ancienne, celle-ci est donnée à l'aide du cycle sexagésimal chinois.

4. F. Macé, « Serment, ordalie et divination dans le Japon archaïque », *Estudos japoneses* n° 12, São Paulo, 1992, p. 13-14.

5. F. Hérail, *Fonctions et fonctionnaires japonais au début du XIe siècle*, POF, 1977, p. 24-29. Mais il n'en reste pas moins que, comme le précise F. Hérail, dans le cadre de la cour, la gestion des affaires des dieux est bureaucratisée à la chinoise et que les fonctionnaires de ce premier ministère n'auront jamais que des rangs médiocres.

6. F. Macé, in *Histoire du Japon* (sous la direction de F. Hérail), Horvath, 1990, p. 35-36.

7. *Ibid.*, p. 43.

8. Il est à noter que la tradition japonaise autochtone est remarquablement pauvre en références astronomiques et ne comporte aucune allusion à cette étoile.

9. Il y eut, au cours de l'époque de Nara, des capitales plus ou moins temporaires concurremment à Heijô kyô.

10. F. Macé, *La Mort et les funérailles dans le Japon ancien*, POF, 1986, p. 346 sq.

11. Le regard porté sur les choses ne pouvait rester inchangé pendant cette extraordinaire mutation culturelle. Dans ce vaste champ, c'est encore la Chine qui sert de référence. Que ce soit en architecture avec les palais ou les monastères, en sculpture, en peinture, en habillement ou en poésie, le beau est chinois. La beauté féminine suit la même direction, les belles de l'époque de Nara ressemblent à leurs sœurs des Tang. La tradition japonaise n'avait rien à opposer au raffinement de la Chine dans ce domaine où les conceptions esthétiques sont intimement liées à des procédés de haut niveau technique comme le bronze ou la laque sèche, le papier, l'encre et les pinceaux. Cependant, quelques lieux se sont trouvés préservés de ce modèle obligé, ce furent les grands sanctuaires des divinités autochtones, à commencer par Ise où est vénérée la déesse Amaterasu, pour lequel on a volontairement conservé un style architectural archaïsant, sans référence directe au modèle continental, mais aussi, comme nous l'avons vu, la résidence privée de l'empereur.

12. Il faudra attendre le XXe siècle pour que soit entreprise une édition en langue japonaise du canon bouddhique.

13. Cette tradition historiographique sera reprise par le *Gükanshõ* de Jien au XIIIe siècle, qui s'efforce de comprendre les bouleversements sociaux et politiques de son temps (l'émergence du pouvoir des guerriers) en adaptant à la réalité japonaise la croyance bouddhique de l'entrée dans l'ère de la fin de la loi, *Mappõshisô*.

14. Cf. F. Macé, 1986.

15. Dont la rédaction fut interrompue au XIe siècle.

16. Sans pour autant se priver d'emprunts à l'immense réservoir de thèmes et peut-être aussi de formes que représentait la littérature chinoise.

17. F. Macé, « Les rites d'avènement au Japon. La création d'une tradition », in *Cipango* n° 1, INALCO, 1992, p. 12-34.

18. F. Macé, « Les funérailles des souverains japonais », in *Cahiers d'extrême Asie*, EFEO, 1989.

19. F. Macé, « Nihonshinwa ni okeru shizenkan » (La vision de la nature dans la mythologie japonaise), in *Sekai no naka no nihon II*, Kokusai nihonbunka kenkyû sentâ, 1991, p. 97-116.

20. *Shinyû kakumei*, (chinois *Xinyou geming*).

21. Cf. M. Cartier, « Mythes historiques ou histoire mythique », in *Extrême-Orient Extrême-Occident* 9, 1986, p. 45-53.

22. F. Macé, *Kojiki shinwa no kôzô*, Chûôkôron, 1989.

23. Le début du deuxième cycle étant marqué par un prologue en forme de séquence, repris en écho dans la longue dernière partie de la première séquence de ce même cycle.

24. Entre-temps, en 1897, Edward Sylvester Morse (1838-1925) avait fouillé le premier site Jômon, période archéologique qui correspond à la date supposée de la fondation de la première capitale.

25. Cette décision de se doter d'une ère nationale est très certainement à mettre en rapport avec le choc culturel que représentaient les contacts avec les Occidentaux et leur calendrier chrétien.

26. Ce qui a pu avoir lieu durant la longue période qui s'écoule entre la mise par écrit, VIIIe siècle, et la plus ancienne copie qui nous soit parvenue, XIVe siècle.

27. À l'époque des capitales vagabondes, le seul point d'ancrage se trouvait être les tombes, ces palais d'éternité dont parle le *Man-yô-shû*. Et ce n'est certainement pas un hasard si les grandes tombes cessèrent d'être construites au moment où la capitale devenait fixe. On n'hésita pas à détruire des *kofun* pour faire passer les avenues de la ville orientée vers le palais. L'organisation de l'espace, de même que celle du temps, comme nous l'avons noté au début, devient beaucoup plus abstraite, géométrique, moins organique. Dans le siècle qui suit l'établissement du système de la capitale fixe, les tombes ne marquent plus le paysage. On ne construit plus de tertres, on n'élève pas encore de monuments de pierre.

28. Le *Kogoshûi*, grâce à son point de vue ritualiste, forme une sorte de pont, réintroduisant, dans la musique déterminée de la vision historicisante du *Nihonshoki*, un élément de variation, comme le *Daijôsai* dans le palais, ou la reconstruction périodique d'Ise après l'errance de Yamato hime.

4. L'imaginaire divinatoire dans l'histoire en Chine

1. Je me permets de renvoyer, sur ce point, à un premier exposé que j'avais fait au cours du séminaire de 1985-1986 de l'Institut collégial européen, publié dans *La vérité est-elle scientifique ?* (séminaire interdisciplinaire du Collège de France), Paris, Éd. universitaires, 1991, p. 65-78. Le présent essai reprend le contenu d'un second exposé donné au colloque de Loches, de juillet 1987, organisé dans le cadre du même institut. Il est paru en même temps dans le *Bulletin de l'École française d'Extrême-Orient*, t. 79-1, Paris, 1992, p. 1-8.

2. Sur les caractéristiques de la langue écrite chinoise et sa genèse à partir des notations oraculaires, je me permets de renvoyer à l'exposé que j'en ai fait dans « Écriture et langue graphique en Chine », *Le Débat*, n° 62, Paris, Gallimard, novembre-décembre 1990.

3. *La Chronique de la principauté de Lou*, trad. de S. Couvreur, rééd., Paris, Cathasia (Belles Lettres), 1951, vol. II p. 426-427 (j'ai remplacé pour les noms propres la vieille transcription française qu'utilisait Couvreur par la transcription normalisée dite *pinyin*).

4. S. Couvreur, *ibid.*, vol. I, p. 570 (j'ai légèrement modifié la traduction à laquelle je renvoie ici).

5. Cette exclamation de Shang gong Xiang est rapportée à la fin de la dernière partie du *Zhouyu*, 1re section du *Guoyu*.

6. Fin de la 1re partie de l'appendice appelé *Xici* (*Structure des formules*), qui fait partie du recueil canonique du *Yijing*.

7. Il existe en français deux études sur cette école, auxquelles on pourra se reporter pour plus de détails : Kang Woo, *Les Trois Théories politiques du Tch'ouen Ts'ieou*, Paris, Ernest Leroux, 1932. Anne Cheng, *Étude sur le confucianisme Han*, Mémoires de l'Institut des hautes études chinoises, vol. XXVI, Paris, IHEC, 1985.

5. *L'histoire, comme éclatée...*

1. Cf. R.A. Kern 1939, *Catalogus van de Boegineesche, tot den I La Galigo-cyclus behorende handschriften der Leidsche Universiteitsbibliotheek, alsmede van ie in andere europeesche bibliotheken*, Leiden.

2. On trouvera quelques exemples de ce type dans Andi' Zainal Abidin Farid, « Exercice de l'autorité et éthique gouvernementale : maximes de sagesse d'hommes d'État bugis et makassar du XVe au XVIIe siècle », *Archipel* n° 10, p. 135-151, 1975.

3. Cf. A.A. Cense, *Beberapa Tjatatan mengenai penulisan Sedjarah Makassar-Bugis*, Bhratara, Djakarta, 1972.

4. Terme malais d'origine arabo-persane, *syah* = chef ; *bandar* = le port, ou le marché d'une ville portuaire.

5. Cf. A.A. Cense, *op. cit.*

6. Cf. C. Salombé, 1978, *Adatuang Pammana. One of the oldest kingdom in South Sulawesi as recorded in the lontara' entitled « Pappasenna Lombong Ulu », a buginese lontara' written about the beginning of the XVIIth century at the time when La Mappatinring ri Pasarié Massora Siwalié was the Datu ri Pammana IV*, recherche présentée au séminaire Histoire tenu à Ujung Pandang, 29 juin-2 juillet 1978 (non publiée).

7. Cf. G.J. Wolhoff et Abdurrahim, *Sedjarah Goa*, Bingkisan série A, n° 1, Penerbit Jajasan Kebudajaan Sul/Selatan Tenggara, Benteng Ujung Pandang, Makassar (sans date).

8. Cf. A.A. Cense, *op. cit.*, p. 14.

9. Cf. *Sejarah Kerajaan Tallo' (Suatu Transkripsi lontara')*, Ujung Pandang, 1975, par exemple § 51, 99, 116, 117.

10. Cf. A.A. Cense, *op. cit.*, p. 18.

11. Voir les descriptions rituelles détaillées *in* G. Hamonic, *Le Langage des Dieux...*, Paris, Éd. du CNRS, 1987.

PENSER LE COMMENCEMENT : ENTRE ROME, ISRAËL ET LA GRÈCE

6. *L'historien biblique, un personnage presque inaccessible*

1. *Überlieferungsgeschichtliche Studien. Die sammelnden und bearbeitenden Geschichtswerke im Alten Testament.*

2. T.L. Thompson, *The Historicity of the Patriarchal Narratives : The Quest for the Historical Abraham*, BZAW 133, Berlin, New York, 1974, Van Seters, *In Search of History, Historiography in the Ancient World and the Origin of Biblical History*, New York, Londres, 1983.

3. H. Weippert, *Das deuteronomischtische Geschichtswerk. Sein Ziel und End in der Neueren Forschung*, Th R 50, 1985.

4. Pour un traitement simple et suggestif de l'état de la question, cf. Th. Römer, « Le Deutéronome à la quête des origines », in *Le Pentateuque, Débats et Recherches*, Lectio Divina, 151, Paris, 1992, p. 65-98.

5. K. Lawson Younger Jr, *Ancient Conquest Accounts*, JSOT supp., Sheffield, 1990.

6. Il faudrait prendre en compte la distance dans le temps entre la date d'un texte et ce qu'il est censé raconter et, plus encore, la trace dans le récit du projet idéologique auquel il correspond. La difficulté tient ici à la dépendance de l'historien à l'égard d'un texte qui est presque toujours sa seule source. L'archéologie est muette le plus souvent ou, elle aussi, s'exprime dans les termes proposés par les textes traditionnels. L'épigraphie n'a pratiquement pas de matériau où exercer sa vigilance.

7. David W. Jamieson-Drake, *Scribes and Schools in Monarchic Judah; a Socio-Archaeological Approach*, The Social World of Biblical Antiquity Series, 9, Sheffield, 1991.

8. Les matériaux de la *Chronique démotique* ne sont-ils pas collationnés déjà sous Darius par la commission qui y travailla seize ans sur ses ordres (519-503) et qui comprenait des prêtres, des guerriers et des scribes ?

9. La véritable canonisation de ces textes n'intervient que très tardivement après la chute de Jérusalem, sous la « paix » romaine.

10. Pour le Pentateuque, cf. plus bas la contribution de Th. Römer. Pour un exemple prophétique, cf. A. de Pury, « Osée 12 et ses implications pour le débat actuel sur le Pentateuque », in *Le Pentateuque, Débats et Recherches, op. cit.*, pp. 175-207.

11. Probablement voisins en Palestine même, la politique perse de mise en valeur de son empire rural ayant conduit à des déplacements de population.

12. E. Nodet, *Essai sur les origines du judaïsme*, Paris, 1992.

7. Historiographies et mythes d'origines dans l'Ancien Testament

1. Cf. M. Weippert, « Synkretismus und Monotheismus. Religionsinterne Konfliktbewältigung im alten Israel », *in* J. Assmann, D. Harth, éd., *Kultur und Konflikt*, Frankfurt/M., 1990, p. 143-179.

2. Cf. B. Albrektson, *History and the Gods. An Essay on the Idea of Historical Events as Divine Manifestation in the Ancient Near East and in Israel*, CB.OT 1, Lund, 1967.

3. A. Dearman, éd., *Studies in the Mesha Inscription and Moab*, Atlanta, 1989.

4. Cf. E.A. Knauf, « Das Zehnte Jahrundert : Ein Kapitel Vorgeschichte Israels », in *Heidel-Berger-Apokryphen (Mélanges K. Berger)*, Heidelberg, 1990, p. 156-161.

5. Cf. D.W. Jamieson-Drake, *Scribes and Schools in Monarchic Judah; a Socio-Archeological Approach*, Sheffield, 1991.

6. A ce sujet, cf. B.J. Diebner, C. Nauerth, « Die Inventio des *spr htrh* in 2Kön 22. Struktur, Intention und Funktion von Auffindungslegenden », *DBAT* 18, 1984, p. 95-118.

7. Cf. S.L. McKenzie, *The Trouble with Kings. The Composition of the Books of Kings in the Deuteronomistic History*, VT.S 42, Leiden, 1991.

8. Cf. Th. Römer, « Le jugement de Dieu et la chute d'Israël selon Exode 32 », *Foi et Vie, Cahier biblique* 31, 1992, p. 3-14. Pour le thème des « réformes » dans l'idéologie dtr cf. H.D. Hoffmann, *Reform und Reformen. Untersuchungen zu einem Grundthema der deuteronomistischen Geschichtsschreibung*, AthANT 66, Zurich, 1980.

9. Dans le contexte josianique la libération de l'oppression égyptienne peut se lire comme une image de la politique anti-assyrienne de ce roi. On peut également noter que Josias meurt en voulant s'opposer au roi d'Égypte (2R 23,29).

10. Cf. R. Albertz, « Die Intentionen der Träger des Deuteronomistichen Geschichtswerkes », *in* R. Albertz *et al.*, éd., *Schöpfung und Befreiung (Mélanges C. Westermann)*, Stuttgart, 1989, p. 37-53.

11. La référence aux pères dans le milieu dtr ne vise pas les Patriarches, mais les ancêtres en Égypte, cf. à ce sujet Th. Römer, « Le Deutéronome à la quête des origines », in *Le Pentateuque, Débats et Recherches*, LD 151, Paris, 1992, p. 65-98.

12. À l'intérieur de l'historiographie dtr, seuls trois textes (Dt 10, 22; 26, 5; 1Sam 12, 8) « avancent » les origines en parlant d'une descente en Égypte. Mais il s'agit là de textes soit tardifs (époque perse), soit d'une origine non deutéronomique.

13. Cf. M. Rose, « La croissance du corpus historiographique de la Bible : une proposition », *RThPh* 118, 1986, p. 217-236.

14. Cf. J. Van Seters, *Prologue to History : The Yahwist as Historian in Genesis*, Zurich, 1992.

15. Cf. Th. Römer, « Exode et Anti-Exode. La nostalgie de l'Égypte dans les traditions du désert », *in* Th. Römer, éd., *Lectio difficilior probabilior ? (Mélanges Françoise Smyth-Florentin)*, Heidelberg, 1991, p. 155-172.

16. Cf. J. Lust, « Ézéchiel XX, 4-26. Une parodie de l'histoire religieuse d'Israël », *ETL* 43, 1967, p. 488-527 = *De Mari à Qumran. (Mélanges J. Coppens)*, BEThL 24, Gembloux, Paris, 1969, p. 127-166; F. Sedlmaier, *Studien zur Komposition und Theologie von Ezechiel 20*, SBB 21, Stuttgart, 1990.

17. À ce sujet cf. Sarah Japhet, « People and Land in the Restoration Period », *in* G. Strecker, éd., *Das Land Israel in biblischer Zeit*, GTA 35, Göttingen, 1983, p. 103-125.

18. À ce sujet voir les nombreux travaux de A. de Pury, notamment « Le cycle de Jacob comme légende autonome des origines d'Israël », *Congress Volume Leiden 1989*, VT.S 42, Leiden, 1991, p. 78-96; « Osée 12 et ses implications pour le débat actuel sur le Pentateuque », *Le Pentateuque, Débats et Recherches*, *op. cit.*, p. 175-207.

19. L'identification des pères à Abraham, Isaac et Jacob en Ex 3 est l'œuvre de la rédaction finale du Pentateuque, cf. P. Weimar, *Die Berufung des Mose*, OBO 23, Fribourg (CH) — Göttingen, 1980, p. 49.

20. J.L. Ska, « Quelques remarques sur Pg et la dernière rédaction du Pentateuque », *in* A. de Pury, éd., *Le Pentateuque en question*, Genève, 1991 (2e éd.), p. 95-125, montre pour Ex 6 l'utilisation d'un champ sémantique familial, cf. p. 100 sq.

21. H. Cazelles, « Volksfrömmigkeit und Volkstheologie in der Bibel », *Communio* 16, 1987, p. 385-395.

22. Cf. F. Crüsemann, « Le Pentateuque, une Tora. Prolégomènes à l'interprétation de sa forme finale », *in* A. de Pury, éd., *Le Pentateuque en question*, *op. cit.*, p. 339-360.

23. Cf. A.H.J. Gunneweg, *Nehemia*, KAT XIX/2, Gütersloh, 1987, p. 129.

24. Pour la datation de ce texte cf. M. Anbar, *Josué et l'alliance de Sichem (Josué 24:1-18)*, BET 25, Frankfurt/M., 1992.

25. Pour ce texte cf. J. Ha, *Genesis 15. A Theological Compendium of Pentateuchal History*, BZAW 181, Berlin, New York, 1989.

8. Le temps de la cité et l'histoire des prêtres

1. Cicéron, *De l'orateur*, 2, 12, 51 sq.; Pseudo-Servius, *Commentaire de l'Énéide*, 1, 373 (cf. annexe *supra*).

2. E. Rawson, « Prodigy Lists and the Use of the Annales Maximi », *Classical Quarterly*, 21, 1971, p. 158-169 ; B. Frier, *Libri Annales Pontificorum Maximorum ; the Origins of the Annalistic Tradition* (Papers and Monographs of the American Academy in Rome, n° 27), Rome, 1979 (avec la biblographie antérieure) ; R. Drews, « Pontiffs, Prodigies, and the Disappearance of the Annales Maximi », *Classical Philology*, 83, 1983, p. 289-299.

3. On se reportera à l'ouvrage de B. Frier pour toutes les sources.

4. Frier, 1979, p .97.

5. Cf. également M. Beard, « Writing and Religion : Ancient Literacy and the Function of the Written Word in Roman Religion. Question : What was the Role of Writing in Graeco-Roman Paganism ? in *Literacy in the Roman World*, Ann Arbor, 1991, p. 35-58.

6. Pline, *Lettres*, 8, 8.

7. Cf. J. Scheid, *Romulus et ses frères. Le collège des frères arvales, modèle du culte public dans la Rome des empereurs*, BÉFAR, n° 275, Rome, 1990, p. 41-72.

8. Pour la nature des livres sacerdotaux et la bibliographie, cf. J. Scheid, « Les archives de la piété. Réflexions sur les livres sacerdotaux », sous presse dans C. Nicolet, éd., *La Mémoire perdue*, Rome, 1994.

9. O. Seeck, *Die Kalendertafel der Pontifices*, Berlin, 1885, p. 61 sq. ; C. Cichorius, *RE s.v. Annales 1. maximi*, 1894, c. 2248-2255.

10. Macrobe, *Saturnales*, 3, 2, 17.

11. Tite-Live, 1, 20, 7.

12. *Ibid.*, 6, 1, 2.

13. J'y reviendrai dans un autre travail.

9. Manières grecques de commencer

1. Ch. Malamoud, « Sans lieu ni date. Note sur l'absence de fondation dans l'Inde védique », in *Tracés de fondation*, M. Detienne, éd., Paris-Louvain, Peeters, 1989, p. 187-191 : esquiver les débuts, multiplier les faux commencements, alors que tout ici-bas « impose à tout instant de commencer ». Une étrange obsession : « échapper à la singularité des lieux et des commencements ».

2. La question mériterait de retenir l'attention de l'un ou l'autre américaniste.

3. « Le Commencement, *Archè*, est un dieu qui en s'établissant (*hidrumenè*) parmi les hommes sauve toutes choses, si chacun de ses usagers lui rend l'honneur qui convient » : Platon, *Lois*, VI, 77 5e. Commencement et « fondation » au sens religieux sont ici très solidaires.

4. Cf. A. Paul, *Le Judaïsme ancien et la Bible*, Paris, 1987, p. 168-176.

5. Sur *ktizein*, « créer », comme acte divin, cf. l'article « *Ktizein* », écrit par Foerster dans G. Kittel, *Theol. Wört. zum Neuer Test.*, III (1938, réimpr. 1957), p. 999-1034. Perspective ouverte par M. Casevitz, *Le Vocabulaire de la colonisation en grec ancien*, Paris, Klincksieck, 1985, p. 44, n. 29.

6. Cf. les analyses rassemblées dans *La Création dans l'Ancien Testament*, Paris, Le Cerf. 1988.

7. Le Dieu de l'Ancien Testament organise, transforme un immense chaos mais qui est déjà-là : cf. J. Bottéro, « La naissance du monde selon Israël », in *La Naissance du monde*,

Paris, Le Seuil, 1959, p. 187-233. Sur les modèles orientaux de la « création » de l'homme/roi, cf. J. Van Seters, « The Creation of Man and the Creation of King », *Zeitschrift für die altestamentliche Wissenschaft*, 1001, 1989, p. 333-342.

8. Cf. J. Cazeaux, « Le voyage inutile ou la création chez Philon », in *La Création dans l'Orient ancien*, *op. cit.*, p. 345-407.

9. Hésiode, *Théogonie*, 116-117.

10. Pointée par M. Casevitz, *op. cit.*, p. 39-44.

11. Sophocle, *Œdipe à Colone*, 715.

12. Pindare, *Olympiques*, IX, 45.

13. Empédocle, F. 23, 6 Diels-Kranz. Cf. J. Bollack, *Empédocle*, III, *Les Origines*, Commentaire 1, Paris, 1969, p. 120-125.

14. Cf. I. Malkin, *Religion and Colonization in Ancient Greece*, Leiden, Brill, 1987, *passim* ; M. Detienne, « Apollon Archégète. Un modèle politique de la territorialisation », in *Tracés de fondation*, *op. cit.*, p. 301-311.

15. Cf. *e. g.*, M. Lambert et R. Tournay, « Le cylindre A de Gudea », *Revue biblique*, 55, 1948, p. 403-437 ; F. Smyth-Florentin, « Des temples aux murs inscrits à l'Écriture comme Temple », in *Tracés de fondation*, *op. cit.*, p. 59-66 ; et surtout S. Lackenbacher, *Le Palais sans rival. Le récit de construction en Assyrie*, Paris, La Découverte, 1990.

16. Cf. les travaux de F. Smyth, et, en particulier, sa contribution dans ce volume.

17. Cf. à nouveau, J. Ellul, *Sans feu ni lieu. Signification biblique de la Grande Ville*, Paris, Gallimard, 1976.

18. Hésiode, *Théogonie* 45.

19. Cf. M. Detienne, *Les Maîtres de Vérité en Grèce archaïque*, Paris, La Découverte, 1980.

20. Suggestion faite par R. Brague, « Le récit du commencement. Une aporie de la raison grecque », in *La Naissance de la raison en Grèce*, J.F. Mattéi, éd., Paris, PUF, 1990, p. 23-31.

21. Alcman, 5, F.2, II, éd. D. Page, *Poetae Melici graeci*, ainsi que Alcman, F.81, éd. C. Calame, avec un important commentaire, Rome, 1983, p. 437-454.

22. Nous avons largement adopté l'interprétation remarquable proposée par A.J. Voelke, « Aux origines de la philosophie grecque : la cosmogonie d'Alcman », in *Mélanges F. Brunner*, Neuchâtel, 1981, p. 13-24.

23. *Odyssée*, VI, 1-10. Cf. C. Mossé, « Ithaque ou la naissance de la cité », in *Archeologia e storia antica (Annali dell'Istituto Universitario orientale)*, II, Naples, 1980, p. 7-19.

24. Plusieurs chapitres de notre ouvrage sur « Apollon, l'Architecte du pur et de l'impur » analysent ces différents aspects.

25. Ce que montre dans le cheminement d'Apollon s'en allant fonder Delphes l'*Hymne homérique à Apollon*, 225-228.

26. Pour la notion grecque d'*erèmos chôra*, et sur ses limites, cf. E. Lepore, *Colonie greche dell'Occidente antico*, Rome, 1989, p. 82-83.

27. Cf. D. Asheri, *Distribuzioni di terre nell'antica Grecia*, Turin (*Accademia delle scienze, cl. sc. mor., st., filol.*), série 4^{a}, n° 10, 1966, p. 1-24.

28. Cf. L. Gernet, *Anthropologie de la Grèce antique*, Paris, F. Maspero, 1976, 401 : « La colonisation, qui manifeste tout de suite la vitalité civique, accoutume les esprits au vide de l'espace. »

29. En ce sens, l'analyse du champ sémantique de *Thémis, thesmos, tithénai* renforce l'interprétation d'*archè* dans l'action archégétique. Cf. le résumé de nos conférences

1990-1991 à l'EPHE, *Annuaire de l'École pratique des hautes études, Sciences religieuses*, t. XCIX, 1990-1991, Paris, p. 243-246.

30. *Aristote, Métaphysique*, IV, 1012b 34-1013a 15. *Archè*, avec le sens de point à partir duquel commence une route, *hodos*, ou une ligne, *mèkos*. Dans *Anaximander and the Origins of Greek Cosmology*, New York, Columbia University Press, 1960, p. 236 et n. 3, C.H. Kahn a attiré l'attention sur les affinités entre *archè, trópis* et *osphús*.

31. Platon, *Lois*, 803a 3. *Tropis* pour le navire comme *themelios* pour la maison : Aristote, *Métaphysique*, IV, 1013a 4. *Tropis*, au sens technique, dans le vocabulaire de la construction des navires : J.S. Morrison et R.T. Williams, *Greek Oared Ships*, Cambridge, 1968, p. 50.

32. *Osphús* : flanc, partie du corps au-dessus des hanches (cf. P. Chantraine, *Revue de philologie*, 1962, p. 258-259), mais aussi le *sacrum* précédant la queue, celle de l'animal sacrificiel (bovin en particulier). Cf. en dernier lieu, le dossier établi par F. Van Straten, « The God's Portion in Greek Sacrificial Representations : Is the Tail Doing Nicely ? », in *Early Greek Cult Practice*, R. Hägg, N. Marinatos et G.C. Nordquist, éd., Stockholm, 1988, p. 51-67.

33. Aristote, *Métaphysique*, IV, 1013a 4.

34. Cf. M. Detienne, *Dionysos mis à mort*, Paris, Gallimard, 1977, p. 191-196 (entre sacrifices et traditions orphiques). Sur le débat entre le « cœur » et la « cervelle » : P. Manuli et M. Vegetti, *Cuore, sangue e cervello. Biologia e Antropologia nel pensiero antico*, Milan, 1977.

35. Cf. G. Dumézil, *La Religion romaine archaïque*, Paris, Payot, 1966, p. 322-328.

36. Ovide, *Fastes*, I, 90.

37. Cf. *supra*, p. 149.

ENTRE LE MYTHE ET L'HISTOIRE

10. L'ordre généalogique

1. Voir Detienne, 1988.

2. Voir Goody, 1979, Ong, 1982.

3. Pour une discussion d'ensemble de l'écriture des généalogistes et de son rôle dans la mise en forme de la mémoire familiale à Athènes, voir Thomas, 1992, p. 155-195.

4. Voir *FGrHist* 1 T 1, F 1, 2, 3, 4, 8, etc.

5. *FGrHist* 1 F 1 a-b. Sur ce texte, voir Detienne, 1981, p. 134-154. Notre réflexion développe une problématique dont les grandes lignes sont posées par Hartog, 1991b.

6. Jacoby, 1949, p. 2 et n. 9, p. 228.

7. La notice de la Souda consacrée à Akousilaos peut suggérer l'existence d'une sphragis comparable : « Akousilaos ; fils de Kabas ; Argien, originaire de la cité de Kerkas près d'Aulis » (*FGrHist* 2 T 1). Une autre leçon donne : « Argien, Kerkadas » (nom d'une phratrie). Voir Mazzarino, 1983, p. 60-61.

8. Gabba, 1992, p. 171.

9. Nous n'entrons pas ici dans le débat sur la chronologie relative de ces différents auteurs. On s'accorde à situer Akousilaos légèrement avant Hécatée de Milet : voir Tozzi, 1967, p. 582-585 ; Mazzarino, 1983, p. 58-70.

10. Jacoby, 1947, p. 127.

11. Léon Vandermeersch, 1991, p. 65-75.

12. Voir dans ce volume le texte de G. Hamonic.

13. Denys d'Halicarnasse, *Sur Thucydide*, VII (*FGrHist*, 1 T 17a). Sur les enjeux de l'interprétation moderne de ce texte, voir Detienne, 1981, p. 146-149.

14. Voir dans ce volume la contribution de John Scheid.

15. On sait que Wilamowitz a voulu reconstituer les origines de l'histoire locale d'Athènes sur le modèle des annales des pontifes romains : une chronique rédigée par un « exégète », spécialiste de questions religieuses, qui aurait été la source des Atthidographes. Cette théorie a été réfutée par Jacoby, 1949.

16. Jacoby, 1949, p. 58.

17. Henrichs, p. 249.

18. Jacoby, 1949, p. 134 : la généalogie est essentiellement une renarration de l'*epos*, qu'elle soumet à un cadre chronologique ; Lasserre, 1976, p. 114 : « Au vrai, entre le Catalogue des héroïnes attribué à Hésiode et les Généalogies d'Hécatée, la matière historique reste la même, mythologie et légende épique, et il s'agit toujours d'expliquer l'origine des peuples de la Grèce et les grands événements de sa préhistoire. »

19. *FGrHist* 2 F 1.

20. Hésiode, *Théogonie*, v. 337 ; Achéloos est mentionné au v. 340 ; le nombre des fleuves est évoqué au v. 364-365.

21. *FGrHist* 2 F 5.

22. *FGrHist* 2 F 6a [Platon, *Banquet*, 178 AB].

23. *FGrHist* 2 F 13.

24. *FGrHist* 2 F 4, 9, 15, 16, 24, 42.

25. *FGrHist* 2 F 4, F 6a, 6b, 6c, 13, 15, 18, 19, 25a, 25b, 26, 28, 34, 36, 38.

26. *FGrHist* 2 F A, 6c (qui établit aussi un parallèle avec Simonide et Sappho).

27. *FGrHist* 2 F 5.

28. *FGrHist* 2 F 10, 12, 38.

29. *FGrHist* 2 F 5, 10.

30. *FGrHist* 2 F 23a.

31. *FGrHist* 2 F 18, 22.

32. *FGrHist* 2 F 18.

33. *FGrHist* 2 F 18.

34. *FGrHist* 2 F 3, 9, 18, 20, 27, 36.

35. *FGrHist* 2 F 18, 19.

36. *FGrHist* 2 F 46.

37. *FGrHist* 2 F 46.

38. Voir par ex. *FGrHist* 1 F 13 : une scholie d'Apollonios de Rhodes, qui constate une convergence entre Hécatée de Milet et Hésiode.

39. Schibli, 1990, p. 134, n. 7 ; il voit en Akousilaos « *a recorder of myths, a mythographer* » dont les généalogies en prose sont dans une large mesure des compilations d'Hésiode.

40. Aristote, *Poétique*, 51a-b.

41. Voir par ex. cette remarque de West, 1985, p. 6, à propos de Phérécyde : « *There was little that would have been out of place in hexameter verse.* »
42. Strabon, *Géographie*, I.2.6 (= *FGrHist* 1 T 16).
43. *FGrHist* 2 T 5 Clément, *Stromates*, VI.2.26, 7. Voir Tozzi, 1967, p. 589.
44. Tozzi, 1967, p. 588.
45. *FGrHist* 2 T 4.
46. West, 1985, p. 30.
47. Le *Catalogue* hésiodique, par cette élaboration généalogique, témoigne déjà des nouveaux effets intellectuels de l'écriture par rapport à la tradition orale des savoirs : Goody, 1979, p. 86-87.
48. Par ex., chez Akousilaos : *FGrHist* 2 F 22; 25; 39.
49. West, 1985, p. 43.
50. *Ibid.*, p. 136.
51. À ne pas confondre avec Phérécyde d'Athènes, auteur de généalogies dont il sera question par la suite.
52. Théopompe, *in* DL, I.116 (= Schibli, F 1).
53. Schibli, 1990, p. 2.
54. Diogène Laërce, I. 119 (= Schibli, F 14).
55. Schibli, 1990, p. 14-49.
56. Aristote, *Métaphysique*, 1091 a 29 - b 12 (= Schibli F 81).
57. Voir Tozzi, 1967, p. 587. Il est d'ailleurs à noter que le débat se poursuit parmi les commentateurs modernes : ainsi P. Tozzi conclut que dans la confrontation d'Akousilaos et de la tradition théogonique, on ne repère rien qui pourrait faire penser à une innovation radicale et originale (*art. cit.*, p. 594-595). Nous ne partageons pas ce point de vue.
58. Remarque de Mazzarino, 1983, p. 69-70, qui montre de ce point de vue la continuité linguistique entre l'épos et la première historiographie grecque.
59. Par ex. *FGrHist* 2 F 3.
60. *FGrHist* 2 F 2.
61. Voir Detienne, 1981, p. 123-154.
62. *FGrHist* 2 T 6. L'attribution à Akousilaos d'une *diorthôsis*, cette opération centrale de la philologie alexandrine, est évidemment le fruit d'une interprétation rétrospective. Du moins nous éclaire-t-elle sur la façon dont un auteur du Ier siècle de notre ère a perçu le lien entre Akousilaos et Hésiode.
63. *FGrHist* 2 F 14.
64. *FGrHist* 2 F 15; Hésiode, *Théogonie*,v. 378-380. Voir Tozzi, 1967, p. 593-594. Autre exemple d'éclaircissement du texte homérique : *FGrHist* 2 F 3.
65. *FGrHist* 3 F 169.
66. *FGrHist* 2 F 39.
67. Tozzi, 1967, p. 602.
68. Hérodote, *Histoires*, II.120.
69. Voir par ex. *FGrHist* 2 F 6c : « On débat pour savoir qui il faut considérer comme les parents d'Éros. Hésiode, en effet, dit que ce sont Chaos et Gê; Simonide, Arès et Aphrodite; Akousilaos, la Nuit et l'Éther; Alcée, Iris et Zéphyr; Sapho, Aphrodite et Ouranos; etc. »
70. *FGrHist* 2 F 33.

71. Voir Mazzarino, 1983, p. 69.

72. *FGrHist* 2 F 1 ; voir Hésiode, *Théogonie*, v. 337.

73. *FGrHist* 2 F1. Sur le style d'Akousilaos, voir aussi les remarques de Tozzi, 1967, p. 607-609, qui montre comment le souci de rationalisation entraîne un « appauvrissement fantastique du langage ».

74. *FGrHist* 3 F 15c. Il s'agit de Phérécyde d'Athènes.

75. *FGrHist* 2 T 1. La plupart des modernes considèrent que cette anecdote est une invention d'époque hellénistique. Voir Tozzi, 1967, p. 605, et la discussion mesurée de Mazzarino, 1983, p. 61.

76. Voir Vernant, 1974, p. 132-134.

77. Nous prolongeons ici une intuition de Thomas, 1989, p. 184, qui, avec la prudence de rigueur, est comme nous tentée de saisir les implications de ce récit : « *It is an interesting attempt to claim written and documentary sources for an early work of coordination.* »

78. *FGrHist* 2 F 13 (Hésiode, *Théogonie*, v. 306 sq.).

79. *FGrHist* 1 F 27.

80. *FGrHist* 1 F 21.

81. *FGrHist* 1 F 17.

82. *FGrHist* 2 F 37.

83. *FGrHist* 2 F 35.

84. Detienne, 1981, p. 145.

85. *FGrHist* 1 F 19.

86. Funke, 1986, p. 79.

87. *FGrHist* 2 T 6.

88. Jacoby, 1949, p. 122.

89. Pausanias, *Périégèse de la Grèce*, IV.2.1 ; VII.4.1.

90. Fornara, 1983, p. 5 et 7. Sur l'inadéquation de la catégorie du mythique et de l'histoire légendaire, voir Calame, 1990, p. 278-280.

91. *FGrHist* 2 F 23a-c.

92. *FGrHist* 2 F 25.

93. *FGrHist* 2 F 24 (= Paus. II.16.4).

94. West, 1985, p. 76.

95. *Ibid.*, p. 166.

96. Hartog, 1991b, p. 184-185.

97. On peut d'ailleurs s'interroger sur la complémentarité des modèles de la périégèse et de la généalogie, attestés l'un et l'autre dans l'œuvre d'Hécatée de Milet : deux formes de logique d'exposition (parcours dans l'espace ou dans le temps), orientées, non réversibles, immuables, se prêtant à des compléments ou des digressions transversales, et offrant un principe d'ordre pour cataloguer les lieux et les héros mythiques, à travers la motivation de l'onomastique. Sur la place de l'éponymie mythique dans la *Périégèse* d'Hécatée, voir Mazzarino, 1983, p. 73.

98. West, 1985, p. 10.

99. *FGrHist* 2 F 24 ; voir Mazzarino, 1983, p. 62 ; Tozzi, 1967, p. 605.

100. Voir Calame, 1987, sur le récit généalogique spartiate.

101. *Ibid.*, p.70.

102. De Polignac, 1984, p. 127-151.

103. Voir Thomas, 1989, p. 155-195.

104. *FGrHist* 323a F 24.

105. *FGrHist* 3 F 59.

106. *FGrHist* 3 F2; 4 F22. Voir Thomas, 1989, p. 161-173.

107. Même information chez Hérodote VI.35, qui affirme que la lignée d'Éaque est devenue athénienne à partir de Philaios. Il donne toutefois de la généalogie des Philaides une version très différente.

108. Hérodote, II.143.

109. Voir la contribution de M. Detienne à ce volume.

110. Nous suivons ici les analyses de Malkin, 1987.

111. *FGrHist* 2 F 29. Tozzi, 1967, p. 599, souligne qu'aucun autre auteur ancien ne suggère ce synchronisme.

112. *FGrHist* 4 F 168a.

113. Strabon, *Géographie*, VIII.6.2, C 368.

114. Hérodote, II.143.

115. *FGrHist* 3 F 59.

116. *FGrHist* 4 F 74-84.

117. Thucydide, II.2.1.

118. Fornara, 1983, p. 28. Respectivement, *FGrHist* 4 F 74, 75, 76, 77, 83, 79, 84.

119. Hellanikos est par ailleurs l'auteur d'*Argolika* (*FGrHist* 4 F 36). Jacoby, 1949, p. 59, considère que les événements n'étaient pas datés par les prêtresses de l'Héraion, mais par la liste des rois d'Argos.

120. *FGrHist* 4 F 79b.

121. *FGrHist* 4 F 85a. La fondation des Carnéennes est datée par Sosibios de la vingt-sixième Olympiade (676/3).

122. *FGrHist* 4 F 85b.

123. Jacoby, 1949, p. 58-59, qui propose un parallèle avec l'anagraphé de Sicyone, liste de poètes et de musiciens datés selon les prêtresses de l'Héraion et dédiée par Héraclide Pontique (Plutarque, *De mus.*, 3, 1132a).

124. Jacoby, 1949, p. 134-135.

125. Jacoby, 1949, p.89.

126. *Ibid.*, p. 121. L'œuvre d'Hellanikos marque donc une étape importante par rapport à celle de Phérécyde d'Athènes, « premier prosateur athénien », qui avait déjà rassemblé des traditions attiques et notamment réécrit l'histoire de Thésée. Voir Jacoby, 1947.

127. Jacoby, 1949, p. 72 et n. 9, p. 291.

128. *Ibid.*, p. 71-79.

129. Hartog, 1991b, p. VI.

130. Hérodote, *Histoires*, III.122. Sur ce texte, voir Fornara, 1983, p. 7.

131. Voir Sauge, 1992.

132. Ce mécanisme a été souligné par Canfora/Corcella, 1992, p. 433-434.

133. Voir Polybe, I.5.3.

134. Polybe, IX.1.1.

135. Canfora/Corcella, 1992, p. 436.

136. Platon, *Timée*, 22a 4 - b 3 (trad. L. Brisson).

137. Platon, *Hippias Majeur*, 285d-286a.

138. Polybe, *Histoires*, IX.1.1.

139. Thucydide, I.21.1.

140. Les généalogistes comme Phérécyde et Akousilaos ont d'ailleurs largement nourri l'érudition antiquaire des Alexandrins, comme Callimaque et Apollonios.

* Alain Ballabriga, Claude Calame et Marcel Detienne ont bien voulu lire ce texte, à diverses étapes de son élaboration. Je les remercie chaleureusement pour leurs observations et suggestions.

11. Écriture de l'histoire géorgienne, ou la mythologie travestie

* *Remarque.* Toutes les conceptions présentées ici, avec la démarche qui les appuie, sont nouvelles — à part ce qui est dû à Françoise Thélamon (le parallèle, très important, entre la conversion officielle au christianisme et un mythe de fondation de la Géorgie païenne). C'est dire que la vision que je propose reste pratiquement sans rapport avec celle qui est aujourd'hui de mise. Elle se fonde sur une série de travaux personnels pour l'instant inédits, et dont je me borne à indiquer les principaux résultats. Les analyses, que je ne puis ici qu'esquisser, appellent pour la plupart de longues et minutieuses démonstrations, mobilisant à la fois un grand nombre de récits historiques, légendaires, mythologiques, et toutes les ressources de l'érudition, avec leur pesant appareil : elles seront rendues publiques dans un cadre mieux approprié. Jusqu'alors, le lecteur devra me faire, pour l'essentiel, confiance.

Je tiens aussi à préciser un point, sans grande portée scientifique, mais qui a peut-être son prix pour nombre de chrétiens du Caucase ou d'ailleurs : en dépit des apparences, mes hypothèses n'impliquent nullement qu'il faille tenir le récit de la conversion pour pure légende, ou, encore moins, rejeter l'illuminatrice de la Géorgie dans les limbes de l'hagiographie apocryphe. Cette belle histoire est trop poétique pour que je me résigne à la bannir de la mémoire vivante. Ma vision des temps lointains et de leurs énigmatiques rapports avec le Jour d'Aujourd'hui (c'est un dieu, en Caucasie) s'accommode tout aussi bien de la foi que de l'impiété : chacun restant libre de décider selon le cœur ou selon l'esprit, tout le monde devrait y trouver son compte. Sauf, sans doute, la doctrine officielle de l'Église orthodoxe.

1. T.V. Gamkrelidze, *C'eris anbanuri sist'ema da dzveli kartuli damc'erloba* (Le système alphabétique et l'écriture en vieux géorgien), Tbilissi, 1990. Ce livre capital met fin à plus d'un siècle de polémiques sur l'origine et l'âge de l'écriture géorgienne : il est maintenant bien établi que le modèle en fut, pour l'essentiel, le grec, et que son « invention » est postérieure à l'évangélisation du royaume, vers 338.

2. Leont'i Mroveli, *Cxovreba mepeta kartlisa* (Vie des rois du Kartli), in *Kartlis cxovreba* (Vie du Kartli), éd. Q'auxchishivili, I, Tbilissi, 1956, p. 3-71. L'ensemble du recueil est désormais cité KC I.

3. KC I, p. 17.

4. KC I, p. 20 ; récit plus circonstancié dans une autre chronique, *Mokcevay kartlisay* (Conversion du Kartli), éd. Takaishvili, *Opisanie* II, p. 709.

5. KC I, p. 20-26.

6. KC I, p. 26-27.

7. Ce type de récits mythiques a été étudié en détail dans G. Charachidzé, *Le Système religieux de la Géorgie païenne*, Paris, 1968, p. 456-470, où huit variantes caractéristiques sont citées et traduites *in extenso*.

8. Groupe I : Charachidzé, 1968, p. 456-458 ; groupe II : *ibid.*, p. 458-469 et Bardavelidze, *Aghmosavlet sakartvelos mtianetis sazogadeobriv-sak'ult'o dzeglebi*, I, Tbilissi, 1974, p. 188-190 ; groupe III : *ibid.* p. 351-352 et T. Ochiauri, *Mitologiuri gadmocemebi aghmosavlet sakartvelos mtianietshi* (Traditions mythologiques chez les montagnards de Géorgie orientale), Tbilissi, 1967, p. 38-61 ; Bardavelidze, *op. cit.*, p. 91-95, 137-138 ; groupe IV : Ochiauri, *op. cit.*, p. 110-112, et Bardavelidze, *op. cit.*, p. 71-73.

9. Charachidzé, *op. cit.*, p. 420-422 et Ochiauri, *op. cit.*, p. 159-163.

10. Bardavelidze, *op. cit.*, *passim*. Bardavelidze souligne la grande extension et la popularité de ce type de fondation (p. 106, 3, 30). Z. K'ik'nadze, *Kartul mitologiur gadmocemata sist'ema* (Système des traditions mythologiques géorgiennes), Tbilissi, 1985, p. 40-47.

11. Leont'i Mrovoli, *Mokceva kartlisa*, KC I, p. 72-130.

12. C'est à Françoise Thélamon que l'on doit la découverte de ce parallélisme entre l'histoire écrite de la conversion et les mythes de fondation de la montagne géorgienne. Son article capital de 1972 et son livre de 1981 ont ouvert une voie nouvelle en caucasiologie : « Histoire et structure mythique », *Revue historique*, 501, janvier-mars 1972, p. 5-28 ; *Païens et chrétiens au IVe siècle. L'apport de l'« Histoire ecclésiastique » de Rufin d'Aquilée*, Paris, 1981, p. 85-122.

13. 1. Celle que Leont'i Mroveli a incorporée à sa chronique, voir note 12, ci-dessus. 2. *Ninos cxovreba* (Vie de Nino). *Dzveli kartuli agiogriapuli lit'erat'uris dzeglebi* (Monuments de la littérature géorgienne ancienne), éd. Abuladze *et al.*, I, Tbilissi, 1963, p. 83-90 ; trad. allemande de G. Pätsch, *Bedi Kartlisa*, XXXIII, Paris, 1975, p. 288-337. 3. *Cxorebay c'midisa ninoysi* (Vie de sainte Nino), *ibid.*, p. 98-163. 4. *Cxorebay da mokalakebay da ghuac'li c'midisa... ninoysi...* (Vie, actes et mérite de sainte... Nino...) *id.*, III, Tbilissi, 1971, p. 7-51. 5. *Cxorebay da mokalakebay... mocikulta sc'orisa ninoysi* (Vie et actes... de Nino, égale des Apôtres), *ibid.*, p. 52-93.

14. Pour les versions arménienne et latine, voir plus loin, resp., notes 28 et 40.

15. Bardavelidze, *op. cit.*, p. 130-131 ; photographie de l'arbre-clocher planche 72.

16. Charachidzé, *op. cit.*, p. 212-213. Il faut préciser que, dans la montagne géorgienne, la croix comme ornement et symbole est attestée depuis plus de deux millénaires, donc bien avant l'apparition de la religion chrétienne.

17. Resp. : KC I, p. 20, 89, 27, 29.

18. Ou encore 135, 15. C'est devenu un lieu commun chez les Prophètes : Osée 8, 4 ; Isaïe 40, 18-20 et 44, 9-20 ; Jérémie 10, 3-9, etc.

19. Psaumes 106, 37-38, et aussi 115, 4-7 ; Ézechiel 16, 20-21 ; Jérémie 7, 31 ; 19, 15 ; 32, 35 ; 2 Rois 16, 3 ; 21, 6 ; 23, 10 ; 17, 16-17 ; Isaïe 57, 5, etc. Pour les sacrifices de premiers-nés : 1 Rois 16, 34 ; 2 Rois 3, 27 ; Juges 11, 34-39 et *passim*.

20. *Povest' vremennyx let* (Récit des ans révolus), éd. Likhachev, I, Moscou-Léningrad, 1950, année 980, § 5, p. 57.

21. Références *in* J. Vendryès, *La Religion des Celtes*, coll. Mana, 2, III, Paris, 1948, pp. 314 et 319-320 ; J. de Vries, *Keltische Religion*, Stuttgart, 1961, p. 224-229.

22. Voir plus haut, note 14, n° 4, p. 68.

23 Littéralement « (digne) du sacrifice ». Voir, en pehlevi, *yazdân* « dieux » ; et surtout

ossète *zæd* « génie païen » (génitif pluriel *zædtæn*). Déjà attesté dans les inscriptions gréco-scythes (c.-à-d. : du scythique en caractères grecs) du Bosphore Cimmérien (la Crimée et ses alentours) : Iazadagos (* *yazata* + *-æg*). Cf. G. Widengren, *Die Religionen Irans*, Stuttgart, 1965, p. 94 et 160-161.

24. Notamment en Asie Mineure, en Commagène, sous la forme *dên*, Widengren, *op. cit.*, p. 226.

25. Employé surtout dans la combinaison *Gaya marytan-*, plus couramment *Gayômart*, « la vie mortelle », c'est-à-dire l'« Homme primordial », cf. Widengren, *op. cit.*, p. 51 ; M. Molé, *Culte, mythe et cosmologie dans l'Iran ancien*, Paris, 1963, p. 202-203 et *passim*.

26. Badagon est cité par Euthyme l'Hagiorite, avec Armaz et Ga(ts). Voir, pour l'iranien, l'inscription scythique du Bosphore *Badagos*, nom propre, mais provenant d'un titre, peut-être « celui qui siège », voir ossète *Badæg* « siégeant » (de *bad-yn* « être assis » + suffixe *-æg*, lui aussi nom propre (même formation en scythique, ou *-ag-os* renvoie à *-aka* (+ le suffixe grec *-os*).

27. Charachidzé, *op. cit.*, p. 447. Emprunté, plus tard, aux Géorgiens par leurs voisins ossètes, mi-païens, mi-chrétiens, qui en ont fait le génie *Saniba*, ainsi qu'un nom de lieu, V. Abaev, *Istoriko-êtimologicheskij slovar' osetinskogo jazyka*, I, Moscou-Leningrad, 1958 ; II-III-IV, Leningrad, 1973, 1979, 1988 (III, p. 30-31).

28. Ce que montre très clairement le premier récit original de la littérature géorgienne, *Le Martyre de sainte Shushanik*, écrit, sans doute possible, entre 474 et 484 : Iak'ob Khucesi, *C'amebay c'midisa shushanik'isi*. Traduction française de Serge Tsouladzé : *Bedi Kartlisa*, XXXVI, Paris, 1978, p. 56-68.

29. L'idée d'interpréter le recours à l'onomastique zoroastrienne comme refus de nommer les dieux a pour point de départ des remarques de Marcel Detienne (séminaire de juin 1992 à la Sorbonne, et Festival de Taormina, septembre 1992).

30. Film réalisé par Hugo Zemb, ethno-musicologue au CNRS, durant l'été 1991 chez les Pshav fixés dans la plaine de Kakhétie, au sanctuaire du dieu Lashari et à celui, jumelé au précédent, de la déesse Tamar. M. Zemb a eu l'obligeance de me faire projeter le film dès son retour, puis de m'en confier une copie, ainsi que les transcriptions réalisées sur place, que j'ai bien volontiers contrôlées et révisées.

31. J'utilise une édition des Mékhitaristes de Venise (1827) : Mowsêsi Xorenacvoj, *Pat'moutiun Hayoc* (Histoire des Arméniens), Venise, rééd. 1955, chap. 86, p. 381-387. On peut se reporter à l'édition savante de Thomson, commentée et traduite en anglais : Moses Khorenats'i (Moïse de Khorène), *History of the Armenians*, trad. et comm. de R. W. Thomson, Londres, 1978. Mais désormais le lecteur français aura plaisir à lire en français la belle et solide traduction due à Annie et Jean-Pierre Mahé, à paraître en 1994, éd. Gallimard. Sauf indication contraire, je me réfère ici au texte de l'édition des Pères Mékhitaristes de Venise (rééd. 1955).

32. Moïse de Khorène, *op. cit.*, p. 386.

33. Elle « commence » (texte arménien) par le pays des Klardj, c'est-à-dire l'extrême sud-ouest de la Géorgie ; puis elle passe par la « Porte des Alains », c'est-à-dire le Darial, au nord du pays, à la frontière de l'Ossétie, et par les « Portes caspiennes », non loin de Derbent, sur la mer Caspienne ; enfin, elle poursuit « jusqu'aux frontières des Maskut », le nord-est de l'actuel Azerbaïdjan, pour revenir à son point de départ, au sud-est de la Géorgie, d'où elle gagne la capitale, Mtskheta. Elle a donc entièrement contourné le royaume d'Ibérie.

34. Charachidzé, *op. cit.*, p. 196 ; Bardavelidze, *op. cit.*, *passim*.

35. Pour tous ces débats, voir l'étude très documentée et tout à fait convaincante de V. Beridze, « K'vlav adrekrist'ianuli khurotmodzghvrebis shesakheb » (Encore à propos de la première architecture chrétienne), *Mnatobi*, 1986, 7, p. 134-156. V. Beridze est à l'heure actuelle le meilleur historien de l'architecture religieuse géorgienne.

36. On trouvera tous les faits architecturaux scientifiquement étudiés dans l'article de Beridze, p. 138-139, 149-152 et *passim*.

37. Il est fort possible également que les premiers bâtisseurs d'églises dans la Géorgie du Ve siècle se soient inspirés du modèle zoroastrien, car les temples du feu présentent les mêmes caractères : quadrangulaires, leurs faibles dimensions (les mêmes qu'en Ibérie nouvellement chrétienne) interdisent aux fidèles d'y pénétrer, seuls les prêtres y ayant accès. Ce qui ne change rien, d'ailleurs, au problème qui nous occupe ici. Pour les temples du feu dans la Perse ancienne, voir Widengren, *op. cit.*, p. 131, 188, 229, 338 ; schémas : p. 358-359.

38. Moïse de Khorène, *op. cit.*, p. 381-383.

39. Rufin d'Aquilée, *Histoire ecclésiastique*, I, 11, p. 973-976, éd. Mommsen, GCS, IX, 2, Leipzig, 1903-1909. Traduction française : Thélamon, 1972, p. 6-8.

40. On doit cette découverte à Françoise Thélamon, dont je reprends à mon compte les conclusions : « Par sa structure comme par les éléments qu'il met en œuvre, le mythe de Rufin a tous les caractères d'un mythe de fondation géorgien » (1972, p. 27).

41. Toutes ces procédures sont étudiées dans le grand livre de Gramkrelidze sur l'écriture géorgienne (1990, p. 198-201, 304-305). L'auteur reprend à son compte, pour l'appliquer à l'Ibérie préchrétienne, l'idée de Gershevitch d'une « alloglottographie », concept qu'il précise, remanie et améliore. Voir aussi I. Gershevitch, « Alloglottography of Old Persian », *Transactions of the Philological Society*, Londres, 1979, p. 114-190.

Bibliographie

MARCEL DETIENNE
Ouverture

La création dans l'Orient ancien, Paris, Le Cerf, 1988.
BEAUNE C., 1985, *Naissance de la nation France*, Paris, Gallimard.
BENSA Alban, 1987, « Vers Kanaky, tradition orale et idéologie nationaliste en Nouvelle-Calédonie », *in* MM. Jocelyne Fernández-Vest, éd., *Kalevala et traditions orales du Monde*, Paris, CNRS, 423-438.
DETIENNE M., éd., 1988, *Les savoirs de l'écriture. En Grèce ancienne*[2], Lille, PUL, 1992.
DETIENNE M., 1981, *L'invention de la mythologie*[2], Paris, Gallimard, coll. Tel, 1992.
DETIENNE M., 1988, « L'espace de la publicité : Ses opérateurs intellectuels dans la cité », *in* M. Detienne, éd., *Les savoirs de l'écriture. En Grèce ancienne*[2], Lille, PUL, 1992.
DETIENNE M., 1991, « Fondare, creare, pensare l'inizio tra la Grecia e Israele », *in* L.Preta, éd., *La narrazione delle Origini*, Bari-Rome, Laterza, 109-116.
DUMÉZIL G., 1966, *La religion romaine archaïque*[2], Paris, Payot, 1974.
ELLUL J., 1976, *Sans feu ni lieu. Signification biblique de la Grande Ville*, Paris, Gallimard.
GABRIEL J., 1959, « Die Kainitengenealogie », *Biblica*, 40, 409-427.
GODART L., 1990, *Le pouvoir de l'écrit. Au pays des premières écritures*, Paris, A. Colin.
GUÉNÉE B., 1982, *Politique et Histoire au Moyen Âge*, Paris, PUF.
HARTOG F., 1991, « Écritures, généalogies, archives, histoire en Grèce », in *Mélanges Pierre Lévêque*, Besançon, t. V, 181-183.

HUBAUX J., 1945, *Les grands mythes de Rome*, Paris.
LÉVI-STRAUSS Cl., 1968, *L'origine des manières de table*, Paris.
MACÉ F., 1989 , « La structure des mythes du kojiki », *Kojiki Shinwa no kôzô*, Chûôkôron.
MILLER J.·M., 1974, « The Descendants of Cain. Notes on *Genesis* 4 », *Zeitschrift für die altestamentliche Wissenschaft*, 86, 164-174.
PAUL A., 1987, *Le judaïsme ancien et la Bible*, Paris.
VANDERMEERSCH L., 1989, « Vérité historique et langage de l'histoire en Chine », *in* A.Lichnerovicz et G.Gadoffre, éd., *La vérité est-elle scientifique ?*, Paris, Éditions universitaires, p. 72.
YERUSHALMI Y., 1984, *Zakhor. Histoire juive et mémoire juive*, Paris, La Découverte.

GÉRARD LENCLUD
Qu'est-que la tradition ?

ARENDT H., 1972, *La crise de la culture*, Paris, Gallimard, coll. Folio-Essais.
BIDOU P., 1986, « Le mythe : une machine à traiter l'histoire. Un exemple amazonien », *L'Homme*, n° 100, 65-91.
BOYER P., 1986, « The Stuff Traditions Are Made Of. On the Implicit Ontology of an Ethnographic Category », *Philosophy of the Social Sciences*, n° 21, 50-64.
BOYER P., 1990, *Tradition as Truth and Communication : a Cognitive Description of Traditional Discourse*, Cambridge, Cambridge University Press.
CHAUVET L.M., 1989, « La notion de tradition », *La Maison-Dieu*, n° 178, 7-46.
CONGAR Y., 1984, « Tradition », *Dictionnaire des religions*, Paris, PUF.
DERRIDA J., 1967, *De la grammatologie*, Paris, Éditions de Minuit.
GOODY J., 1977, « Mémoire et apprentissage dans les sociétés avec et sans écriture : la transmission du Bagré », *L'Homme*, 17 (1), 29-52.
GOODY J., 1979, *La raison graphique. La domestication de la pensée sauvage*, Paris, Éditions de Minuit.
HOBSBAWM E. et RANGER T., éd, 1983, *The Invention of Tradition*, Cambridge, Cambridge University Press.
HOUSEMAN M. et SEVERI C., à paraître, *Le naven ou le donner à voir : vers une théorie de l'action rituelle*, Paris, Éditions de la MSH-CNRS.
JAUSS H.R., 1990, *Pour une esthétique de la réception*, Paris, Gallimard.

KOSELLECK R., 1990, *Le futur passé. Contribution à la sémantique des temps historiques*, Paris, Éditions de l'École des hautes études en sciences sociales.
LEACH E.R., 1972, *Les systèmes politiques des hautes terres de Birmanie*, Paris, François Maspero.
LENCLUD G., 1987, « La tradition n'est plus ce qu'elle était... », *Terrain*, n° 9, 110-124.
LENCLUD G., à paraître, « Traditions and History », Actes du colloque « Tradition : continuité et invention dans les sociétés nord-amérindiennes », *in* Mauzé M., éd.
MANN T., 1937, *Avertissement à l'Europe*, Paris, Gallimard.
NIETZSCHE F., 1990, *Considérations inactuelles I et II* (1869-1874), Paris, Gallimard.
POUILLON J., 1975, *Fétiches sans fétichisme*, Paris, François Maspero.
POUILLON J., 1993, *Le cru et le su*, Paris, Le Seuil.
RICŒUR P., 1985, *Temps et récit. Le temps raconté*, Paris, Le Seuil.
TODOROV T., 1978, *Les genres du discours*, Paris, Le Seuil.
WEIL E., 1991, *Essais et conférences*, t. 2 (Le Politique), Paris, Vrin.

CARLO SEVERI
Paroles durables, écritures perdues

BOYER P., 1993, *Cognitive Aspects of Religious Symbolism*, Cambridge, Cambridge University Press.
CHAPIN M., 1990, *Pap-Ikala*, Quito.
COHEN M., 1958, *La grande invention de l'écriture*, Paris, CNRS.
CUMMINS T., à paraître, « From Lies to Truth : Colonial Ekphrasis and the Act of Cross-Cultural Translation », présenté au colloque « Recreating the World : An Interdisciplinary Approach to the American Indians Art », 1993, Courtauld Institute, Londres.
DEFRANCIS J., 1990, *Visible Speech. The Diverse Oneness of Writing*, Hawai University Press.
DETIENNE M., 1981, *L'invention de la mythologie*, Paris, Gallimard.
DETIENNE M., 1988, « L'écriture et ses nouveaux objets intellectuels en Grèce » *in* M. Detienne, éd., *Les savoirs de l'écriture en Grèce ancienne*, Lille, PUL, 1992.
DIRINGER D., 1937, *L'alfabeto nella storia della civiltà*, Florence, Barbera.
ELLIOT JOYCE J., 1934, « Lionel Wafer and his Times », *in* L. Wafer, *A New Description of the Isthmus of America*, Oxford, Hakluyt Society.

ELLIOT JOYCE L.E., 1934, « Early Spanish Colonies in the Darién » *in* L. Wafer, *A New Description of the Isthmus of America*, Oxford, Hakluyt Society.
FERNÁNDEZ DE ENCISO M., 1857, (1re éd. 1519), *Descripción de las islas occidentales*, Santiago du Chili.
FERNÁNDEZ DE OVIEDO Y VALDES G., 1851-1855, *Historia general y natural de las Indias*, (4 vol.), Madrid.
GASSO L., 1910-1914, « La mision de San José de Nargana entre los Karibes », *Las Misiones Catolicas*, vol. XVIII-XXII, Barcelone.
GELB I.J., 1952, *A Study of Writing*, Londres. Éd. fr., *Théorie de l'écriture*, Paris, Flammarion, 1958.
GELB I.J., 1979, « Writing », *Encyclopædia Britannica*, 1033-1045.
GIRARD R., *Popol-Vuh, Histoire culturelle des Maya-Quiché*, Paris, Payot.
GOODY J. et WATT J., 1968, *Literacy in Traditional Societies*, Cambridge, Cambridge University Press.
GOODY J., 1977, « Mémoire et apprentissage dans les sociétés avec et sans écriture ; la transmission du Bagré », *L'Homme*, 29-52.
GOODY J., 1987, *The Interface Between the Oral and the Written*, Cambridge, Cambridge University Press.
HEWITT, FENTON, « Some Mnemonic Pictographs Relating to the Iroquois Condolence Council », *Journal of the Washington Academy of Sciences*, 35, 10, pp. 301-315.
HOFFMANN W.J., « Pictography and Shamanistic Rites of the Ojibwa », *American Anthropologist*, 1, 209-229.
HOLMER N., 1947, *A Critical and Comparative Grammar of the Cuna Language*, Göteborg.
HOLMER N., 1951, *Cuna Chrestomathy*, Göteborg.
HOLMER N. et WASSEN H., 1953, *The Complete Mu Ikala*, Göteborg.
HOLMER N. et WASSEN H., 1958, *Nia ikala, canto magico para curar la locura*, Göteborg.
HOWE J., 1986, *The Kuna Gathering*, Austin, Texas University Press.
HYMES D., 1981, *In Vain I Have Tried to Tell you. Essays in American Indian Ethnopoetics*, Philadelphie, University of Pensylvania.
KINIETZ V., « Birch Bark Records among the Chippewa », *Proceedings of the Indiana Academy of Science*, 49.
KRAMER F., 1970, *Literature among the Cuna Indians*, Göteborg.
LEHMANN W., 1920, *Zentral-Amerika*, vol. I, fasc.1, Berlin.
LOWIE R., 1915, « Oral Tradition and History. Discussion and Correspondence », *American Anthropologist*, 17, pp. 597-599.
LOWIE R., 1917, « Oral Tradition and History », *Journal of American Folklore*, 30, pp. 161-167.

MALAMOUD Ch., 1983, « Hiérarchie et technique », *in* P. Achard, éd., *Histoire et linguistique*, Paris, Maison des Sciences de l'Homme.
MALLERY G., 1886-1893, *Picture Writing of the American Indians*, 2 vol., Washington.
MARTIRE P., 1577, *De rebus oceanicis et novo orbe, decades tres, Petri Martiris ab Angleria Mediolanensis*, Cologne.
MONOD A., GALARZA J., 1977, *Doctrina christiana*, Paris, Société d'ethnographie.
NORDENSKIÖLD E., 1928, *Picture Writings and Other Documents*, Comparative Ethnographical Studies, VII, Göteborg.
NORDENSKIÖLD E., 1938, *An Historical and Ethnological Survey of the Cuna Indians*, Comparative Ethnological Studies, vol. 10, Göteborg.
PAGDEN A., 1982, *The Fall of the Natural Man -The American Indian and the Origins of Comparative Ethnology*, Cambridge, Cambridge University Press.
PRESTAN A., 1975, *El uso de la chicha y la sociedad cuna*, Mexico, Instituto Indigenista Interamericano.
ROSSI P., 1990, (2e éd.), *Clavis Universalis. Arte della memoria da Lullo a Cartesio*, Bologne, Il Mulino.
ROSSI P., 1992, *La memoria e l'oblio*, Bologne, Il Mulino.
SANGRO R. di, 1982, « Parole Maestre », *Tauma* 3, Naples, éd. or., 1750.
SAUER C., 1969, *The Early Spanish Main*, Berkeley, University of California Press.
SCHOOLCRAFT A.R., 1851 (1re partie), *Historical and Statistical Information Respecting the History, Condition and Prospects of the Indian Tribes of the United States*, 6 vol., Philadelphie, Lippincott.
SEVERI C., 1982, « Le chemin des métamorphoses — Un modèle de connaissance de la folie dans un chant chamanique cuna », *Res — Anthropology and Aesthetics*, 3, pp. 32-67.
SEVERI C., 1985, « Penser par séquences, penser par territoires — Cosmologie et art de la mémoire dans la pictographie des Indiens Cuna », *Communications*, 41, pp. 169-190.
SEVERI C., 1987, « The Invisible Path — On the Ritual Representation of Suffering in Cuna Shamanistic Tradition, *Res- Anthropology and Aesthetics*, 14, pp. 66-85.
SEVERI C., 1990, « Cristallizzazione e dispersione del sapere nella tradizione cuna », *in* G. Cardona, éd., *La trasmissione del Sapere*, Rome, 255-277.
SEVERI C., 1993 a, « La mémoire rituelle, expérience, tradition, historicité », *in* A. Monod et A. Molinié, *Mémoires de la tradition*, Paris, Société d'ethnologie-Nanterre.

SEVERI C., 1993 b, « Talking about Souls », *in* P. Boyer, *Cognitive Aspects of Religious Symbolism*, Cambridge, Cambridge University Press.
SEVERI C., 1993 c, « Protée ou la propagation d'une forme. Art primitif et mémoire », *in Actes du Colloque international d'histoire de l'art*, Berlin, Akademie Verlag.
SEVERI C., GOMEZ E., 1983, « Nia Ikala, Los pueblos del camino de la locura. Texto cuna y traducción española », *Amerindia, Revue d'ethnolinguistique amérindienne*, 8, pp. 129-179.
SHERZER J., 1990, *Verbal Art in San Blas*, Cambridge, Cambridge University Press.
SHERZER J., HOWE J., 1989, *Mitos y cantos de la tradición cuna*, Panamá, Université de Panamá.
SIMON Pedro, 1882, *Noticias historiales de las conquistas de Tierra Firme*, vol. IV, Bogota.
STAAL F., 1961, *Nambudiri Veda Recitation*, La Haye.
STRADELLI E., 1890, « L'Uapès », *Bulletin de la Société géographique italienne*, série III, 3 : 425-453.
STRADELLI E., « Iscrizioni indigene della regione dell' Uapès », *Bulletin de la Société géographique italienne*, V.
TAYLOR A. Ch., 1993, « Remembering to forget », *Man*, vol. 28, 1993.
TAYLOR A.R., 1975, « Nonverbal Communication Systems in Native North America », *Semiotica*, 13, 4.
TEDLOCK D., 1983, *The Spoken Word and the Work of Interpretation*, Philadelphie, University of Pensylvania Press.
TRIANA Miguel, 1921, *La civilisación Chibcha*, Bogota.
ULLOA A., 1992, *Kyparà — Dibujo y pintura, dos maneras waunana de ver el mundo*, Bogota.
VANSINA J., 1973, *The Tio Kingdoms of the Middle Congo*, Londres.
VANSINA J., 1976, *La tradition orale*, (éd. ital.), Rome.
VIVEIROS DE CASTRO E., 1991, *From the Enemy Point of View*, Chicago, Chicago University Press.
WAFER L., 1934, *A New Description of the Isthmus of America*, Oxford, Hakluyt Society.
YATES F., 1966, *The Art of Memory*, Londres.

FRANÇOIS MACÉ
La double écriture des traditions dans le Japon au VIIIe siècle

CARTIER M., 1986, « Mythes historiques ou histoire mythique », *Extrême-Orient Extrême-Occident*, 9.

HÉRAIL F., 1977, *Fonctions et fonctionnaires japonais au début du XIe siècle*, POF.
MACÉ F., 1986, *La mort et les funérailles dans le Japon ancien*, POF.
MACÉ F., 1989 a, « Les funérailles des souverains japonais », *Cahiers d'extrême Asie*, EFEO.
MACÉ F., 1989 b, *Kojiki shinwa no kôzô*, Chûôkôron.
MACÉ F., 1990, « Le Japon des origines à la fin du VIIe siècle », *in Histoire du Japon* » (dir. F. Hérail), Horvath, 7-57.
MACÉ F., 1991, « Nihon shinwa ni okeru shizenkan », *in Sekai no naka no nihon II*, Kokusai nihonbunka kenkyû sentâ, 97-116.
MACÉ F., 1992 a, « Les rites d'avènement au Japon — La création d'une tradition », *Cipango*, 1, Inalco, 12-34.
MACÉ F., 1992 b, « Serment, ordalie et divination dans le Japon archaïque », *Estudos japoneses*, 12, São Paulo, 13-14.

LÉON VANDERMEERSCH
L'imaginaire divinatoire dans l'histoire en Chine

La chronique de la principauté de Lou, 1951, trad. fr. de S. Couvreur, Paris, Cathasia (Belles Lettres).
CHENG A., 1985, *Étude sur le confucianisme Han*, Mémoires de l'Institut des hautes études chinoises, vol. XXVI, Paris.
VANDERMEERSCH L., 1990, « Écriture et langue graphique en Chine », *Le Débat*, 62, novembre-décembre, Paris, Gallimard, 61-73.
WOO Kang, 1932, *Les trois théories politiques du Tch'ouen Ts'ieou*, Paris, Ernest Leroux.

GILBERT HAMONIC
L'histoire, comme éclatée...

ANDI' ZAINAL ABIDIN FARID, 1975, « Exercice de l'autorité et éthique gouvernementale : maximes de sagesse d'hommes d'État bugis et makassar du XVe au XVIIe siècle », *Archipel*, n° 10, 135-151.
CENSE A.A., 1972, *Beberapa Tjatatan mengenai penulisan Sedjarah Makassar-Bugis*, Bhratara, Djakarta.
HAMONIC G., 1987, *Le Langage des Dieux...*, Paris, Éd. du CNRS.
KERN R.A., 1939, *Catalogus van de Boegineesche, tot den I La Galigo-cyclus behorende handschriften der Leidsche Universiteitsbibliotheek, alsmede van ie in andere europeesche bibliotheken*, Leiden.

SALOMBÉ C., (non publ.), *Adatuang Pammana. One of the oldest kingdom in South Sulawesi as recorded in the lontara' entitled « Pappasenna Lombong Ulu », a buginese lontara' written about the beginning of the XVIIth century at the time when La Mappatinring ri Pasarié Massora Siwalié was the Datu ri Pammana IV*, recherche présentée au séminaire Histoire tenu à Ujung Pandang, 29 juin-2 juillet 1978.
WOLHOFF G.J. et ABDURRAHIM, (sans date), *Sedjarah Goa*, Bingkisan série A, n° 1, Penerbit Jajasan Kebudajaan Sul/Selatan Tenggara, Benteng Ujung Pandang, Makassar.

FRANÇOISE SMYTH
L'historien biblique, un personnage presque inaccessible

JAMIESON-DRAKE D.W., 1991, *Scribes and Schools in Monarchic Judah; a Socio-Archaeological Approach*. The Social World of Biblical Antiquity Series, 9, Sheffield.
LAWSON YOUNGER K., 1990, *Ancient Conquest Accounts*, JSOT supp., Sheffield.
NODET E., 1992, *Essai sur les origines du judaïsme*, Paris.
NOTH M., 1943, *Überlieferungsgeschichtliche Studien. Die sammelnden und bearbeitenden Geschichtswerke im Alten Testament*, Halle.
PURY A. de, 1992, « Osée 12 et ses implications pour le débat actuel sur le Pentateuque », *in Le Pentateuque, Débats et Recherches*, Lectio Divina, 151, Paris, 175-207.
RÖMER Th., 1992, « Le Deutéronome à la quête des origines », *in Le Pentateuque, Débats et Recherches*, Lectio Divina, 151, Paris, 65-98.
THOMPSON T.L., 1974, *The Historicity of the Patriarchal Narratives : The Quest for the Historical Abraham*, BZAW 133, Berlin, New York.
VAN SETERS J., 1983, *In Search of History, Historiography in the Ancient World and the Origin of Biblical History*, New York, Londres.
WEIPPERT H., 1985, *Das deuteronomistische Geschichtwerk. Sein Ziel und Ende in der Neueren Forschung*, Th R 50, pp. 213-249.

THOMAS RÖMER
Historiographies et mythes d'origines dans l'Ancien Testament

ALBERTZ R., 1989, « Die Intentionen der Träger des Deuteronomistischen Geschichtswerkes » *in* R. Albertz *et al.*, éd., *Schöpfung und Befreiung (Mélanges C. Westermann)*, Stuttgart, 37-53.

ALBREKTSON B., 1967, *History and the Gods. An Essay on the Idea of Historical Events as Divine Manifestation in the Ancient Near East and in Israel*, CB.OT 1, Lund.

ANBAR M., 1992, *Josué et l'alliance de Sichem (Josué 24 :1-18)*, BET 25, Francfort.

CAZELLES H., 1987, « Volksfrömmigkeit und Volkstheologie in der Bibel », *Communio* 16, pp. 385-395.

CRÜSEMANN F., 1991 (2e éd.), « Le Pentateuque, une Tora. Prolégomènes à l'interprétation de sa forme finale », *in* A. de Pury, éd., *Le Pentateuque en question*, Genève, 339-360.

DEARMAN A., éd., 1989, *Studies in the Mesha Inscription and Moab*, Atlanta.

DIEBNER B.J., NAUERTH C., 1984, « Die Inventio des *spr htrh* in 2Kön 22. Struktur, Intention und Funktion von Auffinndungslegenden », *DBAT* 18, pp. 95-118.

GUNNEWEG A.H.J., 1987, *Nehemia*, KAT XIX/2, Gütersloh.

HA J., 1989, *Genesis 15. A Theological Compendium of Pentateuchal History*, BZAW 181, Berlin, New York.

HOFFMANN H.D., 1980, *Reform und Reformen. Untersuchungen zu einem Grundthema der deuteronomistischen Geschichtsschreibung*, AthANT 66, Zurich.

JAMIESON-DRAKE D.W., 1991, *Scribes and Schools in Monarchic Judah ; a Socio-Archaeological Approach*, Sheffield.

JAPHET S., 1983, « People and Land in the Restoration Period », *in* G. Strecker, éd., *Das Land Israel in biblischer Zeit*, GTA 35, Göttingen, 103-125.

KNAUF E.A., 1990, « Das Zehnte Jahrhundert : Ein Kapitel Vorgeschichte Israels », *in Heidel-Berger-Apokryphen (Mélanges K.Berger)*, Heidelberg, 156-161.

LUST J., 1967, « Ézéchiel XX, 4-26. Une parodie de l'histoire religieuse d'Israël », *ETL* 43, pp. 488-527 ; *De Mari à Qumran. (Mélanges J.Coppens)*, BEthL 24, Gembloux, Paris, 127-166.

McKENZIE S.L., 1991, *The Trouble with Kings. The Composition of the Books of Kings in the Deuteronomistic History*, VT.S 42, Leyde.

PURY A. de, 1991, « Le cycle de Jacob comme légende autonome des origines d'Israël », *Congress Volume Leiden 1989*, VT.S 42, Leyde, 78-96.

PURY A. de, 1992, « Osée 12 et ses implications pour le débat actuel sur le Pentateuque », *Le Pentateuque. Débats et Recherches*, LD 151, Paris, 175-207.

RÖMER Th., 1991, « Exode et Anti-Exode. La nostalgie de l'Égypte dans les traditions du désert », *in* Th. Römer, éd., *Lectio difficilior probabilior ? (Mélanges Françoise Smyth-Florentin)*, Heidelberg, 155-172.

RÖMER Th., 1992, « Le Deutéronome à la quête des origines », *in Le Pentateuque, Débats et Recherches*, LD 151, Paris, 65-98.
RÖMER Th., 1992, « Le Jugement de Dieu et la chute d'Israël selon Exode 32 », *Foi et Vie, Cahier biblique* 31, pp. 3-14.
ROSE M., 1986, « La croissance du corpus historiographique de la Bible : une proposition », *RThPh* 118, pp. 217-236.
SEDLMAIER F., 1990, *Studien zur Komposition und Theologie von Ezechiel 20*, SBB 21, Stuttgart.
SKA J.L., 1991 (2e éd.), « Quelques remarques sur Pg et la dernière rédaction du Pentateuque », *in* A. de Pury, éd., *Le Pentateuque en question*, Genève, 1991, 95-125.
VAN SETERS J., 1992, *Prologue to History : The Yahwist as Historian in Genesis*, Zurich.
WEIMAR P., 1980, *Die Berufung des Mose*, OBO 23, Fribourg (CH)-Göttingen.
WEIPPERT M., 1990, « Synkretismus und Monotheismus. Religionsinterne Konfliktbewältigung im alten Israel », *in* J. Assmann, D. Harth, éd., *Kultur und Konflikt*, Francfort, 143-179.

JOHN SCHEID
Le temps de la cité et l'histoire des prêtres

BEARD M., 1991, « Writing and Religion : Ancient Literacy and the Function of the Written Word in Roman Religion. Question : What was the Role of Writing in Graeco-Roman Paganism ? », in *Literacy in the Roman World*, Ann Arbor, 35-58.
CICHORIUS C., 1894, *RE s.v. Annales 1. maximi*, c. 2248-2255.
DREWS R., 1983, « Pontiffs, Prodigies, and the Disappearance of the Annales Maximi », *Classical Philology*, 83, pp. 289-299.
FRIER B., 1979, *Libri Annales Pontificorum Maximorum : the Origins of the Annalistic Tradition* (Papers and Monographs of the American Academy in Rome, n° 27), Rome.
RAWSON E., 1971, « Prodigy Lists and the Use of the Annales Maximi », *Classical Quarterly*, 21, pp. 158-169.
SCHEID J., 1990, *Romulus et ses frères. Le collège des frères arvales, modèle du culte public dans la Rome des empereurs*, BEFAR, n° 275, Rome, 41-72.
SCHEID J., 1994, « Les archives de la piété. Réflexions sur les livres sacerdotaux », *in* C. Nicolet, *La mémoire perdue*, Paris.
SEECK O., 1885, *Die Kalendertafel der Pontifices*, Berlin.

MARCEL DETIENNE
Manières grecques de commencer

La création dans l'Ancien Testament, Paris, Le Cerf, 1988.
ALCMAN, Cl. Calame, éd., Rome, 1983.
ASHERI D., 1966, *Distribuzioni di terre nell'antica Grecia*, Turin (*Accademia delle scienze, cl. sc. mor., st., filol.*), serie 4ª, n° 10, 1-24.
BOLLACK J., 1969, *Empédocle*, III, *Les origines*, Commentaire 1, Paris, 120-125.
BOTTÉRO J., 1959, « La naissance du monde selon Israël », in *La naissance du monde*, Paris, Le Seuil, 187-233.
BRAGUE R., 1990, « Le récit du commencement. Une aporie de la raison grecque », *in* J. F. Mattéi, éd., *La naissance de la raison en Grèce*, Paris, PUF, 23-31.
CASEVITZ M., 1985, *Le vocabulaire de la colonisation en grec ancien*, Paris, Klincksieck.
CAZEAUX J., 1988, « Le voyage inutile ou la création chez Philon », in *La création dans l'Orient ancien*, Paris, Le Cerf, 345-407.
DETIENNE M., 1977, *Dionysos mis à mort*, Paris, Gallimard.
DETIENNE M., 1980, *Les Maîtres de Vérité en Grèce archaïque*, Paris, La Découverte.
DETIENNE M., 1989, « Apollon Archégète. Un modèle politique de la territorialisation », *in* M. Detienne, éd., *Tracés de fondation*, Paris-Louvain, Peeters, 301-311.
DETIENNE M., 1992, conférences 1990-1991 à l'EPHE, *Annuaire de l'École pratique des hautes études, Sciences religieuses*, t. XCIX, 1990-1991, Paris, 243-246.
DUMÉZIL G., 1966, *La religion romaine archaïque*, Paris, Payot.
ELLUL J., 1976, *Sans feu ni lieu. Signification biblique de la Grande Ville*, Paris, Gallimard.
GERNET L., 1976, *Anthropologie de la Grèce antique*, Paris, F. Maspero.
KAHN C. H.,1960, *Anaximander and the Origins of Greek Cosmology*, New York, Columbia University Press.
LACKENBACHER S., 1990, *Le palais sans rival. Le récit de construction en Assyrie*, Paris, La Découverte.
LAMBERT M. et TOURNAY R., 1948, « Le cylindre A de Gudea », *Revue biblique*, 55, pp. 403-437.
LEPORE E., 1989, *Colonie greche dell'Occidente antico*, Rome.
MALAMOUD Ch., 1989, « Sans lieu ni date. Note sur l'absence de fondation dans l'Inde védique », *in* M. Detienne, éd., *Tracés de fondation*, Paris-Louvain, Peeters, 187-191.

MALKIN I., 1987, *Religion and Colonization in Ancient Greece*, Leyde, Brill.
MANULI P. et VEGETTI M., 1977, *Cuore, sangue e cervello. Biologia e Antropologia nel pensiero antico*, Milano.
MORRISON J.S. et WILLIAMS R.T., 1968, *Greek Oared Ships*, Cambrige.
MOSSÉ Cl., 1980, « Ithaque ou la naissance de la cité » in *Archeologia e storia antica (Annali dell'Istituto universitario orientale)*, II, Naples, 7-19.
PAUL A., 1987, *Le judaïsme ancien et la Bible*, Paris.
SMYTH-FLORENTIN F., 1989, « Des temples aux murs inscrits à l'Écriture comme Temple », *in* M. Detienne, éd., *Tracés de fondation*, Paris-Louvain, Peeters, 59-66.
VAN SETERS J., 1989, « The Creation of Man and the Creation of King », *Zeitschrift für die altestamentliche Wissenschaft*, 101, pp. 333-342.
VAN STRATEN F., 1988, « The God's Portion in Greek Sacrificial Representations : Is the Tail Doing Nicely ? », *in* R. Hägg, N. Marinatos et G. C. Nordquist, éd., *Early Greek Cult Practice*, Stockholm, 51-67.
VOELKE A. J., 1981, « Aux origines de la philosophie grecque : la cosmogonie d'Alcman », in *Mélanges F. Brunner*, Neuchâtel, 13-24.

CHRISTIAN JACOB
L'ordre généalogique

AMBAGLIO D., 1980, *L'opera storiografica di Ellanico di Lesbo*, Giardini Ed., Pise, Ricerche di storiografia antica, II, 9-192.
CALAME C., 1987, « Le récit généalogique spartiate : la représentation mythologique d'une organisation spatiale », *QS*, juillet-décembre, 26, pp. 43-91.
CALAME C., 1990, « Narrating the Foundation of a City : The Symbolic Birth of Cyrene », *in* L. Edmunds, éd., *Approaches to Greek Myth*, Baltimore-Londres, Johns Hopkins University Press, 277-341.
CANFORA L. et CORCELLA A., 1992, « La letteratura politica e la storiografia », in *Lo Spazio letterario della Grecia antica*, Rome, Salerno éd., I. 1, pp. 433-434.
DETIENNE M., 1981, *L'invention de la mythologie*, Paris, Gallimard.
DETIENNE M., 1988, *Les savoirs de l'écriture en Grèce ancienne*, sous la dir. de M. Detienne, Lille, Presses universitaires de Lille.
FORNARA C., 1983, *The Nature of History in Ancient Greece and Rome*, Berkeley, University of California Press.

FUNKE H., 1986, « Poesia e storiografia », *QS*, janvier-juin, 23, pp. 71-93.
GABBA E., 1992, « La storiografia », in *Il sapere degli antichi*, M. Vegetti, Rome, éd., Boringhieri.
GOODY E., 1979, *La raison graphique. La domestication de la pensée sauvage*. Traduction et présentation de Jean Bazin et Alban Bensa, Paris, Éditions de Minuit.
HARTOG F., 1991a, « Le vieil Hérodote », in *Le Miroir d'Hérodote*, Paris, Gallimard, (éd. augmentée).
HARTOG F., 1991b, « Écritures, Généalogies, Archives, Histoire en Grèce ancienne », *Mélanges Pierre Lévêque*, Besançon, t.V., 177-188
HENRICHS A., « Three Approaches to Greek Mythography », *in* J. Bremmer, éd., *Interpretations of Greek Mythology*, Londres-Sydney, Croom Helm.
JACOBY F., 1947, « The First Athenian Prose Writer », *Mnemosyne*, XIII, 13-64.
JACOBY F., 1949, *Atthis. The Local Chronicles of Ancient Athens*, Oxford, Clarendon Press.
LASSERRE F., 1976, « L'historiographie grecque à l'époque archaïque », *QS*, 2, pp. 113-142.
MALKIN I., 1987, *Religion and Colonization in Ancient Greece*, Leyde, Brill.
MAZZARINO S., 1983, *Il pensiero storico classico*, vol. 1, Rome-Bari, Biblioteca Universale Laterza.
ONG W., 1982, *Orality and Literacy : the Technologizing of the Word*, Londres, Methuen.
POLIGNAC F. de, 1984, *La naissance de la cité grecque. Cultes, espace et société VIIIe-VIIe siècle avant J.-C.*, Paris, La Découverte.
SAUGE A., 1992, *De l'épopée à l'histoire. Fondement de la notion d'histoire*, Francfort-Berne-New York-Paris, Peter Lang.
SCHIBLI H.S., 1990, *Pherekydes of Syros*, Oxford, Clarendon Press.
THOMAS R., 1989, *Oral Tradition and Written Records in Classical Athens*, Cambridge, Cambridge University Press, (édition paperback 1992).
TOZZI P., 1967, « Acusilao di Argo », *Istituto Lombardo, (Rend. Lett.)*, 101, pp. 582-585.
VANDERMEERSCH L., 1991, « Vérité historique et langage de l'histoire en Chine », *in* A. Lichnérowicz et G. Gadoffre, éd., *La vérité est-elle scientifique ?, Séminaire interdisciplinaire du Collège de France*, Éditions universitaires, pp. 65-75.
VERNANT J.-P., 1974, « Hestia-Hermès. Sur l'expression religieuse de l'espace et du mouvement chez les Grecs », *Mythe et pensée chez les Grecs*, vol.1, Paris, Maspero.

WEST M.L., 1985, *The Hesiodic Catalogue of Women. Its Nature, Structure and Origins*, Oxford, Clarendon Press.

GEORGES CHARACHIDZÉ
Écriture de l'histoire géorgienne ou la mythologie travestie

ABAEV, V., *Istoriko-êtimologicheskij slovar' osetinskogo jazyka*, I, Moscou-Leningrad, 1958; II-III-IV, Leningrad, 1973, 1979, 1988.
BARDAVELIDZE, V., 1974, *Aghmosavlet sakartvelos mtianetis sazogadeobriv-sak'ult'o dzeglebi*, I, Tbilissi.
BERIDZE, V., 1986, « K'vlav adrekrist'ianuli khurotmodzghvrebis shesakheb » (Encore à propos de la première architecture chrétienne), *Mnatobi*, 1986, 7.
CHARACHIDZÉ, G., 1968, *Le système religieux de la Géorgie païenne*, Paris.
Cxorebay c'midisa ninoysi (Vie de sainte Nino). *Dzveli kartuli agiogriapuli lit'erat'uris dzeglebi* (Monuments de la littérature géorgienne ancienne), éd. Abuladze *et al.*, I, Tbilissi, 1963.
Cxorebay da mokalakebay ...mocikulta sc'orisa ninoysi (Vie et actes... de Nino, égale des Apôtres). *Dzveli kartuli agiogriapuli lit'erat'uris dzeglebi* (Monuments de la littérature géorgienne ancienne), éd. Abuladze *et al.*, III, Tbilissi, 1971.
Cxorebay da mokalakebay da ghuac'li c'midisa ...ninoysi... (Vie, actes et mérite de sainte...Nino...). *Dzveli kartuli agiogriapuli lit'erat'uris dzeglebi* (Monuments de la littérature géorgienne ancienne), éd. Abuladze *et al.*, III, Tbilissi, 1971.
GAMKRELIDZE, Th., 1990, *C'eris anbanuri sist'ema da dzveli kartuli damc'erloba* (Le système alphabétique et l'écriture en vieux géorgien), Tbilissi.
GERSHEVITCH, I., 1979, « Alloglottography of Old persian », *Transactions of the Philological Society*, Londres.
K'IK'NADZE, Z., 1985, *Kartul mitologiur gadmocemata sist'ema* (Système des traditions mythologiques géorgiennes), Tbilissi.
LEONT'I MROVELI, 1965, *Cxovreba mepeta kartlisa* (Vie des rois du Kartli), in *Kartlis cxovreba* (Vie du Kartli), éd. Q'auxchishvili, I, Tbilissi, 3-71.
MOLÉ, M., 1963, *Culte, mythe et cosmologie dans l'Iran ancien*, Paris.
MOSES KHORENATS'I, 1978, *History of the Armenians*, trad et comm. de R. W. Thomson, Londres.
MOWSÊSI XORENACVOJ, 1827, (rééd. 1955), *Pat'moutiun Hayoc* (Histoire des Arméniens), Venise.

Ninos cxovreba (Vie de Nino). *Dzveli kartuli agiogriapuli lit'erat'uris dzeglebi* (Monuments de la littérature géorgienne ancienne), éd. Abuladze *et al.*, I, Tbilissi, 1963.
OCHIAURI, T., 1967 *Mitologiuri gadmocemebi aghmosavlet sakartvelos mtianietshi* (Traditions mythologiques chez les montagnards de Géorgie orientale), Tbilissi.
Povest' vremennyx let (Récit des ans révolus), éd. Likhachev, I, Moscou-Leningrad, 1950.
THELAMON, F., 1972, « Histoire et structure mythique », *Revue historique*, 501, janvier-mars 1972.
THELAMON, F., 1981, *Païens et chrétiens au IVe siècle. L'apport de l'« Histoire ecclésiastique » de Rufin d'Aquilée*, Paris.
VENDRYÈS, J., 1948, *La religion des Celtes*, coll. *Mana*, 2, III, Paris.
VRIES (de), J., 1961, *Keltische Religion*, Stuttgart.
WIDENGREN, G., 1965, *Die Religionen Irans*, Stuttgart.

Index

Dans la même collection

ROGER ARNALDEZ
À la croisée des trois monothéismes
Une communauté de pensée au Moyen Âge

ISTVAN BIBO
Misère des petits États
d'Europe de l'Est

ISAIAH BERLIN
À contre-courant. Essais sur l'histoire des idées
Les Penseurs russes
Le Bois tordu de l'humanité. Romantisme, nationalisme et totalitarisme

JACQUES BERQUE
Relire le Coran

MARCEL DETIENNE (dir.)
Transcrire les mythologies

MANUEL DE DIÉGUEZ
Essai sur l'universalité de la pensée française

JEAN GODIN
La Nouvelle Hypnose

GILLES LAPOUGE
Utopie et civilisations

SERGE LECLAIRE et L'APUI
État des lieux de la psychanalyse

HANS MAYER
Les Marginaux. Femmes, juifs et homosexuels dans la littérature européenne.

PATRICK MICHEL
Politique et religion. La grande mutation

FRANÇOIS PERRIER
La Chaussée d'Antin

LOUIS SALA-MOLINS
Sodome. Exergue à la philosophie du droit

DARYUSH SHAYEGAN
Qu'est-ce qu'une révolution religieuse ?

DANIEL SIBONY
Du vécu et de l'invivable. Psychopathologie du quotidien

GEORGE STEINER
Après Babel

COLLOQUE DE CERISY
La Terre et le Souffle. Rencontre autour de Claude Vigée

COLLOQUE DE LA VILLETTE
Les Paradoxes de l'environnement

La composition de cet ouvrage a été réalisée
par Charente Photogravure à Angoulême
l'impression et le brochage ont été effectués sur presse CAMERON
dans les ateliers de la SEPC à Saint-Amand
pour le compte des Éditions Albin Michel

Achevé d'imprimer en octobre 1994
N° d'édition : 13905. N° d'impression : 2552
Dépôt légal : novembre 1994